工业工程测试与控制技术

徐凯宏　王　俭　宋文龙　焦国昌　主编

东北林业大学出版社

·哈尔滨·

图书在版编目（CIP）数据

工业工程测试与控制技术／徐凯宏等主编. --2 版.
--哈尔滨：东北林业大学出版社，2016.7（2024.8重印）
ISBN 978 - 7 - 5674 - 0826 - 5

Ⅰ.①工… Ⅱ.①徐… Ⅲ.①工程测量
Ⅳ.①TB22

中国版本图书馆 CIP 数据核字（2016）第 149663 号

责任编辑：赵　侠
封面设计：彭　宇
出版发行：东北林业大学出版社（哈尔滨市香坊区哈平六道街 6 号　邮编：150040）
印　　装：三河市佳星印装有限公司
开　　本：787mm×1092mm　1/16
印　　张：15.75
字　　数：340 千字
版　　次：2016 年 8 月第 2 版
印　　次：2024 年 8 月第 3 次印刷
定　　价：71.00 元

前　言

本教材是按电子工业部 1996~2000 年全国电子信息类专业教材编审出版规划编写的。著名科学家门捷列夫说："没有测量，就没有科学。"现代信息理论和技术是研究如何获取、处理、传输和利用信息，而现代测试理论和技术正是科学研究中信息的获取、处理、显示和利用的重要手段，是人们认识客观世界、取得定性和定量信息的基本方法，是现代信息技术的源头和重要组成部分。众所周知，物理定律是定量的定律，它的正确性只能通过精确的测量来确定，离开测量便无科学，这是不言而喻的。同时，现代科学技术的发展又极大地推动了测试技术及仪器的发展，它们是相辅相成的。因此，测试技术及仪器的先进性也是一个国家科学技术先进水平的重要标志。

信息与信号处理理论是现代测试理论和技术的基础，它包括测量误差理论和测量信息论、测试仪器平台和测试系统平台以及时域测试分析、频域测试分析、时频域测试分析及数据域测试分析。其中测试信号处理理论又包含数字滤波、快速变换、信号检测、参数估计、图像处理、模式识别、数据压缩、信息编码和信息传输等原理。而采用测量信息论的最大熵谱估计及最大熵谱分析等现代谱估计方法是现代测量信息处理的最好方法。

长期以来，"电子测量技术"和"电子测控技术"都是分两门课讲授的，而且普遍使用在机电学科领域，在工业工程领域中侧重工程管理类的测试技术极少有全面的理论书籍，因此作者在长期的教学实践中感到，这两门课联系的十分紧密。本书试图将两门课合成一门课，将两门课的内容融为一体，互为支撑和深化，这也许有助于教学的安排及学生对知识的掌握。当然，我们的这种设想是否实际可行，只有待于教学实践来检验了。

全书共有 8 章。第一章电子测试技术基础；第二章测试技术与控制技术基础；第三章信号测试传感器基础；第四章中间转换电路；第五章信号的产生与分析；第六章计算机测试技术与应用；第七章工业测控中的干扰抑制技术；第八章测试技术在工程领域中的应用。

全书由徐凯宏、王俭、宋文龙、焦国昌主编，其中徐凯宏编写第三章、第六章，王俭编写绪论、第一章、第二章，宋文龙编写第五章，焦国昌编写第四章、第七章、第八章。本书取材新颖，内容广泛，反映了本学科的最新进展，是适合于工业工程专业学生学习的专业用书。

由于编者水平有限，书中难免存在缺点或错误，殷切希望读者批评指正。

编著者

2016 年 6 月

目　　录

0　绪　论 ……………………………………………………………（1）

　0.1　现代测试技术与控制技术概述 …………………………………（1）

　　0.1.1　数据测试部分 ………………………………………………（1）

　　0.1.2　输入部分 ……………………………………………………（2）

　　0.1.3　计算机及其外围设备 ………………………………………（2）

　　0.1.4　输出部分 ……………………………………………………（2）

　　0.1.5　接　口 ………………………………………………………（2）

　　0.1.6　执行器 ………………………………………………………（3）

　0.2　测试技术与控制技术的应用方式 ……………………………（3）

　　0.2.1　用于数据采集与处理 ………………………………………（3）

　　0.2.2　用于生产控制 ………………………………………………（4）

　　0.2.3　用于生产调度管理 …………………………………………（5）

　0.3　测试技术与控制技术的应用范围 ……………………………（5）

　　0.3.1　工业生产中 …………………………………………………（5）

　　0.3.2　能源技术 ……………………………………………………（6）

　　0.3.3　交通技术 ……………………………………………………（7）

　　0.3.4　实验室自动化 ………………………………………………（7）

　　0.3.5　军事领域 ……………………………………………………（7）

　　0.3.6　医疗领域 ……………………………………………………（7）

　0.4　测试技术与控制技术的发展趋势 ……………………………（8）

　　0.4.1　综合化 ………………………………………………………（8）

　　0.4.2　智能化 ………………………………………………………（9）

　　0.4.3　系统化 ………………………………………………………（9）

　　0.4.4　仪器虚拟化 …………………………………………………（9）

　　0.4.5　网络化 ………………………………………………………（10）

1　测量技术应用基础 ………………………………………………（11）

　1.1　测量误差理论基础 ……………………………………………（11）

　　1.1.1　测量过程 ……………………………………………………（11）

　　1.1.2　测量值的数学期望和方差 …………………………………（11）

　　1.1.3　随机误差的统计处理 ………………………………………（12）

　　1.1.4　标准偏差的传递 ……………………………………………（14）

　　1.1.5　有限次测量的算术平均值及其方差 ………………………（14）

　　1.1.6　测量结果的置信概率 ………………………………………（14）

　　1.1.7　异常数据的剔除 ……………………………………………（15）

　　1.1.8　测量不确定度的表征方法 …………………………………（15）

　1.2　测量过程的统计控制 …………………………………………（18）

　　1.2.1　基本概念 ……………………………………………………（18）

　　1.2.2　测量过程的统计控制参数 …………………………………（18）

　　　1.2.3　测量过程的检验方法 ……………………………………（ 19 ）
　　1.3　校准方法学 ……………………………………………………（ 21 ）
　　　1.3.1　校准方法 …………………………………………………（ 21 ）
　　　1.3.2　计量标准 …………………………………………………（ 22 ）
　　　1.3.3　校准类型 …………………………………………………（ 22 ）
　　　1.3.4　校准的要求 ………………………………………………（ 23 ）
　　　1.3.5　互检和检验 ………………………………………………（ 23 ）
　　　1.3.6　仪器特性和校准测试 ……………………………………（ 24 ）
　　　1.3.7　对校准标准的要求 ………………………………………（ 25 ）
　　1.4　基本的电子标准 ………………………………………………（ 26 ）
　　　1.4.1　国际测量单位制 …………………………………………（ 26 ）
　　　1.4.2　标准的可追溯性 …………………………………………（ 28 ）
2　测试与控制技术基础 …………………………………………………（ 30 ）
　　2.1　信号及其分类 …………………………………………………（ 30 ）
　　　2.1.1　测试、信息与信号的概念 ………………………………（ 30 ）
　　　2.1.2　信号的分类 ………………………………………………（ 30 ）
　　2.2　信号测试与控制方法 …………………………………………（ 31 ）
　　　2.2.1　信号测试 …………………………………………………（ 31 ）
　　　2.2.2　信号控制方法 ……………………………………………（ 32 ）
　　2.3　测试系统 ………………………………………………………（ 33 ）
　　　2.3.1　测量仪表 …………………………………………………（ 33 ）
　　　2.3.2　测量系统 …………………………………………………（ 38 ）
　　2.4　数据采集技术 …………………………………………………（ 41 ）
　　　2.4.1　数据采集方式 ……………………………………………（ 41 ）
　　　2.4.2　数据采集的性能参数 ……………………………………（ 42 ）
　　2.5　数据处理技术 …………………………………………………（ 43 ）
　　2.6　数据融合技术 …………………………………………………（ 44 ）
　　　2.6.1　数据融合的目的 …………………………………………（ 44 ）
　　　2.6.2　数据融合的原理 …………………………………………（ 44 ）
　　　2.6.3　数据融合的形式 …………………………………………（ 44 ）
　　　2.6.4　数据融合的方法 …………………………………………（ 45 ）
　　　2.6.5　数据融合的应用前景 ……………………………………（ 47 ）
3　信号测试传感器 ………………………………………………………（ 48 ）
　　3.1　概　述 …………………………………………………………（ 48 ）
　　　3.1.1　传感器的作用 ……………………………………………（ 48 ）
　　　3.1.2　传感器的分类 ……………………………………………（ 48 ）
　　　3.1.3　对传感器的基本要求 ……………………………………（ 49 ）
　　　3.1.4　传感器选用原则 …………………………………………（ 49 ）
　　　3.1.5　传感器的开发方向 ………………………………………（ 50 ）
　　3.2　压力传感器 ……………………………………………………（ 51 ）
　　　3.2.1　应变式压力传感器 ………………………………………（ 51 ）

　　3.2.2　电容式压力传感器 ……………………………………（55）

　　3.2.3　电感式压力传感器 ……………………………………（55）

　　3.2.4　压力传感器的标定 ……………………………………（58）

　　3.2.5　压力传感器的安装及测试仪表的选用 ………………（59）

　3.3　流量传感器 ……………………………………………………（60）

　　3.3.1　流量测量方法 …………………………………………（60）

　　3.3.2　涡轮流量计 ……………………………………………（62）

　　3.3.3　超声波流量计 …………………………………………（64）

　3.4　转速传感器 ……………………………………………………（66）

　　3.4.1　测速发电机 ……………………………………………（66）

　　3.4.2　光电式转速传感器 ……………………………………（67）

　　3.4.3　电容式转速传感器 ……………………………………（69）

　　3.4.4　磁电式转速传感器 ……………………………………（69）

　3.5　位移传感器 ……………………………………………………（70）

　　3.5.1　电位计型位移传感器 …………………………………（70）

　　3.5.2　电感式位移传感器 ……………………………………（72）

　3.6　温度传感器 ……………………………………………………（74）

　　3.6.1　热电偶传感器 …………………………………………（74）

　　3.6.2　热电阻 …………………………………………………（80）

　　3.6.3　光纤温度传感器 ………………………………………（80）

　3.7　振动传感器 ……………………………………………………（83）

　　3.7.1　加速度传感器 …………………………………………（83）

　　3.7.2　速度传感器 ……………………………………………（85）

　　3.7.3　位移传感器 ……………………………………………（86）

　3.8　激光传感器 ……………………………………………………（88）

　　3.8.1　激光产生的机理 ………………………………………（88）

　　3.8.2　激光特性 ………………………………………………（89）

　　3.8.3　激光器及其特性 ………………………………………（89）

　　3.8.4　激光探测器的应用 ……………………………………（90）

　3.9　固态图像传感器 ………………………………………………（91）

　　3.9.1　线型图像传感器 ………………………………………（92）

　　3.9.2　面型图像传感器 ………………………………………（95）

　　3.9.3　固态图像传感器的应用 ………………………………（96）

　3.10　智能传感器 …………………………………………………（99）

　　3.10.1　智能传感器的组成原理 ………………………………（99）

　　3.10.2　智能传感器的基本功能 ………………………………（100）

　　3.10.3　智能传感器的特点 ……………………………………（101）

4　中间转换电路 ……………………………………………………（102）

　4.1　电桥 ……………………………………………………………（102）

　　4.1.1　直流电桥 ………………………………………………（102）

　　4.1.2　交流电桥 ………………………………………………（103）

4.2 放大器 …………………………………………………………… (104)
　　4.2.1 运算放大器 ……………………………………………… (105)
　　4.2.2 测量放大器 ……………………………………………… (106)
　　4.2.3 微分和积分放大器 ……………………………………… (106)
4.3 调制与解调电路 ……………………………………………… (107)
　　4.3.1 调制器的工作原理 ……………………………………… (107)
　　4.3.2 解调器的工作原理 ……………………………………… (108)
4.4 滤波器 …………………………………………………………… (109)
　　4.4.1 RC 滤波器 ………………………………………………… (109)
　　4.4.2 LC 滤波器 ………………………………………………… (110)
4.5 谐振电路 ………………………………………………………… (111)
　　4.5.1 谐振电路的变换原理 …………………………………… (111)
　　4.5.2 谐振电路作调频器 ……………………………………… (112)
　　4.5.3 谐振电路调频波的解调 ………………………………… (112)
　　4.5.4 谐振电路作调频器的应用 ……………………………… (112)
4.6 运算电路 ………………………………………………………… (112)
　　4.6.1 微分电路 ………………………………………………… (112)
　　4.6.2 积分电路 ………………………………………………… (113)
4.7 f/V 转换器 ……………………………………………………… (113)
　　4.7.1 DZP 型 f/V 转换器 ……………………………………… (113)
　　4.7.2 PZH 型 f/V 转换器 ……………………………………… (114)
4.8 V/I 转换器 ……………………………………………………… (115)
4.9 A/D 和 D/A 转换器 …………………………………………… (116)
　　4.9.1 A/D 转换器 ……………………………………………… (117)
　　4.9.2 D/A 转换器 ……………………………………………… (118)
5 信号的产生与分析 ………………………………………………… (120)
5.1 信号源 …………………………………………………………… (120)
　　5.1.1 信号的表征与生成方法 ………………………………… (120)
　　5.1.2 通用信号发生器 ………………………………………… (126)
　　5.1.3 任意波形合成器 ………………………………………… (132)
5.2 固态微波信号源 ………………………………………………… (134)
　　5.2.1 信号源 …………………………………………………… (135)
　　5.2.2 信号源的控制和调制 …………………………………… (137)
　　5.2.3 频率综合 ………………………………………………… (138)
　　5.2.4 微波信号发生器 ………………………………………… (139)
5.3 频谱分析仪 ……………………………………………………… (146)
　　5.3.1 概 述 …………………………………………………… (146)
　　5.3.2 频谱仪的工作特性 ……………………………………… (151)
　　5.3.3 现代频谱分析仪的设计 ………………………………… (152)
5.4 相位噪声测量 …………………………………………………… (156)
　　5.4.1 为什么需要测量相位噪声 ……………………………… (156)

　　5.4.2　相位噪声的定义和表示 ·· (156)

　　5.4.3　相位噪声的时域测量方法 ·· (157)

　　5.4.4　相位噪声的频域测量法 ·· (158)

　　5.4.5　相位噪声的测量与分析 ·· (159)

　　5.4.6　微波信号源相位噪声的测量 ·· (162)

　　5.4.7　各种相位噪声测试系统测试灵敏度的对比 ···················· (162)

6　计算机测试技术的应用 ·· (164)

　6.1　计算机应用部件 ·· (164)

　　6.1.1　信号调理电路 ·· (164)

　　6.1.2　多路模拟开关 ·· (164)

　　6.1.3　采样/保持电路（S/H） ·· (165)

　　6.1.4　A/D 转换器 ·· (166)

　　6.1.5　接口电路及其控制逻辑 ·· (168)

　6.2　模拟连续信号的数字化 ·· (168)

　6.3　模拟量输入采集通道设计 ··· (169)

　　6.3.1　单模拟量输入采集通道的设计 ····································· (169)

　　6.3.2　多模拟量输入采集通道的设计 ····································· (169)

　　6.3.3　基于 PC 机数据采集通道设计应注意的问题 ·················· (171)

　6.4　高速数据采集及其实现 ·· (174)

　　6.4.1　高精度数据采集系统设计要领 ····································· (174)

　　6.4.2　高速数据采集方案及其实现 ·· (175)

　　6.4.3　高速数据采集系统设计举例 ·· (178)

　6.5　数据总线与通信技术 ··· (179)

　　6.5.1　串行总线与通信技术 ·· (180)

　　6.5.2　并行总线与通信技术 ·· (199)

7　工业测控中的干扰抑制技术 ·· (204)

　7.1　干扰来源 ·· (204)

　　7.1.1　机械干扰 ·· (204)

　　7.1.2　热干扰 ··· (204)

　　7.1.3　光干扰 ··· (205)

　　7.1.4　温度干扰 ·· (205)

　　7.1.5　化学干扰 ·· (205)

　　7.1.6　电和磁干扰 ·· (205)

　　7.1.7　射线辐射干扰 ·· (205)

　　7.1.8　电源干扰 ·· (206)

　　7.1.9　信道干扰 ·· (206)

　　7.1.10　地线干扰 ··· (206)

　7.2　干扰的传输途径 ·· (206)

　　7.2.1　噪声与噪声源 ·· (206)

　　7.2.2　噪声形成干扰的要素 ·· (208)

　　7.2.3　传输途径 ·· (208)

7.3 干扰的作用方式 ……………………………………………… (209)

  7.3.1 串模干扰 ……………………………………………… (209)

  7.3.2 共模干扰 ……………………………………………… (210)

  7.3.3 共模干扰抑制比 ……………………………………… (210)

7.4 干扰抑制技术 …………………………………………………… (210)

  7.4.1 屏蔽技术 ……………………………………………… (211)

  7.4.2 接地技术 ……………………………………………… (214)

  7.4.3 浮置技术 ……………………………………………… (220)

  7.4.4 平衡电路 ……………………………………………… (221)

  7.4.5 滤波器 ………………………………………………… (222)

  7.4.6 光耦合器 ……………………………………………… (223)

  7.4.7 脉冲电路噪声抑制技术 ……………………………… (224)

  7.4.8 电源干扰抑制技术 …………………………………… (225)

  7.4.9 传输线干扰抑制技术 ………………………………… (226)

  7.4.10 软件干扰抑制技术 ………………………………… (228)

8 测试技术在工程领域中的应用 ………………………………… (229)

8.1 空气压缩机组测试与控制 …………………………………… (229)

  8.1.1 系统配置 ……………………………………………… (229)

  8.1.2 故障测试与诊断 ……………………………………… (230)

  8.1.3 故障决策与控制 ……………………………………… (230)

  8.1.4 应用效果及其分析 …………………………………… (231)

8.2 发动机滑油系统测试与控制 ………………………………… (232)

  8.2.1 滑油系统故障分析 …………………………………… (232)

  8.2.2 滑油系统状态信息的来源 …………………………… (233)

  8.2.3 滑油系统监控方案设计及其实现 …………………… (233)

  8.2.4 运行结果及其分析 …………………………………… (234)

8.3 车辆尾气测试与控制 ………………………………………… (234)

  8.3.1 硬件配置 ……………………………………………… (234)

  8.3.2 软件设计 ……………………………………………… (235)

  8.3.3 功能及其实现 ………………………………………… (237)

8.4 噪声测试与控制 ……………………………………………… (238)

8.5 电动机转速测试与控制 ……………………………………… (239)

  8.5.1 测控原理和方法 ……………………………………… (239)

  8.5.2 测控软件设计 ………………………………………… (240)

  8.5.3 结果与分析 …………………………………………… (241)

参考文献 …………………………………………………………… (242)

0　绪　　论

工业工程测试与控制技术是以计算机为核心部件，将信号测试、数据处理与计算机控制融为一体的侧重管理应用的一种新兴综合性技术。它既能完成较高层次信号的自动化测试，又具有多种智能控制作用。本章将对测控技术的基本概况进行简要介绍。

0.1　现代测试技术与控制技术概述

在科学试验和工业生产过程中，为了及时了解工艺过程和生产过程的情况，需要对描述被控对象特征的某些参数进行测试，其目的是为了准确获得表征它们的有关信息，以便对被测对象进行定性了解和定量掌握。测试工作可以在一个物理变化过程中进行，也可以在此过程之外或过程结束后对提取的样本进行操作，前者称为"在线"测试，后者称为"离线"测试。

测试就是利用计算机及相关仪器，实现测试过程智能化和自动化。测试包括测量、处理、性能测试、故障诊断和决策输出等内容。由于测试能充分地开发和利用计算机资源，在人工最少参与的条件下，以获得最佳和最满意的结果，并具有测量速度快、处理能力强、工作可靠、使用方便灵活和能实现监测、诊断、管理一体化等优点，所以得到了人们的普遍关注。

测试和控制技术的应用，能使我们自动获取信息，并利用有关知识和策略，采用实时动态建模、在线识别、人工智能、专家系统等技术，对被测对象（过程）实现测试、监控、自诊断和自修复。测试与控制技术的结合，能有效地提高被测对象（过程）的安全性和获得最佳性能，并使系统具有较高的可靠性和可维护性，较高的抗干扰能力和对环境的适应能力，以及优良的通用性和可扩展性。传感技术、微电子技术、自动控制技术、计算机技术、信号分析与处理技术、数据通信技术、模式识别技术、可靠性技术、抗干扰技术、人工智能等的综合和应用，就构成了测试与控制技术。该系统主要由测试、输入、接口、计算机、输出和执行器六部分组成。

0.1.1　数据测试部分

数据测试部分主要由测试仪表和测量仪表组成。测试的信号有三种形式：

（1）模拟量。测试的各种模拟信号，由相应类型的传感器转换成电信号，经过多路模拟转换开关送入 A/D（模/数）转换器，将模拟信号转换成计算机能接收到的数字信号，然后通过端口 A 送入计算机。

（2）数字量。将待测的某些数字量通过传感器转换成二进制信号，经过放大（或衰减），以与接口电路的要求相适配，再经端口 B 送入计算机。

（3）开关量。当行程开关或限位接点接通时产生的突变电压就是开关量。待测的各种开关信号，首先将其转换成直流电压，且大小要与接口电路相适配，然后经端口 C 送入计算机。

0.1.2　输入部分

输入部分包括输入通道和输入接口等。它的作用是把模拟量、数字量、开关量按要求传送给计算机。

0.1.3　计算机及其外围设备

计算机的内部设备包括微处理器（CPU）及组成内存的只读存储器（ROM）和可读写存储器（RAM），其外部设备有打印机（PR）、显示器（CRT）、键盘（KB）、磁盘驱动器或磁带机、绘图机等。它们各自均需通过相应的接口才能与计算机的内部总线相连。

测试的各种信号，经过适当变换后，在程序控制下由端口 A、B、C 送入计算机。各端口的启动及其工作顺序也是在程序控制下自动进行的。键盘可以输入有关的操作命令，并能监视各传感器与通道的工作。测试的有关信息可以在显示设备上显示出来，或通过记录装置（如 $x-y$ 记录仪）记录出被测参数随时间的变化关系。通常用 ROM 存放固定程序，RAM 作为用户的工作区域，可以用来存放程序与数据。

计算机用来完成数据采集、分析处理、识别报警、监测控制等任务。

0.1.4　输出部分

计算机的输出信号也有模拟量、数字量、开关量。

（1）模拟量控制信号。计算机产生的控制信号经端口 F 送入 D/A（数/模）转换器，还原成模拟信号，通过多路切换开关去驱动执行器和调节过程的有关参数。

（2）数字量控制信号。计算机产生的数字量控制信号经端口 E 和放大电路，然后作为数字量输出并驱动执行器动作。数字量输出方式分串行和并行两种。串行方式用于远距离数据传输和信息交换；并行方式传输速度快，但所需导线条数多，适合于近距离数据传输。

（3）开关量控制信号。计算机产生的开关量控制信号经端口 D 并进行电压转换后，驱动有关设备（如马达的启停、加热器的通电与断电等）。

0.1.5　接　口

接口在测试与控制中占有十分重要的地位。在许多情况下，接口问题往往成为系统成功与否的关键。接口主要有以下功能：

（1）传送控制。接口能使计算机与外设之间的操作同步，请求数据并使数据按照正确的程序出现以形成控制信号，监视计算机与外设之间的通信。

（2）数据传送。提供串行或并行的数据传送方式。

（3）编码与译码。在许多情况下需要进行代码转换，以便了解信息的含义或便于进一步处理，如二进制与十进制的转换和设备译码等。

（4）数据缓冲。用来协调计算机与外围设备速度上的差异。

（5）计数器。计数器可以用来产生一定的时序控制信号或作为脉冲数目的累计。

（6）逻辑与运算操作。逻辑与运算操作可以用来产生适当的控制信号，或执行接口的某些控制功能。

（7）信号整形。对出现相位或幅值上畸变的信号进行必要的整形，以便进行处理。

0.1.6　执行器

执行器是指用于完成执行动作的器件，有电气开关（如继电器、操作开关）、电磁式执行机构（如电磁铁、电磁离合器）、执行电动机（如直流伺服电机、交流伺服电机、步进电机）、气动和电动执行器（如气动阀、电动阀）、液压执行器（如液压缸、液压马达）等。

从上面的分析可以看出，测试与控制系统是以计算机为核心部件，测试仪表测试的信号经放大、转换，再通过输入端口送入计算机进行分析、比较、识别和处理。正常情况下，计算机自动进行巡回监测，并将测试结果在显示屏上以图形和数字的方式进行实时显示，如果发现异常情况，计算机立即进行报警并发出指令，通过执行器对监测对象进行实时控制。

测试与控制系统根据监控对象的不同，可分在线和实时两类。在线和实时是两个不同的概念。在线不一定是实时，而实时必定是在线。如果计算机与监控对象直接连接，这种方式叫做联机方式或在线方式。在线方式不一定要求实时。实时是指信号的输入、计算、分析、处理和输出都必须在一定时间内完成，亦即及时，如果超出了这个时限，就失去了控制的时机，控制也就失去了意义。实时的概念不能脱离具体过程，如炼钢炉的炉温，如果延迟 1s 可仍然认为是实时；而一个火炮控制系统，当目标状态量变化时，一般必须在数毫秒之内及时控制，否则就不能击中目标。

0.2　测试技术与控制技术的应用方式

利用计算机进行测试与控制的方式很多，下面介绍几种典型的应用方式。

0.2.1　用于数据采集与处理

利用计算机可把生产过程中有关参数的变化，经过测量变换元件测出，然后集中保存或记录，或者及时显示出来，或者进行某种处理。例如，使用计算机的巡回测试系统，可以定时轮流对几十、几百甚至上千个参数进行测量、显示（或打印）；使用计算机的数据采集系统，可以把数据成批储存或复制，也可以通过传输线路将其送到中心计算机；使用计算机的信号处理系统，可以把一些仪器测出的曲线经过计算处理，得出一些特征数据等。

计算机数据采集与处理系统有离线与在线之分。

0.2.1.1　离线数据采集与处理系统

首先，仪表监视人员必须在规定的时间间隔内反复地读出一个或多个测量仪表的数值，并把这些数据记录在有关表格上（或者再将这些数据存放到某种数据载体上，例如磁盘等），然后输入计算机进行处理，得出计算结果并获得测量结果的记录。

离线数据采集与处理的缺点在于：一方面数据收集需要大量人力；另一方面，从读出测量值到算出结果需要较长时间。因此，测量数据收集的速度和范围自然受到极大的限制。

0.2.1.2　在线数据采集与处理系统

采用在线数据采集与处理系统，可以把测量仪表所提供的信号直接送入计算机进行处理、识别并给出测试结果，这样运行费用可大大减少。

在线数据采集与处理，计算机虽不直接参与过程控制，但其作用是很明显的。首先，在过程参数的测量和记录中，可以用计算机代替大量的常规显示和记录仪表，并对整个生产过程进行在线监视；其次，由于计算机具有运算、推理、逻辑判断能力，可以对大量的输入数据进行必要的集中、加工和处理，并能以有利于指导生产过程控制的方式表示出来，故对生产过程控制有一定的指导作用；再次，计算机有存储信息的能力，可预先存入各种工艺参数的极限值，处理过程中能进行越限报警，以确保生产过程的安全。此外，这种方式可以得到大量的统计数据，有利于模型的建立。

0.2.2　用于生产控制

0.2.2.1　操作与指导系统

这种系统，每隔一定时间，把测得的生产过程中的某些参数值送入计算机，计算机按生产要求计算出应该采用的控制动作，并显示或打印出来，供操作人员参考。操作人员根据这些数据，并结合自己的实践经验，采取相应的动作。在这种系统中，计算机不直接干预生产，只是提供参考数据。

0.2.2.2　顺序控制与数字控制系统

由计算机对一部或几部生产设备或一个生产过程进行比较复杂的顺序控制，且其中某些动作有一定的数值（尺寸）要求（例如加工一定尺寸、形状的工件）时，这种控制就是数字控制（简称数控）。

0.2.2.3　计算机直接控制系统

在这种系统中，计算机本身被用来代替反馈控制系统的控制部分，直接控制生产过程。

当然，用一台计算机仅控制少数几个参数是不合算的，通常以分时方式去控制十几个、几十个甚至上百个参数。计算机直接控制系统的缺点是可靠性较差，如果计算机本身出现故障，则整个系统将不能正常工作。因此，在应用于连续生产过程时，对于计算机的可靠性应有较高的要求。

0.2.2.4　计算机前馈控制系统

在这种系统中，计算机代替前馈控制系统的控制部分。计算机不断地观测生产过程变化并产生相应的控制信号送到控制器中。当然，一台计算机也可以同时控制若干台控制器（以分时方式工作）。计算机前馈控制系统的优点是可靠性比较高，计算机本身即使出现故障，系统照样可以在常规控制器的操纵下工作。

0.2.2.5 计算机监控系统

这种系统与直接控制系统的区别在于：它不直接去驱动执行机构，而是根据生产情况计算出某些参数应该保持的值，然后去改变常规控制系统（反馈控制系统）的给定值（设定值），由常规控制系统去直接控制生产过程。因此，它多被用于程序控制、比值控制、串级控制、最优控制或者被用于越限报警、事故处理等。

0.2.2.6 智能自适应控制系统

智能自适应控制系统由于引入了知识库和推理决策模块，使系统的自适应能力得到了根本改善。

0.2.2.7 智能自修复控制系统

这种系统对设备在运行过程中出现的故障，不但能进行测试、诊断，而且还具有自补偿、自消除和自修复能力。如美国正在研制一种能自动加固的直升机旋翼叶片，当飞机在飞行中遇到疾风作用使旋翼猛烈震动时，分布在叶片中的小液滴就会变成固体而自动加固和对裂纹进行自动修复。

0.2.3 用于生产调度管理

当采用功能较强的计算机时，它除了被用于控制生产过程外，还可以进行生产的计划和调度，如涉及生产过程的数据处理、方案选择等。在这种系统中，由于它兼有控制与管理两种功能，所以也常叫做集成系统或综合系统。

上面介绍了几种典型的应用方式。对于一个具体的测试与控制系统，很可能同时兼有上面两种甚至多种系统的功能。

0.3 测试技术与控制技术的应用范围

测试技术与控制技术的应用范围是相当广泛的。在这些应用中，计算机起着核心作用。下面列举一些测试技术与控制技术在某些领域中的应用实例。

0.3.1 工业生产中

（1）造纸机监测与控制。计算机的任务是数据采集、干扰监视、生产过程记录和监控等。

（2）轧钢机监测与控制。计算机对轧件的强度、温度、尺寸和速度进行测定并监视其变化情况。根据温度及对轧件质量和强度等方面的要求，对轧件及轧件的速度进行最优控制。

（3）高炉炼铁自动化。除了对重要参数进行收集、存储、迅速计算出结果和测量值监视外，为了提高高炉的生产能力，还要对其工艺过程进行动态分析，然后求出工艺过程控制的最优方案并实现之。

（4）水泥生产自动化。根据对水泥合成成分的分析，合理地控制各种成分的输入量，实现最佳配料。

（5）炼油过程自动化。监视各类生产设备，使有关的生产参数（温度、压力、流量等）能够维持在最佳状态。

（6）化工工艺过程自动化。由于许多化工工艺过程的反应速度十分缓慢而被调节对象又相当复杂，所以往往采用直接数字控制（DDC）方式。

（7）运输器械监测与控制。在工厂的装配线上、飞机场的行李处、邮政部门等有许多运输器械，计算机可以对这些运输器械进行监视和控制。

（8）仓库货架管理。计算机除了负责运输器械的控制和监视外，还可使物品的入库与出库路线合理化。

（9）纺织机械监测与控制。采用计算机可以做到一次完成从图案、样品到成品的整个生产过程，这是通过把扫描图案得到的信息转换成机器指令，然后去控制纺织机械来完成。

（10）运行数据采集和控制。计算机的任务是对生产设备运行情况进行监视和数据采集。计算机通常接有运行数据采集终端，它一方面承担数据的直接采集和控制任务，另一方面负责与操作人员进行通信联系。计算机可以对单一产品从开始直至装配的整个生产过程进行跟踪，不合格产品可以沿着它的流程返回跟踪检查，由此找出生产装置的薄弱环节。

运行数据的采集往往和生产控制联系在一起。例如，在生产铝合金的过程中，借助计算机可以选出正确的配方，对炼出的合金进行分析，并且可以根据加料计算对配方进行合理调整。

（11）质量检查与控制。目前，计算机已越来越多地被用于质量检查与控制。下面举一个利用声学原理进行质量检查与控制的例子。一台正常运转的柴油机将产生一定的噪音频谱，一旦出现噪音频谱异常，就预示着机器将在短期内出现故障。一台装在柴油机上的计算机能够及时发现这些潜在故障并进行相应的预防性维修，使潜在故障能够得到及时排除。这种原理还可被用于纺织图案的监视，或者薄膜和薄板外表面的监视等。

（12）检验设备自动化。检验设备主要被用于产品的中间检查和最后检查。检验设备通常装有检查程序，合格的产品可顺利地通过生产线，对于有缺陷的产品能自动找出原因。

（13）性能测试和故障诊断。性能测试主要包括产品出厂前的性能检验、设备维修过程中的定期测试、系统使用过程中的连续监测；故障诊断主要包括故障测试和分析、故障识别与预测、故障维修与管理等。性能测试与故意诊断既可被用于电系统，也可被用于非电系统；既可被用于军事，也可被用于民用等方面。

0.3.2　能源技术

测试与控制技术可以应用于能源技术的许多领域。例如，在各种类型的发电厂（热电站、水电站、原子能电站）中，计算机可以承担装置的监视和安全技术等任务。此外，装置的控制任务也逐渐采用计算机。

在能源分配领域采用计算机也很有意义。其主要任务是能源的最佳分配计算，它可以根据精确测到的动态负荷进行计算，因而可以获得很大的经济效益。

随着国民经济建设的发展，如何使用能源也需要认真地考虑。在工业中，可以利用计算机对尖峰负荷进行监视，哪家单位如果超过商定的最高负荷，电力部门将对其予以处罚。采用这种措施可以起到合理利用能源的作用。

0.3.3 交通技术

在国外，测试与控制技术已被广泛用于公路交通管理。计算机对十字路口交通灯的控制原则是：车辆和行人的平均等待时间为最短。比较先进的系统还可以对实际车流和人流进行监测，从而达到运行最佳化，也就是说使红绿灯的交替时间间隔根据实际情况改变。我国一些城市也开始采用计算机对城市交通进行控制。

测试与控制技术同样可以被用于飞机的飞行监视以及铁路火车运行中的信号管制。当然，在这两个领域中对计算机的安全性和可靠性要求会更严格。

测试与控制技术还可以被用于交通工具本身的监测与控制。在飞机上采用计算机进行控制已相当普通。随着计算机成本的不断下降，计算机已开始在汽车中得到应用。例如，利用计算机控制时速以及燃料的燃烧，不仅可以节省能源，而且有利于环境保护。

目前，上海已研制出汽车自主导航系统，只要在带有电子地图的液晶显示屏上输入目的地，地图上就会显示出一条最佳路线。车辆在行驶中若前方路堵，该系统会自动提示绕道，并立即画出一条最优路径；若发生意外事故，还可自动报警求救。

0.3.4 实验室自动化

测试与控制技术在实验室自动化中的应用也很普遍。许多物理和化学实验设备对数据采集的能力要求都很高，各种类型的谱仪就属于这一类。谱仪要收集那些随时间变化、反映被测物质特性的各种信号，可以利用计算机进行数据采集和预处理，并将分析得到的结果用来控制分析仪器或者用于事物管理，从而提高了仪器的利用率。例如，用在医院化验室中的计算机，负责把属于某个病人的所有分析结果汇总在一起并打印出来，作为结果的记录，以便保存。

0.3.5 军事领域

前不久，美国成功地研制出了电子哨兵。这种电子哨兵由数个电子传感器组成。它能精确地侦察周围运动、震动、磁场和声音的情况，并能及时将所侦察到的信息传送给便携式电脑。此外，电子哨兵还配有在黑暗中监视物体运动的远红外摄像机，执勤时可提供 24 小时图像监视。电子哨兵的出现，大大减少了高科技战争中人员的伤亡，同时又能准确圆满地完成警戒任务，为现代化战争解决了站岗放哨这一难题。

0.3.6 医疗领域

测试与控制技术在医疗领域中的应用也十分引人注目。在医疗领域，有许多问题，如果不采用计算机就无法解决，或者即使解决也十分繁琐，例如图像处理问题。许多医疗结果的检查都必须用图像表示，计算机就可以负责图像的收集、处理、鉴定及输出。图像处理方面的例子有：

（1）透视图像。采用计算机后，透视图像的质量将得到大幅度的提高。

（2）计算机断层摄影图像。

（3）核医学图像。计算机可参与核医学图像的构成。

（4）超声波图像。

（5）细胞标本图像。例如用于癌症的早期诊断，计算机负责图像自动处理及细胞数据的统计、处理和归纳，以供诊断使用。

除了图像处理之外，计算机还可被用来处理那些采用各种检查方法所得到的人体生物信号，其中比较重要的生物信号就是心电图。目前已经有许多经过医疗实践考验的程序可供计算心电图使用。此外，在脑电图、肌电图、眼底电图中也可以采用计算机进行处理。

在医院，可以将从病人身上所测得的生物信号（如心电图、血压、脑电图等）输入到计算机中，通过计算机来监视病理变化，一旦出现某种变化，计算机将发出信号，通知值班护士或医生。当然，在这种情况下，对计算机系统的安全可靠性就会有比较高的要求。

除了上面介绍的之外，测试与控制技术在医学科学研究中，诸如神经生理学领域、心理学实验方面也都占据较重要的地位。

总之，测试与控制技术的应用领域是相当广泛的，上面列举的仅仅是某些应用领域的侧面，决不意味着应用范围只是局限于列举的这些。

在应用系统中所采用的计算机的能力，随着具体的应用项目的不同，其结构上也不尽相同。一般说来，在处理速度要求不高、处理数据量不多以及不要求有很大扩展性的应用场合，通常采用位数较少的微处理机，例如带有少量 ROM、RAM 芯片和接口电路芯片的 4 位或 8 位单板机，甚至 8 位的单片机。而对于处理速度要求较高以及处理数据量较大的场合，则可以采用 16 位计算机，甚至 32 位计算机。

0.4　测试技术与控制技术的发展趋势

当今时代是信息化时代，各个领域常以信息的获取与利用为中心。在现代工业生产、仪器仪表高度自动化和信息管理现代化的过程中，已大量涌现出以计算机为核心的信息处理与过程控制相结合的实用系统。伴随着这种系统的发展，一些先进技术，如信息传感技术、数据处理技术及计算机控制技术正在飞速发展并不断变革。综合其发展概况，主要有以下几个发展趋势。

0.4.1　综合化

电子测量仪器、自动化仪表、自动化测试系统、数据采集和控制系统在过去是分属于各学科领域并各自独立发展的。由于生产自动化的需求，使它们在发展中相互靠近，功能相互覆盖，差异缩小，体现为一种"信息流"综合管理与控制系统（信息流可以是物理参数的过程信息流，也可以是自动测试参数的信息流，或者是管理生产的信息流）。其综合目的是为了提高人们对生产过程全面监视、测试、控制与管理等多方面的能力。与此同时，对测试与控制技术本身提出了高技术要求，如高灵敏度、高精度、高分辨率、高响应性、高可靠性、高稳定性及高度自动化等。这就要求提高系统的综合与设计能力，综合利用内在规律，使系统向功能更强和层次更高的方向发展。

0.4.2 智能化

现代测试与控制系统，或多或少地趋向于智能化这个特点。所谓智能，是指随外界条件的变化，具有确定正确行动的能力，也即具有人的思维能力以及推理并作出决策的能力。而智能化仪表或系统，可以在个别部件上，也可以在局部或整体系统上，使之具有智能特征。例如智能化测试仪表，它能在被测参数变化时自动选择测量方案，进行自校正、自补偿、自测试、自诊断，还能进行远程设定、状态组合、信息存储、网络接入等，以获取最佳测试结果。为了能更有效地利用被测量，在测试时往往需要附加一些分析与控制功能，如采用实时动态建模技术、在线辨识技术等，以获得实时最优控制、自适应控制等功能。有的系统则直接利用人工智能、专家系统技术设计智能控制器。它是通过对误差及其变化率的测试，判断被测量的现状和变化趋势，根据专家系统中知识库、决策控制模式和控制策略，进而取得优良的控制性能，解决常规控制中不易实现的问题。

0.4.3 系统化

系统化及标准化现代测试与控制任务，更多地涉及系统的特征。所谓系统是指若干个相互间具有内在关联的要素构成一个整体，由它来完成规定的功能，以达到某一特定目标。因而在系统内部需要设立多台计算机，这些计算机往往不是互不相干，而是要构成相互联系的整体，这就形成了各种多计算机系统。即使是利用单台计算机进行集中控制，也要通过标准总线和各个部件发生联络。例如作为采集测试与控制用的前端机或仪表，它需要与生产设备的主机、辅机合成一体，相互建立通信联系，有时还需要以一个车间、一个工厂作为系统的整体。由此形成了各种集散式、分布式数据采集与控制，以适应系统开放、复杂工程及大系统的需要。在研究集散与分布式控制系统中，要涉及数据通信、计算机网络技术及系统分层递阶控制技术等知识。

在向系统化发展的同时，还涉及系统部件接口的标准化、系列化与模块化，以便形成通用整体。

0.4.4 仪器虚拟化

虚拟仪器 VI（Virtual Instrument）是随着计算机技术和现代测量技术的发展而产生的一种新型高科技产品，代表着当今仪器发展的新方向。虚拟仪器的概念是由美国国家仪器 NI（National Instruments）公司首先提出的，它是对传统仪器的重大突破。VI 是利用现有的 PC 计算机，加上特殊设计的仪器硬件和专用软件，形成既有普通仪器的基本功能又有一般仪器所没有的特殊功能的新型计算机仪器系统。VI 的主要工作是把传统仪器的控制面板移植到普通计算机上，利用计算机的资源，实现相关的测控需求。由于VI 技术给用户提供了一个充分发挥自己才能和想像力的空间，用户可以根据自己的需要来设计自己的仪器系统，从而满足了多种多样的应用要求，具有极好的性能价格比，它可被广泛地应用于试验、科研、生产、军工等的测试与控制中。

0.4.5　网络化

　　测试和控制，可以用一台计算机作为核心机，也可以由多台计算机来实现。尤其是在计算机网络技术迅速发展和普及的今天，将一个测试和控制系统接入计算机网络，无疑会进一步增强其功能和活力。例如，一个设备工程师出差在外地的时候，突然接到厂里的电话，说正在监测的一台机器出现了异常声响和振动，亟待解决。他马上做的并不是订飞机票返回单位，而是打开随身携带的计算机，通过互联网与监测系统连接，检测相关数据，进行分析处理，在 30 min 钟内解决了问题。这在几年前肯定是做梦，可今天已成为现实。因此，网络化也是测试与控制技术的一个重要的发展方向。

1 测量技术应用基础

1.1 测量误差理论基础

1.1.1 测量过程

从本质上来说，测量就是将未知量与一个假定已知量进行比较的过程，后者被称为"标准"，而"测量仪器"其实就是一台简化测量过程的设备，它可以是一台仪表、刻度计或者分析仪。

在任何测量过程中都不可避免地会产生测量误差。测量误差就是真值与测量值之间的差异。测量误差理论就是分析和处理测量误差的理论和方法。

测量误差的来源可能是多种多样的。但是，按测量误差的性质和特点可分为系统误差和随机误差两大类。

严格说来，任何测量仪器在物理上都不可能十全十美。例如连接器会导致衰减和反射、"完全相同"的信号通道之间也会有细微的差别、相同放大器的增益大小不一样等。这些差异都是固定不变或有规律变化的，它是由系统所造成的。因此，由此而产生的测量误差就被称为系统误差。系统误差在相同测量条件下，其误差的大小是恒定的，或者遵循确定的规律而变化，也就是说，系统误差具有规律性。因此，对于系统误差的处理比较方便，可通过校准来消除或减小。

随机误差是测量误差的主要来源。随机误差是由不相关的多种因素造成的，它包括随机噪声和测量仪器的不稳定性。随机误差的大小和符号的变化均没有固定规律，因此随机误差的特点是没有规律性、不可预见性和不可控制性。然而，随机误差具有概率分布的特点，因此随机误差又具有有界性、对称性和抵偿性。所以，随机误差不能用校准的方法来处理，而只能用概率统计的方法来进行误差处理，人们常说的误差处理，大都是指随机误差而言。

1.1.2 测量值的数学期望和方差

由于随机误差的存在，当对一个被测值进行多次等精度重复测量（在相同条件下的测量）时，其测量值并不是恒定的，常在一定范围内变化，这种测量的不确定性就是由于随机误差造成的。因而，测量值不可准确知道，它是一个随机变量。那么如何获得测量值呢？

1.1.2.1 测量值的数学期望

当对一个被测值进行 n 次等精度测量而获得 n 个测试数据时，由概率论的贝努力（Bernoulli）定理可知，事件发生的频度 n 依概率收敛于它的概率 p_i，即当测量次数 $n \rightarrow$

∞ 时，可以用事件发生的频度代替事件发生的概率 p_i（$i = 1, 2, \cdots, n$）。这时，测量值 x 的数学期望为

$$M(x) = \sum_{i=1}^{n} x_i p_i = \sum_{i=1}^{n} \frac{n_i}{n} \quad (\text{当} \ n \rightarrow \infty \ \text{时}) \tag{1.1}$$

式中：n——总的测量次数；

　　　n_i——取值 x_i 的次数；

　　　x_i——每次的测量取值。

当测量次数 $n \rightarrow \infty$ 时，可用测量值出现的频度 $1/n$ 代替概率 p_i。因此，可得到测量值 x 的数学期望值 M（x）：

$$M(x) = \frac{1}{n} \sum_{i=1}^{n} x_i \quad (\text{当} \ n \rightarrow \infty \ \text{时}) \tag{1.2}$$

可见，测量值的数学期望值就是当测量次数 $n \rightarrow \infty$ 时各次测量值的算术平均值。

1.1.2.2　方　差

测量值的数学期望只反映了测量值，而方差则反映了测量数据的离散程度。可以证明，测量值的方差为

$$\sigma^2(x) = \frac{1}{n} \sum_{i=1}^{n} \left[x_i - M(x) \right]^2 \quad (\text{当} \ n \rightarrow \infty \ \text{时}) \tag{1.3}$$

测量值的方差不仅描述了测量数据的离散程度，同时也说明了随机误差对测量值的影响。这里要说明的是：

（1）方差是对 $[x_i - M(x)]$ 平方后再进行平均，目的是防止正负误差的相互抵消。

（2）平方后再平均的方法，使方差对大的误差有更高的灵敏度。

（3）方差的均方根称为均方根误差，也称为标准偏差，有

$$\sigma(x) = \sqrt{\frac{1}{n} \sum_{i=1}^{n} \left[x_i - M(x) \right]^2} \quad (\text{当} \ n \rightarrow \infty \ \text{时}) \tag{1.4}$$

1.1.3　随机误差的统计处理

随机误差根据其概率分布特性的不同有不同的统计处理结果。

1.1.3.1　高斯分布

在概率论中，中心极限定理认为：如果一个随机变量可以表示为大量独立随机变量之和，而其中每一个随机变量对于总和而言是十分微小的，则可认为这个随机变量服从正态分布，即高斯分布。

显然，随机误差是满足上述条件的，因为造成随机误差的多种因素是彼此独立的，其值也是微小的，因此随机误差的概率服从高斯分布。这样，测量值的随机误差及测量值的概率密度分别为

$$\varphi(\delta) = \frac{1}{\sigma(\delta) \sqrt{2\pi}} e^{-\frac{\delta^2}{2\sigma^2(x)}} \tag{1.5}$$

$$\varphi(x) = \frac{1}{\sigma(x) \sqrt{2\pi}} e^{-\frac{[x - M(x)]^2}{2\sigma^2(x)}} \tag{1.6}$$

式中：δ——随机误差；

$\qquad x$——测量值；

$\qquad \sigma(\delta)$——随机误差的标准方差；

$\qquad \sigma(x)$——测量值的标准方差；

$\qquad M(x)$——x 数学期望。

1.1.3.2　均匀分布

均匀分布又称为矩形分布。

均匀分布的概率密度函数为

$$p(x) = \begin{cases} \dfrac{1}{b-a} \\ 0 \end{cases} \qquad (1.7)$$

均匀分布的数学期望为

$$M(x) = \int_{-\infty}^{\infty} xp(x)\,\mathrm{d}x = \frac{1}{b-a}\int_{a}^{b} x\mathrm{d}x = \frac{a+b}{2} \qquad (1.8)$$

均匀分布的标准方差为

$$\sigma(x) = \frac{b-a}{\sqrt{12}} \qquad (1.9)$$

1.1.3.3　三角分布

三角分布的概率密度函数为

$$p(x) = \begin{cases} \dfrac{a+x}{a^2} \\[2mm] \dfrac{a-x}{a^2} \end{cases} \qquad (1.10)$$

三角分布的标准偏差为

$$\sigma(x) = \frac{a}{\sqrt{6}} \qquad (1.11)$$

1.1.3.4　梯形分布

梯形分布的标准偏差为

$$\sigma(x) = \frac{a\,\sqrt{1+b^2}}{\sqrt{6}} \qquad (1.12)$$

当 $b=0$ 时，梯形分布即为三角分布；当 $b=a$ 时，梯形分布即为均匀分布。

1.1.3.5　反正弦分布

反正弦分布的密度函数为

$$p(x) = \frac{1}{\pi\,\sqrt{a^2+x^2}} \quad (\mid x \mid < a) \qquad (1.13)$$

反正弦分布的标准偏差为

$$\sigma(x) = \frac{a}{\sqrt{2}} \qquad (1.14)$$

1.1.3.6 t 分布

t 分布又称为学生分布，是两个独立变量之商的分布。在有限次测量时，如果算术平均值与其期望值之差和算术平均值的标准偏差之比为新的随机变量，则该随机变量服从 t 分布。

t 分布的概率密度函数为

$$p(t) = \frac{\Gamma(\frac{v+1}{2})}{\sqrt{v\pi}\,\Gamma(\frac{v}{2})} \left[1 + \frac{t^2}{v} \right]^{-\frac{v+1}{2}} \tag{1.15}$$

当 $n \to \infty$ 时，t 分布接近于正态分布 $(\bar{x} - u)$。若概率 $p(t)$ 处于 $\pm ts(\bar{x})$ 的区间内，t 为数学期望的置信区间的包含因子，则 t 与自由度 v 及概率 $p(t)$ 有关。

1.1.4 标准偏差的传递

若被测量为若干个输入变量 x_i 的函数，且各变量之间相关，在由 x_i 的标准偏差计算被测量值的标准偏差时，则必须考虑输入变量之间的相关性。

例如，设被测量 $y = f(x_1, x_2)$，且 x_1 与 x_2 相关。x_1 和 x_2 的标准偏差分别为 $\sigma(x_1)$ 和 $\sigma(x_2)$，它们之间的相关系数为 $r(x_1, x_2)$，则被测量 y 的标准偏差为

$$\sigma^2(y) = \left[\frac{\partial f}{\partial x_1} \sigma(x_1) \right]^2 + \left[\frac{\partial f}{\partial x_2} \sigma(x_2) \right]^2 + 2 \frac{\partial f}{\partial x_1} \frac{\partial f}{\partial x_2} r(x_1, x_2) \sigma(x_1) \sigma(x_2) \tag{1.16}$$

式中，乘积 $r(x_1, x_2)\sigma(x_1)\sigma(x_2)$ 即为 x_1 和 x_2 相关性产生的两标准偏差之积。

当被测量 $y = f(x_1, x_2, \cdots, x_n)$ 时，被测量 y 偏差的一般关系为

$$\sigma(y) = \sum_{i=1}^{n} \sum_{j=1}^{n} \frac{\partial f}{\partial x_i} \frac{\partial f}{\partial x_j} \sigma(x_i, x_j) = \left\{ \sum_{i=1}^{n} \left[\frac{\partial f}{\partial x_i} \right]^2 \sigma^2(x_i) + \sum_{i=1}^{n-1} \sum_{j=i+1}^{n} \frac{\partial f}{\partial x_i} \frac{\partial f}{\partial x_j} \sigma(x_i, x_j) \right\}^{1/2}$$
$$\tag{1.17}$$

1.1.5 有限次测量的算术平均值及其方差

在实际的科学实验中，测量次数不可能为无穷大，测量次数总是有限的。可以证明，有限次（n）测量值的算术平均值就是被测量 x 的数学期望，即

$$M(\bar{x}) = M(x) \tag{1.18}$$

同样，n 次测量值的算术平均值 x 的方差为

$$\sigma(\bar{x}) = \frac{\sigma(x)}{\sqrt{n}} \tag{1.19}$$

即说明 n 次测量值的平均值的方差比标准方差小 $\sqrt{n}$ 倍。

1.1.6 测量结果的置信概率

由于随机误差的影响，测量值实际上总是偏离被测值的数学期望，而且偏离的大小和方向完全是随机的。那到底测量值的可信程度如何呢？为此，必须寻求测量值的置信概率。

当求得了被测值的数学期望 $M(x)$ 和标准偏差 $\sigma(x)$ 后,显然测量值可能处于 $[M(x) - c\sigma(x), M(x) + c\sigma(x)]$ 区间中(c 为指定系数)(如图 1.1 所示)。可以证明,处于这个区间的置信概率为

$$p[M(x) - c\sigma(x) < x < M(x) + c\sigma(x)] = p[-c < z < c] = \int_{-c}^{c} \frac{1}{\sqrt{2\pi}} e^{-\frac{1}{2}z^2} dz$$

$$(1.20)$$

式中: $z = \dfrac{x - M(x)}{\sigma(x)}$;

$\qquad dz = \dfrac{dx}{\sigma(x)}$。

置信概率一般都提供一个表,便于查找。

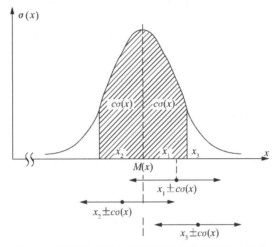

图 1.1 被测值的数学期望和标准偏差的置信概率

1.1.7 异常数据的剔除

从上例讨论的置信概率可以看出:测量误差超过 $3\sigma(x)$ 的概率仅占 0.27%,也就是说,出现大的随机误差的概率是很小的。因此,一般将误差大于 $3\sigma(x)$ 的数据都认为是差错,应予以剔除,以免影响测量的真实结果。

其判断式为

$$|x_i - \bar{x}| > c\sigma(x) \qquad (1.21)$$

在一次测量中,当进行误差处理而发现异常数据时,将该数据剔除后,必须再进行一次计算,并检查有无异常数据存在。如果还有异常数据,则再剔除,再处理,直到不出现异常数据为止,这样就可消除大误差数据的影响。

1.1.8 测量不确定度的表征方法

所谓测量不确定度就是表征被测量值分散性的程度。测量的不确定度可用标准偏差来表示,也可用测量值的置信区间来表示。因此,不确定度也是一个测量结果质量的定

量表征。

测量不确定度可分为三类：

（1）标准不确定度。用标准偏差来表示。

（2）合成标准不确定度。用各标准不确定度的分量合成来表示。

（3）扩展不确定度。用标准不确定度乘以一个系数的区间来表示。

1.1.8.1 标准不确定度的计算

1）A 类计算方法

所谓 A 类计算法，就是用统计方法计算标准不确定度的方法。A 类计算法有以下 4 种：

（1）多次重复测量的标准不确定度 $u(x)$ 就是测量的标准方差：

$$u(x) = \sigma(x) = \sqrt{\frac{1}{n} \sum_{i=1}^{n} (x_i - \bar{x})^2} \tag{1.22}$$

（2）对一个测量过程，如果采用核查标准进行测量过程的统计控制时，其标准偏差为

$$\sigma(x) = \sqrt{\frac{1}{k} \sum_{i=1}^{k} S_i^2} \tag{1.23}$$

式中：S_i——每次核查时的样本标准偏差；

k——核查次数。

当以算术平均值作为测量值时，测量的标准不确定度为

$$u(x) = \frac{\sigma(x)}{\sqrt{n}} \tag{1.24}$$

（3）最小二乘法拟合。由实验数据用最小二乘法拟合出一条曲线，拟合曲线为

$$v_i = a + bt \tag{1.25}$$

根据该曲线计算出标准不确定度为

$$u(v_i) = S_{v_i} = \left\{ S^2 \left[\frac{1}{n} + \frac{t_i - t}{\sum_{i=1}^{n} (t_i - \bar{t})^2} \right] + b^2 S_t^2 \right\}^{1/2} \tag{1.26}$$

（4）如果被测值随时间随机变化时（随机过程），则可用专门的方差分析方法求得标准方差。例如，频率稳定度的测量就可用阿仑方差的方法先求出阿仑方差：

$$S_y^2(\tau) = \frac{1}{2m} \sum_{i=1}^{m} \left[y_{i+1}(\tau) - y_i(\tau) \right]^2 \tag{1.27}$$

然后，再求出标准偏差：

$$\sigma(x) = \sqrt{S_y^2(\tau)} \tag{1.28}$$

2）B 类计算方法

所谓 B 类计算法，就是用非统计方法计算标准不确定度的方法。当被测值 x 不是重复测得时，就只能用对的可能变化的有关信息来计算。B 类计算的信息来源有：

（1）以前测量的数据。

（2）经验和对有关仪器特性知识的掌握。

（3）生产厂的技术说明书及其有关手册。

（4）检定证书、校准证书、测试报告等数据资料。

计算方法是根据经验和有关数据分析被测量值的区间（$-e$，e），并根据假设被测值的概率分布及要求的置信概率估计包含因子 k，测量不确定度为

$$u(x) = \frac{e}{k} \tag{1.29}$$

1.1.8.2 合成不确定度的计算

合成不确定度的计算与被合成量的相互关系有关，可分为以下 5 种情况：

（1）如果测试结果的标准不确定度包含若干个不确定度分量，且各分量互不相关时，则合成标准不确定度为单个标准不确定度的平方和的均方根值：

$$u(x) = \sqrt{\sum_{i=1}^{n} u_i^2(x)} \tag{1.30}$$

（2）如果被测量的测量值为 y，n 个输入量的测量值为 x_1，x_2，$\cdots$，x_n，则测量结果为

$$y = f(x_1, x_2, \cdots, x_n)$$

测量结果的合成不确定度 $u_c(y)$ 则为

$$u_c(y) = \left\{ \sum_{i=1}^{n} \left[\frac{\partial f}{\partial x_i} \right]^2 u^2(x_i) + 2 \sum_{i=1}^{n-1} \sum_{j=i+1}^{n} \frac{\partial f}{\partial x_i} \frac{\partial f}{\partial x_j} u(x_i, x_j) \right\} \tag{1.31}$$

（3）如果 $y = c_1 x_1 + c_2 x_2 + \cdots + c_n x_n$，当 $c_i = +1$ 或 $c_i = -1$ 且与 x_i 不相关时，不确定度为

$$u_c(y) = \left[\sum_{i=1}^{n} u^2(x_i) \right]^{1/2} \tag{1.32}$$

（4）如果对于 $x_1^{p_1}$，$x_2^{p_2}$，$\cdots$，$x_n^{p_n}$，其指数 p_i 是已知正数或负数且与 x_i 不相关时，测量不确定度为

$$\frac{u_c(y)}{y} = \left\{ \sum_{i=1}^{n} \left[\frac{p_i u(x_i)^2}{x_i} \right] \right\}^{1/2} \tag{1.33}$$

（5）如果 $y = f(x_1, x_2, \cdots, x_n)$，所有输入值都相关且相关系数为 1 时，则测量不确定度为

$$u_c(y) = \sum_{i=1}^{n} \frac{\partial f}{\partial x_i} u(x_i) \tag{1.34}$$

即为不确定度分量的线性和。

1.1.8.3 扩展不确定度的计算

扩展不确定度 u 由合成不确定度 $u_c(y)$ 乘以包含因子 k 得到：

$$u = k u_c(y) \tag{1.35}$$

显然测量结果可表示为

$$Y = y \pm u \tag{1.36}$$

而且被测值以高的置信概率居于 $y - u \leqslant Y \leqslant y + u$ 区间内。

关于包含因子 k 的选择原则为：

（1）一般 $k=2\sim3$，当 $k=2$ 时，其区间的置信概率为 95%。

（2）假设随机误差符合正态分布时，可根据置信概率 p 来选取 k 值（如表 1.1 所示）。

表 1.1 置信概率 p 与包含因子 k 的关系

$p/\%$	k
57.74	1
95	1.65
99	1.71
100	1.73

1.2　测量过程的统计控制

1.2.1　基本概念

测量过程的统计控制是用数理统计分析的方法使测量过程受到最优控制，以保证测量结果的准确、可靠。测量过程的统计控制就是通过统计控制方法，让测量系统的工作随时处于受控状态，使每个测量值都是在受控的长周期内进行多次测量的一个随机值，其测量的不确定度控制在给定的范围内，从而使测量的质量得以保证。然而，并不是任何测量仪器和系统都可实现统计控制的。一个测量仪器或系统可实现统计控制的基本要求是：

（1）测量过程是可多次重复的测量。

（2）测量结果具有较好的重复性。

（3）能够随机取样。

（4）测量数据符合正态分布或其他已知分布。

满足上述基本要求，就可使测量结果具有一定的统计预测性，因此可以按统计方法予以处理。也就是说，只要测量过程受控，测量数据便在一定的时期内具有稳定的分布状态，并可随时复现。只要给定概率，便可求出随机误差限和不确定度。

1.2.2　测量过程的统计控制参数

我们知道，核查标准亦称为检验标准，是实验室常用的标准。核查标准的主要作用是建立数据库，以核查测量系统的测量过程是否处于统计控制状态，并确定其随机误差。对核查标准的要求是其计量性能与测量系统的计量性能相当，变化规律相同，随机误差小，长期稳定性好。用测量系统对核查标准进行经常的多次测量，从而积累表征测量过程特性的大量数据，这些数据就可作为测量过程的统计控制参数。具体的统计控制参数有：

（1）核查标准值。核查标准值就是对核查标准进行测量所得出的值，核查标准值常

用 x 来表示。核查标准值可以是单一的核查标准的测量值，也可以是两个核查标准所测量值之差、之和或其他形式的组合。

（2）初始值。初始值又称为均值、认可值或起始合格值。它就是对核查标准进行多次重复测量所得的算术平均值 x。

（3）核查标准值的标准偏差。核查标准值的标准偏差就是对核查标准进行多次重复测量所计算出的误差（标准偏差）。核查标准值的标准偏差有组内标准偏差、组间标准偏差、合成标准偏差及合并标准偏差四种。

（4）统计控制限。从误差理论可知，对于正态分布误差，通常取标准偏差 σ 的 3 倍作为统计的误差限，这时，相应的置信概率已达到 99.73%。

1.2.3 测量过程的检验方法

为了保证测量过程处于连续的统计控制中，每隔一定的时间要对核查标准的测量结果用统计方法进行检验。检验方法有 t 检验、F 检验和控制图法三种。

1.2.3.1 t 检验

t 检验是根据随机变量的 t 分布得出的一种检验方法。t 分布又称为学生分布，是两个独立随机变量之商的分布。当进行有限次测量时，算术平均值与数学期望值之差和算术平均值的标准偏差之比为新的随机变量，该随机变量服从 t 分布。当测量次数 $n \to +\infty$ 时 t 分布近似于高斯正态分布。

t 检验式为

$$t = \frac{|x_i - \bar{x}|}{\sigma} \tag{1.37}$$

式中：x_i——核查标准值；

$\bar{x}$——控制初始值（算术平均值）；

σ——标准偏差。

当检验统计值小于 t 分布的临界值（一般取 2~3）时，测量过程受控；大于 t 分布的临界值时，测量过程失控。

由此可见，上述结论与前面分析的测量误差处理中异常测量数据的剔除原理是一致的。

1.2.3.2 F 检验

F 检验是根据随机变量的 F 分布得出的一种检验方法，F 分布也是正态分布的一种。

F 检验式为

$$F = \left(\frac{\sigma_i}{\sigma_p}\right)^2 \tag{1.38}$$

式中：σ_i——组内标准偏差；

σ_p——组间（或合并）标准偏差；

F——F_a 分布的临界值。

若 $(\dfrac{\sigma_i}{\sigma_p})^2 < F_a$，则测量过程受控；若 $(\dfrac{\sigma_i}{\sigma_p})^2 > F_a$，则测量过程失控。

注意：为了保证测试质量，t 检验和 F 检验要同时进行，而且需两者都符合，测量过程才能处于受控状态，否则就是失控状态。

1.2.3.3　控制图法

控制图是显示测量受控过程所得数据的图形表示。控制图在测量过程的统计控制中的作用是：监视测量值是否处于受控状态；发现失控原因；修正测量过程的控制参数。控制图法有如下两种：

（1）初始值（平均值 $\bar{x}$）控制图。初始值控制图如图 1.2 所示。初始值控制图的中心线为核查标准的算术平均值 $\bar{x}$，上控制线为 $\bar{x} + 3\sigma_c$，下控制线为 $\bar{x} - 3\sigma_c$。初始值控制图主要检验测量值是否超出允许的误差范围。

（2）极差控制图。极差就是最大测量值与最小测量值之差，即所谓的极限误差。极差控制图如图 1.3 所示。极差控制图的控制线为

中心控制线：

$$\bar{R} = \frac{1}{n} \sum_{i=1}^{n} R_i \tag{1.39}$$

上控制线：

$$UCL = \bar{R} + 3d_3 \bar{R} / d_2 = D_4 \bar{R} \tag{1.40}$$

下控制线：

$$LCL = \bar{R} - 3d_3 \bar{R} / d_2 = D_3 \bar{R} \tag{1.41}$$

式中：$\bar{R}$——平均极差，即几组测得值极差 R_i（$i = 1, 2, \cdots, n$）的平均值；

   $d_3 \bar{R} / d_2$——平均极差的标准偏差，其中 d_2、d_3 是与测试样本有关的系数。

图 1.2　初始值控制图   图 1.3　极差控制图

此外还有标准偏差控制图。标准偏差控制图与极差控制图相似，但标准偏差控制图主要描述测量值的离散性，特别是当测量次数较大时（例如大于 12 次），标准偏差控制图比极差控制图能更有效地描述测量值的离散性。必须注意：当初始控制图、极差控制图和标准偏差控制图同时使用时，其中若任何一个测量过程的测量值超过控制线，则测量过程均为失控。

测量过程的统计控制是提高测试质量的有效方法，对计量的品质保证、计量标准的性能监控、量值传递、测量精度、可靠性及量值的准确统一都是十分重要的。

1.3　校准方法学

校准方法学是计量学研究的主要内容。在计量学中用于校准的设备通常称为计量器具。所有的科学和工程技术领域都毫不例外地使用了计量技术。而计量学则浓缩了测量技术中最基本的科学概念。

校准的目的是确保测试仪器在使用中的测量误差限制在允许范围内，或者确保测量仪器的精度符合测试的要求。为了保证测量的精度，必须对电子测试仪器进行校准。

1.3.1　校准方法

校准实际上就是将一台精度已知的仪器（称为"标准仪器"）与一台未知精度的仪器（测试仪器）进行比较的过程。实现这个比较过程的基本方法有两种，即直接比较法和间接比较法。

1.3.1.1　直接比较法

测量仪器和信号发生器可以直接进行比较。例如，一台电压表，可用一台标准信号发生器来比较；如果是一台信号发生器，则可用一台标准的测量仪表来比较。用高精度的频率计校准信号发生器的频率，用高精度的电压表校准信号发生器的幅度等都属直接比较法。值得注意的是，直接校准的仪器之间所使用的连接器或传感器都应进行校准，以免引入校准误差。

根据误差统计原理，在直接比较法中，作为标准仪器的精度应比被校准的仪器高3倍以上。这样，被校准仪器的指示值与标准仪器的测量值比较，就可得出被校准仪器的测量误差，并将所得的测量误差与仪器的性能指标比较，如果二者的偏离度在允许范围内，则该仪器符合要求，否则就是超差。这种方法还可以确定被校准仪器的测量分辨率及可重复性。

1.3.1.2　间接比较法

间接比较校准法是将同类仪器进行比较。例如，标准电压表与电压表进行比较，标准信号发生器与测试信号发生器进行比较等。

如果一台标准电压表与被校准电压表进行比较，则必须将同一激励信号同时加到被校准电压表和标准电压表上。通过对标准电压表的显示与被校准电压表的比较，就可进行校准。在校准过程中，只要激励信号保持不变就可以了，而它的绝对值并不重要，对于信号发生器的比较要略为麻烦些。首先，将测量仪器接到标准信号发生器测量其输出值，然后将测量仪器切换到被校准的信号发生器上再测量其输出值，比较两次测量值之差就可实现对被校准信号发生器的校准。

除上述两种基本的校准方法外，还有一种比例计比较法。在测量仪器中有一类特殊的仪器，这就是比例计。这类仪器通常都有很高的分辨率，用以测试标准仪器和被校准仪器之间的比值。如果标准仪器和被校准仪器的比值相当，则可以通过变换再次进行第二次测量来排除比例计的误差。另外，也可通过改变两台仪器的有效数值来排除误差。常用的比例计有开尔文（Kelvin）比例电桥（电阻比较）、变换器测试装置（变换比测试）和分析天平（质量比较）等。

1.3.2　计量标准

　　计量标准是指那些用来进行校准的测量设备或提供参考标准的设备。计量标准包含以下几种：

　　（1）参考标准。参考标准是在校准测量仪器规定功能时的最高级别的标准。参考标准通常是与工作时的校准标准一起使用的。参考标准在某些测量原理中是可局部验证的，或者是不需要验证的（如铯原子钟的频率）。参考标准的应用多数限制在最高级别的校准中，因此参考标准有时也被称为"原始标准"，它常常被保存在国家级计量单位中，如美国的国家标准技术局（NIST）、我国的国家计量研究院，而国防计量标准则保存在有关国防计量站中。

　　（2）传递标准或工作标准。传递标准或工作标准是直接或经过与参考标准相比较而得到的计量标准。公尺就是这样一类通用的传递标准。

　　（3）人为标准。人为标准是一个测量标准的具体物化表现，电阻、电容、电感和电压标准就是常用的人为标准。

　　（4）内部标准。内部标准是不需要外部校准的计量标准。如约塞夫逊（Josephson）电压标准，碘、氦、氖激光长度标准以及铯原子钟的频率标准等，它们都是独立的，除了与其他参考源相互对比外，一般不需要重复校准。

　　（5）工业标准。工业标准是用于生产厂和用户校准的实用标准。它是标准的一种仿制品，它不具有对基本单位的可溯源性，但为工业界所接受。

　　（6）标准件（SRM）。标准件是用于建立或检验测量和测试设备性能的各种标准部件。标准件可直接从国家标准局购买，或从经过检验的高质量源得到。

　　为了保证各种标准的测量精度，各种标准应具有可溯源性。可溯源性就是为确保测量精度，使之能够溯源至一个可接受的测量参考源的过程。具体过程如下：①由国家标准技术局（NIST）认可，并由美国海军天文台保存的国家标准；②由国家标准技术局制定或被接受的基本物理常量或原始物理常量；③经美国国家标准技术局校正过的其他国家标准；④校准的变换模型；⑤一致性标准；⑥标准件（SRM）。

1.3.3　校准类型

　　目前，国际上常采用的校准类型有传递校准和允许公差校准两种。

1.3.3.1　传递校准

　　传递校准是当计量一个用户的仪器时，由国家标准技术局提供一个传递标准，其中包括测量结果和对测试不确定度的描述。传递标准也可由非政府级的校准实验室提供，但传递校准不能提供规定时间以外的性能保证。要得到仪器随时间变化的特性，仪器使用者必须通过多次校准来对其测量数据进行估算。

1.3.3.2　允许公差校准

　　允许公差校准是工业界最常采用的一种校准方式。允许公差校准是将仪器的测量性能与技术要求的性能进行比较，如果仪器性能与技术要求不相符合，就认为是"超差"，应将仪器进行调整和修理，以修正超差，然后再重新进行校准。校准标签上应标明校准所达到的性能和下一步应该做的工作。这类校准可以保证在给定时间内测量仪器的性能。

允许公差校准包括以下三个步骤：

（1）校准有关项目并与应达到的校准性能数据进行比较。

（2）如果发现校准超差，则应调整或修理，使之限制在允许公差范围内。

（3）在交还用户前再重新校准，并给出各项性能数据。

如果在校准的第一步时就已符合技术要求，则不需再执行下一步骤。这个校准过程给出了如何一步步调节仪器使它满足性能指标的要求，通常第一步和第三步的公差不同。当某个项目可预先给出漂移特性时，则可在给定的时间内给出一个名义上的精度，因为允许公差包括漂移补偿。调节公差通常要严格一些，在返还给用户前，设备必须调节在公差范围以内，以确保在下一次校准前漂移不会导致超出公差规定的技术范围。

1.3.4　校准的要求

当用户对测量仪器和测试设备所测试的数据提出了可信度的要求时，仪器的校准将是很重要的。有的人往往以为操作者在开机时所执行的功能就是校准，此外还经常混淆了仪器的基本操作功能与精度的差异。

对仪器的操作者来说，仪器的"功能"是显而易见的，而仪器的"精度"则是不可见的。操作者能方便地确定仪器工作是否正常，但对执行测量的仪器精度则不能确定。常规的做法是在测试时不考虑精度问题，或者是认为仪器已被校准了。这也就是为什么仪器需要进行周期性校准的主要原因。

仪器的生产者常在测量仪器出厂时就进行了初始校准，以后的校准则是送回生产厂或校准实验室去做。测量仪器的工作特性是随时间变化而变化的，仪器性能变化的主要原因是：

（1）机械磨损。

（2）电气元件的老化。

（3）操作者的误操作。

（4）操作者未经许可的随意调整。

许多仪器都要求初始校准和定时校准，以保持仪器所需的精度。大多数测量仪器的生产厂都推荐了校准的时间间隔，以保证测试仪器的各项性能指标。

理论上，大家都知道仪器的定时校准是十分重要的，但实际上，多数仪器的拥有者和使用者只是在仪器发生故障需要修理时才进行校准，这显然是不合理的。定时的例行校准通常只是在管理者要求时才进行，因为操作者不喜获得校准服务和测试质量的监督。而测量仪器又常常要求校准才能确保测试的质量。

1.3.5　互检和检验

在绝大多数情况下，操作者依靠仪器的自校准功能来确定测量精度，这种通过自校准来保持测量精度的方法是可以的，但实际上很难保证仪器的校准结果。

仪器操作者在使用仪器时需要注意：从该次校准到下一次校准这段时间内，仪器的性能不能发生显著的变化。如果不能确认，就不能保证测量的精度。因此，必须使用"互检"和"检验"来确保测量仪器及测试系统的性能。

1.3.5.1　互　检

互检是将多台同类仪器进行相互比对的校准方法。根据概率统计原理，这种方法可以发现测量仪器的性能是否随使用时间而发生了显著的变化。注意：仪器的互检可以发现仪器性能的变化，但并不能保证测量仪器或测试系统的绝对精度。

1.3.5.2　检　验

检验就是利用测量仪器或系统中的校准件来进行的校准。校准件的性能应十分稳定，不会随时间发生显著变化。例如，微波网络分析仪的校准件（短路器、开路器和标准负载）就可以作为"检验标准"。这些校准件必须经过计量后才能被认定为检验标准，并记录它的测量数据。如果定期地用这个校准件来校准微波网络分析仪，就可保证微波网络分析仪的测量精度。

人们习惯采用定期校准的方法，然而定期校准的缺点是在重新进行校准前操作者无法知道仪器是否超差。例如，一台仪器的校准周期是 12 个月，但可能在几个月内仪器性能就发生了变化。因此，在实际测试工作中经常进行仪器的互检或检验，则可方便地发现仪器性能的变化。

1.3.6　仪器特性和校准测试

对仪器使用者来说，仪器生产厂家提供的技术指标和校准是确保仪器精度的有效保证，特别是生产厂提供的技术资料和仪器的技术指标，它是测试结果误差分析的重要依据。对校准而言，仪器的技术指标是进行校准的基本要求。因为即使是最简单的测量，其测量值也是由多个因素构成的，没有任何一种校准方法可以系统地检验生产厂的全部技术指标。

例如，一台最简单的直流三位数字电压表，一个量程就需要进行 1 000 次测量来检验所有可能的值。如果仪器有很宽的量程来测试交流电压的能力，可能需要上百万次的测试、花费几年的时间才能检验所有可能的组合。假如是这样的话，校准也就没有实际意义了，因为经过如此校准的仪器早已被磨损坏了。另一个重要的原因是：在许多情况下，标准并不能直接应用于所有可能的测量。例如，一个射频阻抗测试仪可以测出高达 2 GHz 频率时的交流阻抗，而目前交流阻抗标准的最高测试频率只有 250 MHz。因此，在校准时，应选择仪器的典型特性，并按基本要求及标准的有效性和经济性来进行。

此外，还有一个原因是并非测量仪器的所有技术指标都需要进行定期检验。仪器的技术指标常常可归纳为如下 4 个方面：①仪器的某些技术指标是需要严格定期测试的，如仪器的精度、线性度和漂移等。这些技术指标是直接影响测试精度的，是检验的主要内容。②仪器的某些技术指标与仪器的测量精度无关，如仪器的尺寸和重量等。③仪器的某些技术指标只要求一次的有效性，如仪器的工作温度、湿度等特性。④仪器的某些技术指标可以在其他功能测试时得到验证，如输入阻抗等。

仪器检验是严格的，对一台仪器，校准项目的基本要求是：①必须有所需校准仪器

的描述文档，包括允许的误差范围、标准及使用条件。②仪器使用者必须清楚了解仪器
被测部分的各项操作性能。

仪器校准测试通常包括以下几个方面：①在仪器的每个功能和工作量程中，应当使
仪器的基本精度和灵敏度处于仪器的满量程。如果是一台交流测量仪器，则应当选择一
个或几个参考频率来进行性能测试。②仪器线性度的测试最好在各个量程中进行满量程
的校准测试。校准测试点数取决于仪器类型、允许误差及仪器的应用。③仪器频率响应
的测试参照交流测量仪器的精度和灵敏度的测试。

1.3.7　对校准标准的要求

在进行仪器允许误差的校准时，对校准标准的基本要求是其测量精度必须高于被校
准仪器精度的 3 倍。校准标准与测试仪器之间精度的数学关系称为精度比，可以用百分
数来表示。在最坏情况下，可以通过式（1.42）来表示：

$$U_t = \pm (U_1 + U_2 + U_3 + U_4 + U_5) = \pm \sum_{n=1}^{5} U_n \qquad (1.42)$$

由式（1.42）可以看示，任何简单测量的不确定度都是由多个因素累积而成的，
校准仪器的精度也包含在内。其中，U_t 是总的不确定度，用百分数表示；U_1 是指示值
的偏差；U_2 是满量程偏差；U_3 是时间稳定性偏差（在校准过程中，每个周期内的变化
值）；U_4 是温度偏差（在工作和校准之间温度变化的差值）；U_5 是校准标准的不确定
度。

因为测量误差包含许多因素且是一个矢量值，因此不确定度不能直接相加。表示测
量统计不确定度的一个通用方法是计算均方根之和（RSS），如式（1.43）所示。如果
标准的精度比测试仪器的精度高 3 倍以上，那么使用 RSS 计算就不会造成明显的不确定
度。

$$U_{RSS} = \pm \left[\sum_{n=1}^{5} (U_n^2)^{1/5} \right] \qquad (1.43)$$

式中：U_{RSS}——均方根不确定度之和，用百分数值表示。

当允许误差得到验证后，可使用测量分析法或误差消除分析法来确认仪器是否超
差。

该方法是基于如下三个基本关系确立的：

（1）如果仪器偏差小于测量仪器的允许误差与标准不确定度之差（$U_L = U_t - U_s$），
则该仪器在允许误差范围之内。

（2）如果仪器偏差明显大于测量仪器的允许误差与标准不确定度之和（$U_H = U_t +
U_s$），则该仪器在允许误差范围之外。

（3）如果仪器偏差在高低限之间（大于 U_L 而小于 U_H），就不能判断是否满足仪器
允许误差。如果要做出确认，就必须重新进行精度更高的测试。

如果使用仪器的测量精度比而不是使用传递校准方法，则可用参考标准的不确定度
和传递不确定度之和与标准的比较来得出仪器的精度。在通常情况下，传递不确定度是
标准不确定度的 10 倍或更高。

对测试操作者来说，了解仪器精度的实际要求对技术和经济都有重要作用。产品测试决定了校准所要求的仪器和校准的级别，不现实地过高要求将大幅度增加测试项目和校准费用。

1.4　基本的电子标准

标准其实就是一个裁决。每个标准都是人类为了使测量过程成为可能或更加容易而发明出来的。政府最重要的职责之一就是制定和保存标准，以提供一个"比较"基础。

计量标准的层次精度级别依次是原始标准、次级标准和工作标准。原始标准是精确实验或物理现象的结果，它的物理实体常常由国家政府机构保存。原始标准是次级标准和工作标准的最终裁决标准。一个计量室应该具有高质量的次级标准，而一般实验室则只需较低精度和较便宜的工作标准就可以了。

1.4.1　国际测量单位制

目前，国际上所使用的测量单位都是国际单位制（SI），对电子量单位而言，就是米、千克、秒、安培制。

理论上，在相关测量中，不同的物理量都来源于同一个基本量。国际单位制（SI）是建立在长度、质量、时间、电流、温度和光强度等单位的基础上。国际单位制（SI）又分为厘米·克·秒制（cgs）和米·千克·秒制（mks），后一种国际单位制是现在常用的国际通用单位制。在国际单位制中，有 6 个基本的国际单位，它们是：

（1）长度，米（m）。1 m 等于氪[86]原子从能级 2 跃迁至能级 5 时，发射的射线是在真空中波长的 1 650 763.73 倍。

（2）质量，千克（kg）。千克是质量的单位，它等于国际标准千克原器的质量。

（3）时间，秒（s）。秒的定义是铯[133]原子由基态跃迁至第二激发能级时射线周期的 9 192 631 770 倍。

（4）电流，安培（A）。电流是指通过两根放置在真空里相距 1 m 的无限长平行导线，当导线间产生的相互作用力为每米牛顿时所流过的恒定电流。

（5）温度，开尔文（K）。开尔文是热力学温度的单位，是水的三相点热力学温度的 273.16 分之一。

（6）发光强度，坎德拉（cd）。坎德拉是指白金在冻点时的温度，是当其压力为 101 325 N/m^2 时，在黑盒中 1/600 000 m^2 表面的光密度。

电子物理学家和电子工程师感兴趣的是可表征各种电磁量的导出单位。目前，大约已有 30 种单位可认为是 SI 的导出单位，包括如面积、容量和频率这样一些简单的物理量。

在国际单位制中，感兴趣的是自由空间的导磁率及介电常数。根据定义，电流被认为是一个基本量。自由空间导磁率和介电常数可由电流导出，电压可通过欧姆定律由电流和电阻导出，而电阻的单位又是从自感器或互感器的电抗中导出的。

1.4.1.1　电子单位制的发展

电子单位制的发展经历了大约一个半世纪的时间。在这段时间里，至少开发了 8 种原始的单位制，其结果是造成了很大的混乱。这是因为出现了各种各样的术语、概念和方法，以及对标准化的不同观点和理解。现在我们所说的电子单位制是起源于欧姆定律：$E = IR$。在 1827 年到 1833 年间，高斯首次用实验的方法阐述了电磁量与机械量之间的关系。后来，韦伯又发展了用机械单位（如长度、质量、时间）来解释电流和电阻的方法。这种用机械量单位来阐述电子量的方法被称为"绝对"方法。目前，在电子学领域都使用这个方法。

1861 年英国科学发展委员会成立了电子标准研究所，这个研究所早年的主席是克拉克。麦克斯韦建立了电子单位制中的厘米·克·秒（cgs）制，与机械单位制有着直接联系，这也是个"绝对"单位制。这种单位制比静电和电磁单位制在工程应用中更加方便和广泛。厘米·克·秒（cgs）制建立后的许多年，基本的电单位是伏特、欧姆和安培。实用化的初始标准就是水银欧姆计和银质伏特计（也称为库仑计），直到 1948 年，电子单位制才成为国际通用单位。在有的国家（如美国），这些单位也被称为"合法"单位。在相当长的一段时间里，英、美、德等国的实验室都使用高精度技术来确定伏特、欧姆以及安培的机械量值。实际上，欧姆和伏特的单位已具体物化为托马斯（Thomas）的 1 Ω 电阻和惠斯顿（Weston）的渗透电池（非常接近于 1 V），它们都保存至今，并使用电流平衡计及自感或互感系数的方法来测量。绝对电压值和绝对欧姆值被规定为电压和电阻的国家标准，这个标准在电子学领域发挥了极大的作用。经过半个世纪后，使用精度更高的方法使它们有了细微的变化。由于可计算电容方法的发展和更精密的电流平衡计及动量计的使用，使安培值得到确定，1969 年 1 月 1 日美国的伏特值获得了国际认可。

1954 年，第 10 次国际重量和测量联合会确立了国际单位制（SI），它是建立在米、千克、秒、安培、开尔文和坎德拉的基础上，并得到了国际电工委员会（IEC）的承认。

1.4.1.2　国际单位制的导出单位

表 1.3 列出了国际单位制的基本单位及其导出单位，以及国际单位制中单位的十进制乘数和公因数的前缀。

表 1.3　国际单位制的基本单位及其导出单位

SI 基本单位			SI 导出单位（部分）			SI 辅助单位		
名称	单位	符号	名称	单位	符号	名称	单位	符号
长度	米	m	频率	赫兹	Hz	电容	法拉	F
质量	千克	kg	力	牛顿	N	电阻	欧姆	Ω
时间	秒	s	压力	帕斯卡	Pa	电导	西门子	S
电流	安培	A	能量	焦耳	J	磁通量	韦伯	Wb
温度	开尔文	K	功率	瓦特	W	磁通量密度	特斯拉	T
光强	坎德拉	cd	电荷量	库仑	C	电感	亨利	H
物质	摩尔	mol	电位	伏特	V	平角面	弧度	rad
						光通量	流明	lm
						立体角	球面度	sr
						光照度	勒克斯	lx

国际电子单位和标准要获得最广泛的应用，国际上的承认将起决定性的作用。然而，国际承认的过程是很复杂的。首先是国际电工咨询委员会将它推荐给国际重量和测量委员会，然后再提交给重量和测量联合会。最后，经执行该标准的各国代表开会通过才能批准执行。

国际重量和测量委员会的实验室设备为全世界服务，至今已有上百年的历史，它坐落于法国巴黎郊外。美国的国家标准技术局（NIST）、英国的国家物理实验室和德国的物理技术实验室等标准实验室都为国际服务。

美国国家标准技术局（NIST）成立于 1901 年，是美国国家标准的研究单位，它的任务是开发和保存国家的计量标准，以及为国家的物理计量提供高精度的服务，并为物理计量提供一个完整和恒定的基础。美国国家标准技术局（NIST）的原始标准和工作标准保存在基础标准研究室中，它的电子射频测量的标准处于世界领先地位，电磁测量的频率范围已从直流到 300 GHz。

1.4.1.3　标准的层次图

根据标准的自然排列和层次，一个测试系统可方便地溯源到一个基础源。这个基础源提供给系统最终用户一个测量基准，即原始标准。原始标准也在随着科学技术的发展而发展。例如，原子长度标准已经取代了从前以"米"为单位的长度尺标准；原子时间标准（从纪元开始的时间间隔）已经取代了按地球绕太阳旋转时间所决定的秒值。

图 1.4 是一个测量系统的标准层次详图。这个层次图的结构是 1960 年在美国陆、海空军的校准会议上提出并由美国 IEEE 委员会利用原始标准和校准方法得到的，目的是在实验室标准的层次图上有一个更加统一的规定。

如图 1.4 所示的层次图结构表示了各种标准的相互关系，并保存在国家标准局中。在层次图的最高层，测量系统的量包括有原始的基本单位，如长度、质量等。而许多导出量都是由基本量通过各种关系导出的，许多导出量可以通过标准来实现。例如，伏特的标准就是通过饱和的惠斯顿（Weston）电池得到的。标准都是独立的，国家级标准是建立和稳定一个国家计量单位的重要保证。

1.4.2　标准的可追溯性

随着科学技术的发展，许多测量的能力都发生了引人注目的变化，其中主要的是对本质标准和固有标准的认识。这种标准是建立在定义数据值和自然物理量的基础上的。这种标准的输出值，理论上无需参照 NIST 标准，近年来很多标准都属于这一类。例如，铯原子频率标准就取代了传统的晶体振荡器的频率标准以及约瑟夫直流电压标准和霍尔效应的电阻标准。

直流电压最显著的变化莫过于原始标准的变化。电阻测量通常使用 1 Ω 标准，而现在则使用 10 kΩ 标准，传统的电位计校准法也被多功能的 AC/DC 校准仪所代替。它们大多是根据基本电压和电阻标准（1 Ω、1 kΩ 和直流 10 V）来进行校准的。

还有一个改变就是用数字仪表取代了模拟仪表。在许多基本电子单位的校准和计量（直流交流电压、电流、电阻）中，高分辨率数字仪器已在校准中代替了分压计、电位计、电桥以及 A/D 转换器等。这个变化还表现在射频技术领域和其他科学领域。

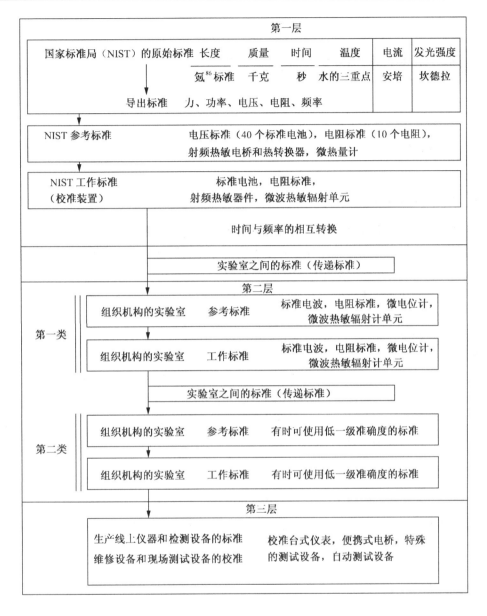

图 1.4 测量系统的标准层次图

另一个巨大的变化是在各种校准和计量中使用计算机进行自动测试。利用计算机对测试系统进行管理、控制，并对测试数据进行处理，这样大大提高了校准和计量的精度和可信度。任何计量标准都应该是可溯源的，美国国家标准技术局的可溯源性的层次关系是：

第一层：国家标准技术局（NIST）或同级的国家实验室所使用的标准和计量技术，国际实验室标准（IS）传递标准。

第二层：工业部门标准实验室所使用的标准和计量技术。

第三层：工厂用于控制产品质量的仪器。

2　测试与控制技术基础

2.1　信号及其分类

2.1.1　测试、信息与信号的概念

测试是人们认识客观事物的方法。测试过程是从客观事物中提取有关信息的过程。测试包含测量与试验。在测试过程中需要借助于专门的仪器设备，通过合适的实验和必要的数据处理，求得被研究对象的有关信息量值。

信息是人和外界作用过程中互相交换内容的名称。它不是物质，也不是能量，而是事物运动的状态和方式。例如语言文字是社会信息、商品报道是经济信息等。

信号具有能量，它描述了物理量的变化过程。在数学上可以表示为一个或几个独立变量的函数，也可以表示为随时间或空间变化的图形。

信息本身虽不是物质，也不具有能量，但信息的传输却依赖于物质和能量。一般来说，传输信息的载体称为信号，信息蕴涵于信号之中。例如古代烽火，人们观察到的是光信号，它所蕴涵的信息是"敌人来进攻了"；又如防空警笛，人们听到的是声信号，其含义则是"敌机偷袭"或"敌机溃逃"。

2.1.2　信号的分类

在生产实践和科学实验中，为了认识客观事物的内在规律，研究分析事物之间的相互关系及预测未来发展趋势，需要观测大量的物理数据，测试各种非电物理量并将其变换成易于测量、记录和分析的信号。按照性质，这些信号可分为静态信号和动态信号两类。对于不随时间变化的信号称为静态信号，而对于随时间变化的信号称为动态信号。

动态信号按其随时间的变化规律不同又分为确定性信号和非确定性信号（即随机信号）两类。

确定性信号是指可用明确的数学关系式描述的信号，如图 2.1 所示的简谐信号等。周期信号可视为在一个固定参考点上的振荡运动，经过一定时间（周期）后可自行重复出现的信号。周期信号又分为简谐信号和复杂周期信号。简谐信号（正弦或余弦）可用下式来描述：

$$x(t) = A\sin(2\pi f_0 t + \varphi) \tag{2.1}$$

$$x(t) = A\cos(2\pi f_0 t + \varphi) \tag{2.2}$$

式中：A——振幅，描述信号变化的范围；

　　　f_0——频率，描述信号变化的快慢；

　　　φ——初相位，描述信号的起始位置。

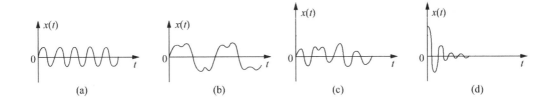

图 2.1 确定性信号

（a）动态信号分类 （b）复杂周期信号 （c）瞬变信号 （d）衰减信号

复杂周期信号可表示为

$$x(t) = x(t + nT) \quad (n = 1,2,3,\cdots) \tag{2.3}$$

它是由两个或两个以上的简谐信号叠加而成的。它具有一个最长的基本重复周期，与该基本周期频率一致的谐波称为基波，而其他频率为基波整数倍的谐波称为高次谐波。

非周期信号是指在时间上永不重复的信号。它又分为准周期信号和瞬变信号两种。准周期信号，又称为近似周期信号，它由一些不同频率的简谐信号合成。瞬变信号是指冲击信号或持续很短一段时间的衰减信号，如图 2.1（d）所示。

2.2 信号测试与控制方法

2.2.1 信号测试

为了完成科学实验和工业生产中提出的测试与控制任务，必须尽可能准确地获取被测参数的真实值，这就需要选择合适的测试方法。

2.2.1.1 直接测试法

直接测试法就是按照一定的物理定律，把从被测对象中获取的一部分能量信号直接作用到测试元件上，并把其转化为易于测量和传输的量，再对该量进行直接测量，该量的大小就代表了被测对象的值。例如，加热炉温度测量、发动机振动测量等。使用这种方法时应注意，从被测对象中获得的能量不能影响被测对象的物理状态。

2.2.1.2 间接测试法

间接测试法不是直接测量被测量，而是通过测量与被测量有某种变化关系的量来间接获取被测量的值的方法。

2.2.1.3 比较测试法

比较测试法就是将被测量与标准量进行比较而实现对被测量的测量的方法。如用平衡电桥测电阻，将被测电阻 R_x 与可调的标准电阻 R_0 进行比较，若有差值，则调整 R_N，使 R_x 与 R_N 达到平衡，这时标准量 R_N 的示值就代表了被测量的大小。

测试方法的选择，应根据被测量的类型、现场条件以及量程、精度、反应速度等方面的要求进行。以上方法是最基本的几种测试方法，在实际工作中，应对被测对象作具体分析，才能确定出合理的测试方法。

2.2.2 信号控制方法

2.2.2.1 顺序控制

顺序控制主要用于开关量系统的控制。它一般只有两种状态，如管道上阀门的开和关、电炉的接通和断开、电动机的启动与停止等。它是按照一定的逻辑顺序或时间顺序来完成的。

2.2.2.2 反馈控制

反馈控制如图 2.2 所示。

反馈控制的特点是不仅有信号从控制对象送到控制器，还有信号从控制器送到控制对象，所以也称这种控制为闭环控制。它是利用实际值与给定值（预期值）进行比较得到偏差而形成控制信号，再利用该信号去消除或减小误差，即用偏差来消除误差。

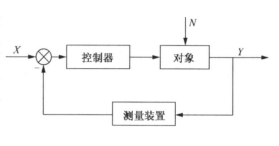

图 2.2 反馈控制

2.2.2.3 前馈控制

反馈控制是利用偏差来消除误差，不论什么原因引起的误差，系统都能消除它，其不足之处是必须在误差形成后才能产生纠正误差的控制作用，在这段滞后时间内，误差总要存在。所以，为了补偿由于扰动引起的误差，常采用前馈控制。从动作速度上来讲，对于干扰信号的补偿，前馈比反馈要迅速得多。但前馈控制要做到对干扰的完全补偿，必须对控制对象的特性有精确了解。此外，前馈控制只能补偿一种干扰，不能像反馈控制那样对任何扰动引起的误差都能加以补偿。

2.2.2.4 PID 控制

反馈控制是按照偏差进行控制的。为了提高控制性能，可以按偏差的比例（Proportional）、积分（Integral）、微分（Derivative）进行控制，简称 PID 控制。在工程上，PID 控制大多是单元组合式，即 P 控制、PD 控制、PI 控制和 PID 控制。PID 控制可以用硬件来实现，也可以用软件来实现。

2.2.2.5 最优控制

最优控制是指系统在规定条件下，使某些性能指标达到最优的控制。如在条件不断变化的情况下，保持生产过程中某个参数或某项指标始终为最优值（如时间最短、消耗最小）。

2.2.2.6 自适应控制

最优控制是相对的，它是在某些特定限制条件下才能达到最优，一旦条件改变就不再最优了。而自适应控制能够在限制条件变化时自动实现最优控制。例如水泥搅拌机，不同的料，加水量和搅拌时间就要相应地变化，为了实现最优，就要采用自适应控制。

2.2.2.7 自学习控制

自学习控制是指通过在线实时学习，能自动获取知识，并将所学的知识用来不断改善被控对象的性能和状态。自学习控制适用于模型不精确的非线性动态行为的控制，而不适用于时变动态特性的控制。

2.2.2.8 智能控制

智能控制就是利用有关知识，通过学习和推理使被控对象或被控过程按一定要求达到预定目的。这里所说的知识大体包括对象所处环境知识、被控对象或被控过程知识、控制器本身知识、逻辑推理知识等。

2.3 测试系统

在生产或科学实验中，经常会遇到测试任务。在进行测试之前，首先要考虑的是应用什么样的测量原理、采用什么样的测量方法，还要考虑使用什么技术工具去进行测量。测量仪表就是进行测量所需要的技术工具的总称。也就是说，测量仪表是实现测量的物质手段。显然，这里所说的测量仪表这一概念是广义的。广义概念下的测量仪表包括敏感元件、传感器、变换器、运算器、显示器、数据处理装置等。测量仪表性能的好坏直接影响测量结果的可信度。全面掌握测量仪表的功能和构成原理，有助于正确地选用仪表。

测量系统是测量仪表的有机组合。对于比较简单的测量工作，只需要一台仪表就可以解决问题。但是，对于比较复杂、要求高的测量工作，往往需要使用多台测量仪表，并且按一定规则将它们组合起来，构成一个有机整体——测量系统。

在现代化生产过程和科学实验中，过程参数的测试都是自动进行的，即测试任务是由测量系统自动完成的。因此，研究和掌握测量系统的功能和构成原理对测试与控制十分必要。

2.3.1 测量仪表

2.3.1.1 测量仪表的功能

在测量过程中，测量仪表要完成的主要功能有：物理量的变换、信号的传输和处理、测量结果的显示。

1）变换功能

在生产和科学实验中，经常会碰到各种各样的物理量，其中大多数是非电量。例如热工参数中的温度、压力、流量，机械量参数中的转速、力、位移，物理特性参数中的酸碱度、密度、成分含量等。对于这些物理量若要通过与其对应的标准量直接比较，一步得到测量结果，往往非常困难，有时甚至是不可能实现的。为了解决实际测量的这种困难，在工程上解决的办法是依据一定的物理定律，将难于直接同标准量"并列"比较的被测物理量经过一次或多次信号能量形式的转换，变换成便于处理、传输和测量的信号参量形式。在工程上，电信号（电压或电流）是最容易处理、传输和测量的物理量。因此，往往将非电量的被测量依据一定的物理定律，严格地转换成电量（电压或电流），然后再对变换得到的电量进行测量和处理。

在测试仪表中进行物理量的变换，同时也伴随着能量形式的变换。从能量形式的变换方式角度分析，可将变换功能分为两类：

（1）单形态能量变换。这种变换形式是将 A 形态能量（反映被测量）作用于物体，遵照一定物理定律转换成 B 形态能量（反映变换后的物理量），其框图如图 2.3 所示。这种变换特点是变换时所需要的能量取自于被测介质，不需要从外界补充能量。因此，这种变换的前提条件是从被测介质取走变换所需要的能量后，不应影响被测介质的物理状态。这种变换的结构与形式都比较简单，但要求变换器中消耗的能量应尽量地少。

图 2.3   单形态能量变换

（2）双形态能量变换。这种变换形式是将 A 形态能量（反映被测量）和 B 形态能量（参比量）同时作用于物体，按照一定的物理定律变换成 C 形态能量（反映变换后的物理量），其框图如图 2.4 所示。

例如，利用霍尔效应进行磁场测量。将霍尔元件置于被测磁场中，在霍尔元件上通以电流 I，这时霍尔效应元件有霍尔电热 E_H 产生，也就是说将磁场能量和电能同时作用于霍尔元件，通过霍尔效应转换成电能输出，如图 2.5 所示。

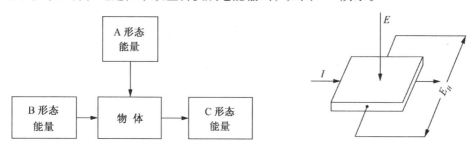

图 2.4   双形态能量变换图   图 2.5   霍尔元件

这种变换形式的特点是变换过程所需要的能量不是从被测对象（磁场）取得，而是从附加的能源（参比电流源）取得。其优点是附加能源的电平高，从而使变换后所得信号较强。

由于不从被测介质取出能量，这种变换不破坏介质的物理状态。这种变换器的结构形式一般较复杂。

研究仪表变换功能机理是很重要的课题。设法将新发现的物理定律引入传感器中，作为物理量变换的依据，往往会研制出新的传感器和测量方法。

2）传输功能

被测量经变换后的信号，要经过一定距离的传输才能进行测量，并显示出最后结果，即仪表在测量过程中的第二个功能就是将信号进行一定距离的不失真的传输。

在比较简单的测量过程中，信号的传输距离很近，仪表的信号传输作用还不十分明显。随着生产的发展及自动化水平的不断提高，计算机控制和现场测试越来越普遍。这时，生产现场与中央控制室的距离都很远，位于现场的传感器及变送器将被测参数变换与放大后，要经过较长距离的传输才能将信号送入控制室。工业生产中应用比较多的是有线传输和无线传输。有线传输，即用电缆或导线传输电压、电流信号或数字信号。无线传输，即用无线电发射，在远距离由接收机接收，进行信号传输。

3）显示功能

测量的最终目的之一是将测量结果用便于人眼观察的形式表示出来。这就要求测量仪表能完成第三个功能，即显示功能。仪表的显示方式可以分为模拟式和数字式两类。模拟式显示有指针指示和记录曲线；数字式显示有数码显示、数字式显示和打印记录等。各种显示方式都有自己的特点和用途。因此，要根据具体情况，选择合适的显示方式。

2.3.1.2   测量仪表的特性

仪表特性，一般分为静态特性和动态特性两种。当测量参数不随时间而变化或随时间变化很缓慢时，则可不必考虑仪表输入量与输出量之间的动态关系，只需要考虑静态关系。此时，联系输入量与输出量之间的关系式是代数方程，不含有时间变量，这就是所谓的静态特性。当被测量随时间变化很快时，必须考虑测量仪表输入量与输出量之间的动态关系。联系输入量与输出量之间的关系是微分方程，含有时间变量，这就是所谓的动态特性。

静态特性和动态特性彼此不是孤立的。当静态特性显示出非线性和随机性质时，静态特性会影响动态条件下的测量结果。这时描述动态特性的微分方程变得十分复杂，甚至在工程上无法解出。引起静态特性出现非线性和带有随机性的物理原因比较常见。例如，干摩擦、间隙、迟滞回线等，都能使静态特性出现非线性和带有随机性。遇到这种情况只能作工程上的近似处理。

1）测量仪表的静态特性

（1）刻度特性。一般测量仪表都是用数字表示刻度。所谓刻度特性是表示测量仪表的输入量与输出量之间的数量关系，即被测量与测量仪表指示值之间的函数关系。

从测量效果看，希望测量仪表具有线性刻度特性。但是工程中经常会遇到非线性特性。这时，在传感器测量电路中需要引入一个"线性化器"，用以补偿静态特性的非线性，终取得整台仪表的线性刻度特性。

（2）灵敏度。灵敏度表示测量仪表的输入量增量 Δx 与由它引起的输出量增量 Δy 之间的函数关系。更确切地说，灵敏度 S 等于测量仪表的指示值增量与被测量增量之比。可用下式表示：

$$S = \frac{\mathrm{d}f(x)}{\mathrm{d}x} = \frac{\mathrm{d}y}{\mathrm{d}x} = f'(x) \tag{2.4}$$

式（2.4）表示单位被测量的变化所引起仪表输出指示值的变化量。很显然，灵敏度 S 值越高表示仪表越灵敏。

（3）分辨率。分辨率是指测量仪表能够测试出被测信号最小变化量的能力。

（4）量程。仪表能测量的最大输入量与最小输入量之间的范围称为仪表量程或称为测量范围。由指示型仪表刻度盘上的终值和起始值所限定的范围称为示值范围或刻度范围。量程比刻度范围多了个允许误差量。

在选用仪表时首先要对被测量值有一个大致的估计，使被测量值落在仪表量程之内（最好落在 2/3 的量程附近）。因为在测量过程中，一旦测量值超过仪表量程，其后果可能使仪表遭受损坏，或使仪表的精度降低。

（5）迟滞性。仪表的输入从起始量程稳增至最大量程的测量过程称为正行程，输入量由最大量程减至起始量程称为反行程。

（6）重复性。重复性通常表示在同一测量条件下对同一数值的被测量进行重复测量时测量结果的不一致程度。一致则重复性好，反之则重复性就差。重复误差可定义为最大的重复性差值与满量程输出值之比，即

$$R = \frac{\Delta R_{max}}{y_{max}} \times 100\% \tag{2.5}$$

重复性还可以用来表示仪表在一个相当长的时间内，维持其输出特性恒定不变的性能。因此，从这个意义上来讲，仪表的重复性和稳定性是同一个意思。

（7）零漂和温漂。传感器无输入（或输入值不变）时，每隔一定时间，其输出值偏离原示值的最大偏差与满量程的百分比，即为零漂。温度每升高 1℃，传感器输出值的最大偏差与满量程的百分比，称为温漂。

漂移是指在规定时间内，当输入不变时输出的变化量。

（8）输入阻抗与输出阻抗。输入阻抗是指仪表在输出端接有额定负载时，输入端所表现出来的阻抗。输入阻抗的大小将决定信号源的衰减程度，输入阻抗越大，则衰减越小，故一般希望输入阻抗大一些。

输出阻抗是指仪表在输入接有信号源的情况下，输出端所表现的阻抗。输出阻抗大意味着把仪表或传感器看成信号源时信号源具有很大的内阻。这样，在仪表输出端接上负载后（如二次仪表或其他），其信号衰减较大，产生较大的负载误差。因此一般要求仪表或传感器的输出阻抗要小。这样，一方面可以减小负载误差，另一方面还可以降低对二次仪表输入阻抗的要求。

（9）测量仪表的标定与仪表常数。对于直读式仪表在使用前应予以标定。所谓标定就是指对测量仪表输入标准量，测得相应的指示值，然后求得该测量仪表的"常数"。测量仪表常数是指测量仪表的输入标准量与对应指示值之比。

2）测量仪表的动态特性

测量仪表动态特性也称测量仪表的动态响应。它是指当被测对象参数随时间变化很迅速时，测量仪表的输出指示值与输入被测物理量之间的关系。基本方法是通过列写仪表的运动方程，求出传递函数，然后进行特性分析。

2.3.1.3　测量仪表的组成

1）测量仪表的基本组成环节

测量仪表是实现测量的物质手段，是测量方法的具体化。测量仪表通常包括 4 个环节：

（1）变换器。用来对被测物理量进行比例变换，以便获得便于传输和测量的信号。

（2）标准量具。其功能是提供标准量，并且要求输出的标准量应当准确可调。

（3）比较器。其功能是将已经经过比例变换后的被测量与标准量进行比较，并且根据比较结果差值的极性去调节标准量的大小，一直到二者相等，即达到平衡。

（4）读数装置（显示器）。其功能是将测量结果用人眼便于观察的形式显示出来。

2）测量仪表组成环节分析

（1）在比较原始的测量仪表或简单仪表中，上述 4 个基本环节不一定都存在。因为这种简单测量不需要进行任何变换，因此不需要变换器。另外测量者本人已经起到比较器的作用，因此也不需要比较器。

（2）在现代化的测量仪表中，上述的 4 个基本环节都经常存在，而且每一个环节又往往比较复杂。例如，将各种非电量（温度、压力、流量、力、加速度等）变换成标准化电流或电压信号的传感器和变送器，都是很复杂的变换器，它们都是测量仪表的组成环节。

（3）在电动和气动单元组合仪表中，仪表的各基本组成环节向前发展了一步。采用积木式原理，整套仪表被分成若干能独立完成某项功能的典型单元，各单元之间都采用统一的信号进行联系。

2.3.1.4　对测量仪表的要求

测量仪表除了满足上述性能之外，还应满足如下要求：

（1）稳定性好。说明示值稳定性的指标有两个。①稳定度：它是指仪表在时间上的稳定性，表征仪表由于随机性变动、周期性变动、漂移等引起的示值变化，一般以精密度的数值和时间长短一起来表示。如电压波动为每 8 h 变化 1.3 mV 时，写成 $\delta_S = 1.3$ mV/8 h。②环境影响：温度、气压和振动等外部状态变化对仪器示值的影响，也包括电源电压、频率等仪表工作条件变化所产生的影响，用影响系数 β 来表示。例如电源电压变化引起示值变化的影响可用电源电压系数 β_V（示值变化/电压变化）来表示。设电压每变化 10% 引起示值变化 0.02 mA 时，便可写成 $\beta_V = 0.02$ mA/10%。

（2）精度高。精度是测量某些物理量可能达到的测定值与真实值相符合的程度，它是物理量测量中准确性的度量。一般常用最大量程时的相对误差来代表精度。例如，判断某仪表的精度是对它在全量程条件下测量几次，以这几次测量中相对误差最大者定为其精度。

（3）动态响应特性好。动态响应特性是指仪表的输出对输入的响应特性。动态响应特性好的仪表，输出量随时间的变化规律（变化曲线）能同时再现输入量随时间的变化规律，即具有相同的时间函数。但实际上，除了具有理想特性的比例环节外，输出信号与输入信号不会有相同的时间函数，这样便会产生动态误差。

研究测量仪表的动态响应特性，主要是为了从测量角度去分析和研究动态误差的产生原因及改善方法。

研究动态响应特性，可以从时域和频域两个方面采用瞬态响应法和频率响应法来分析。由于输入信号的时间函数形式是多种多样的，因此在时域内研究测量仪表的响应特性时，只能研究几种特定的时间函数，如阶跃函数、脉冲函数、斜坡函数等。在频域内研究动态特性，只要用正弦信号发生器和精密的测量设备，就能很方便地得到频率响应特性。动态特性好的测量仪表，具有很短的瞬态响应时间或者有很宽的频率响应特性。在研究测量仪表的动态响应特性时，为了便于比较和评价，常常是根据系统对单位阶跃输入量和正弦输入量的响应来判断。

（4）信号不失真。所谓信号不失真是指被测信号的波形通过测试系统，其波形形状不发生改变。

2.3.1.5　使用时的注意事项

为了保证测量结果的准确、可靠，除了对测量仪表提出一定的质量要求外，还必须正确地使用仪表。通常应注意以下几点：

（1）必须使仪表有正常的工作条件，否则会引起附加误差。例如，使用仪表时，应使仪表远离外磁场，使用前使仪表指针归零等。

（2）要正确读数。如过多地追求读出更多的位数，超出其精度范围，便没有意义了；反之，也会降低精度。

（3）检查供电电源与仪表工作电源是否相符。接通电源前，应先检查仪表的量程、功能、频段、衰减、增益、时基、极性等旋钮及开关是否有松脱、滑位、错位等现象，若完好，再置于需要位置。当对被测对象不太了解时，一般应把仪器的增益、输出、灵敏度、调制等旋钮置于最小档；将衰减、量程等旋钮置于最高档。

（4）测量时要注意接地线的连接。应先接地线，再接高电位端测量完毕，应先取掉高电位端，再取掉地线。

（5）仪表预热。电子测量仪表必须经过足够的预热后性能才能稳定。一般需要预热 10 ~ 30 min。

2.3.2　测量系统

测量系统这一概念是测试技术发展到一定阶段的产物。随着生产的发展，当生产中面临着只有用多台测量仪表有机组合在一起才能完成测试任务时，测量系统便初步形成了。尤其是自动化生产出现以后，要求生产过程参数的测试能自动进行，这时就产生了自动测试系统。可见，测量系统所涉及的内容是随着生产和测试技术的发展而不断得到充实的。

2.3.2.1　测量系统的构成

图 2.6 为测量系统的原理结构图。它由下列功能环节组成。

图 2.6　测量系统的原理结构框图

（1）敏感元件。作为敏感元件，它首先从被测对象接受能量，同时产生一个与被测物理量成某种函数关系的输出量。

（2）变量转换环节。对于测量系统，为了完成所要求的功能，需要将敏感元件的输出变量做进一步变换，即变换成更适于处理的变量，并且要求它应当保存原始信号中所包含的全部信息。完成这样功能的环节称为变量转换环节。

（3）变量控制环节。为了完成对测量系统提出的任务，要求用某种方式去控制以某种物理量表示的信号。这里所说的控制意思是在保持变量物理性质不变的条件下，根据某种固定的规律，仅仅改变变量的数值。完成这种功能的环节称为变量控制环节。

（4）数据传输环节。当测量系统的几个功能环节被分隔开时，必须从一个地方向另一个地方传输数据。完成这种传输功能的环节称为数据传输环节。

（5）数据显示环节。有关被测量的信息要想传给人以完成监视、控制或分析的目的，则必须将信息变成人的感官能接受的形式。完成这种转换机能的环节称为数据显示环节。例如数字显示和打印记录。

（6）数据处理环节。测量系统要对测量所得数据进行数据处理。数据处理工作由机器自动完成，不需要人工进行繁琐的运算。

从上面分析可以知道，测量系统是一个功能繁多、结构复杂、能自动完成测试任务的系统。

2.3.2.2 主动式测量系统与被动式测量系统

根据在测量过程中是否向被测对象施加能量，可将测量系统分为主动式测量系统和被动式测量系统。

（1）主动式测量系统。它的构成原理如图 2.7 所示。这种测量系统的特点是在测量过程中需要从外部向被测对象施加能量。例如，在测量阻抗元件的阻抗值时，必须向阻抗元件施加电压，供给一定的电能。

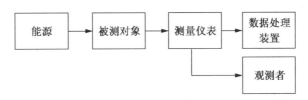

图 2.7 主动式测量系统

（2）被动式测量系统。它的构成原理如图 2.8 所示。被动式测量系统的特点是在测量过程中不需要从外部向被测对象施加能量。例如，电压、电流、温度测量以及飞机所用的空对空导弹红外（热源）探测跟踪系统都属于被动式测量系统。

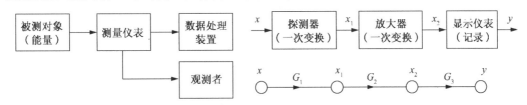

图 2.8 被动式测量系统图   图 2.9 开环测量系统

2.3.2.3 开环测量系统与闭环测量系统

（1）开环测量系统。开环测量系统的组成和信号流程图如图 2.9 所示。其输入与输出的关系是

$$y = G_1 G_2 G_3 x \qquad (2.6)$$

式中：G_1、G_2、G_3——各环节放大倍数。

　　采用开环方式构成的测量系统，优点是结构上比较简单，其缺点是所有变换器特性的变化都会造成测量误差。

　　（2）闭环测量系统。闭环测量系统的组成和信号流程图如图 2.10 所示。该系统的输入信号为 x，系统的输出

$$y = \frac{\mu}{1 + \mu\beta}x \qquad (2.7)$$

式中：μ——二次变换器与输出变换器的总放大倍数，即 $\mu = G_1 G_2$；
　　　　β——反馈系统的放大倍数。

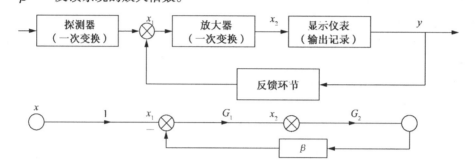

图 2.10　闭环测量系统

当 $\mu\beta \gg 1$ 时，式（2.7）变为

$$y \approx \frac{1}{\beta}x \qquad (2.8)$$

显然，这时整个系统的输入与输出关系将由反馈系统的特性决定。二次变换器特性的变化不会造成测量误差或者说造成的误差很小。

　　对于闭环测量系统，只有采用大回路闭环才有利。对于开环测量系统，容易造成误差的部分可考虑采用小闭环方法。根据以上分析可知，在构成测量系统时，应将开环系统与闭环系统巧妙地组合在一起加以应用，才能达到所期望的目的。

2.3.2.4　自检自诊断系统

　　自检自诊断是现代仪表的一个显著特点。在现代仪器仪表中，自诊断不仅在仪表坏了时才出现响应，而且还会在发现仪表潜在性能故障时或在精度、特性下降时，利用冗余硬件自动进行修复。仪器的自检自诊断系统一般是独立的功能块。它是以计算机为基础的处理单元，在逻辑上不同于数据转换、采样和处理系统。其信息的传递和转换可在系统内部快速完成，它采用激励——响应"回送"（loop – back）技术。为了满足自诊断过程的要求，首先要找出仪表电路中的关键点，存储各种被激励状态和正常测量状态的电参数（历史记录也应存储）；其次要随时能将各个闭环回路打开进行"回送"检查，其时钟能随时进行调整，以便在自诊断过程中完成不同的作业。图 2.11 是过程测量仪表自诊断系统原理图。

　　无论是电气测量仪表还是过程测量仪表，敏感或变换元件都会老化。例如，常用于温度测试的 NTC 热敏电阻就需要经常用参考变量来校验。电气测量仪表的连续或间接性自检、自校正，多采用以下三种方法（如图 2.12 所示）。

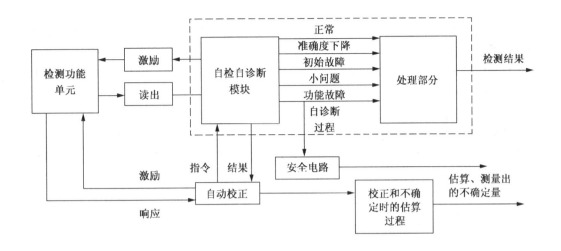

图 2.11 过程测量仪表自诊断系统原理图

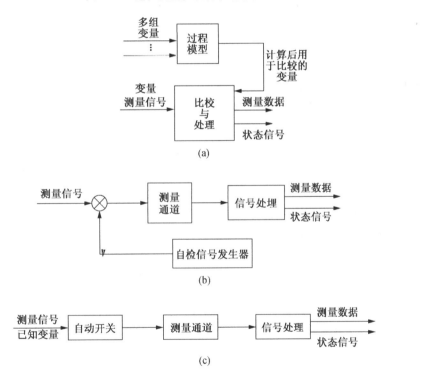

图 2.12 电气测量仪表三种自检原理图
（a）计算分析自检法 （b）叠加信号自检法 （c）自动周期性自检法

（1）计算分析自检法〔图 2.12（a）〕。计算分析自检方法的基本原理是在测试主要被测参数的同时测量多个与之有关的辅助变量，然后根据一定的模型和算法进行分析、计算，从而测试和校正测量过程与结果。因此，这类仪表一般除了输出测量结果（功能输出）以外，还要输出一个状态信号（附加输出）。这种方法也称冗余分析自检法。

（2）叠加信号自检法〔图 2.12（b）〕。在测量信号馈入的同时，持续、间接和周期性的送入一个或一组信号（这些信号可以是高频信号，也可以是脉冲信号），该信号与被测量信号叠加后在处理单元进行处理，当特定的模型和算法完结后，再输出测量数据和状态信号。

（3）自动周期性自检法〔图 2.12（c）〕。由图 2.12（c）可以看出，自动开关将测量信号和一些已知的变量周期性轮流地输入系统，经过处理和分析，再输出测量数据和状态信号。这种方法比较有效。其缺点是将测量信号离散了，从而可能会产生失真和误差。

2.4 数据采集技术

我们知道，计算机只能接收数字信号，而工业现场的信号大部分都是连续信号，且不只是一路。那么，计算机如何接收这些信号并保持这些信号不失真呢？这就是数据采集技术。

2.4.1 数据采集方式

数据采集方式有顺序控制数据采集和程序控制数据采集两种。

顺序控制数据采集对于各路被采集参数，按照时间顺序依次进行轮流采样，系统的性能完全由硬件设备来确定。在每次采集过程中，所采集参数的数目、采样点数、采样速率、采样精度等都固定不变。若要改变这些指标，就须改变接线或更换某些硬件设备。采集数据时，控制多路传输门的启闭信号来自脉冲分配器，在时钟脉冲的推动下，这些控制信号周而复始地循环着，并使传输门的启闭也依先后次序周而复始地打开或关闭。

顺序控制数据采集的缺点是缺乏灵活性和通用性。

程序控制采集方式由硬件和软件两部分构成。在存储器中，存放若干种信号帧格式采集程序，根据不同的采集任务，可选择相应的采集程序进行工作，或者通过重新编程，以满足不同采集任务的要求。程序控制数据采集通常可以改变的参数有：①采集点；②采样率；⑧数据字长；④增益；⑤帧格式。

2.4.2 数据采集的性能参数

表征数据采集的基本技术参数有通道数、分辨率与精度、采集速度。

2.4.2.1 分辨率与精度

数据采集常常要求高分辨率与高精度。在组成采集的各功能元件中，A/D 转换器通常是最贵的，当 A/D 转换器的分辨率与精度确定之后，通常要求其他功能元件的误差比 A/D 转换器小得多，以保证总误差与 A/D 转换器的误差相差无几。对于一个 8 位 A/D 转换器，其量化误差（最小有效位）为 $2^{-8} = 0.004 = 0.4\%$；而对于一个 12 位 A/D 转换器的量化误差为 $0.024\ 4\%$。可见，采用位数多的 A/D 转换器，将对相应的采样/保持器、前置放大器以及多路模拟开关等提出更高的要求。例如，选用铁康铜热电偶进行温度测量，在 $0 \sim 450\ ℃$ 的温度范围，其输出电压为 $0 \sim 25\ mV$，即温度每变化 $1\ ℃$，输出电压的变化小于 $55/FiV$。这就要求所设计的数据采集装置需要有 $0.1\ ℃$ 的温度分辨率，才能保证具有 $55\ FiV$ 的测量精度。根据此要求，测量 $0.1\ ℃$ 所对应的分辨率为 $1/4\ 500$（即 $450\ ℃/4\ 500 = 0.1\ ℃$），而一个 12 位 A/D 转换器所具有的分辨率为 $2^{-12} = 1/4\ 096$，满足不了这一要求，所以 A/D 转换器的位数至少为 13 位。

2.4.2.2　采样速度

采样速度是数据采集中重要的技术指标之一。一般来说，数据采集装置的速度主要由功能元件的时延决定，而 A/D 转换器的转换时间起着最主要的作用。下面通过具体例子来说明。

假设有 16 路模拟输入信号，每路输入信号要求测试 $1\ 000$ 次/s，则相应的采样间隔时间 $T = \dfrac{1}{f} = \dfrac{1}{16\ 000} = 0.063\ ms$。为保证此速度，采集装置各功能元件的选择都要与它相匹配，特别是放大器的带宽和 A/D 转换器的转移时间。总的原则是各功能元件的动作时间总和应小于要求的采样隔离时间。至于哪些功能元件的建立时间不需考虑，哪些需要考虑，与采集装置的结构以及配置有关，要结合具体方案来确定。

2.5　数据处理技术

我们知道，采集到的数据是被测量参数经过非电量到电量转换，又经过放大或衰减、采样、编码、传输等环节呈现出来的一种数据形式。这种数据形式在传输中又受仪器性能、外界干扰的影响，因此对它们必须进行去粗取精，并恢复成原来物理量形式，这就是数据处理。数据处理的主要目的是：

（1）依据数据的变化规律，对数据进行误差分析和处理，最大限度地消除误差，把尽可能精确的数据提供给数据使用者。

（2）把采样得到的不直观、没有明确物理意义的数据，恢复成原来的物理量形式，并尽可能地给出它们的变化情况，以便使数据使用者一目了然地看出他们所要了解的东西。

（3）对数据进行某些变化加工（如求均值、FFT 变换等），或在有关联的数据之间进行某些相关运算（如计算相关函数等），以便进一步揭示测试信号的本质，为使用者提供更能表达该数据特征的数据。

数据处理方式可以分为在线处理和离线处理两种。在线处理（即在采集系统工作的同时对数据进行某些处理）的主要任务是通过运算、判断等手段，提高测试数据的精度，使测试数据格式化、标准化，便于运算、实时监控和直观显示。这种处理方式由于受处理时间和处理数据的限制，因此只能做一些简单的、粗劣的、基本的处理。离线处理由于处理时间不受限制，因而可以做一些较为复杂的处理（如加、减、乘、除、微分、积分、傅里叶变换等），以便寻找事物的变化规律，判断测试对象的运算状态是否正常，控制运算结果等。本节主要对数据采集处理方法作一简要介绍，对于误差及相关数据处理等有关测量数据分析基础在前一章已作交待。

2.6 数据融合技术

随着计算机和通信技术的发展，多传感器在军事和工业生产中的应用越来越普遍。数据融合技术为多传感器系统的信息处理提供了一种有效方法。数据融合能充分利用不同时间与空间的多传感器信息资源，通过分析、综合、支配和使用，完成决策和估计任务，以使系统获得更优良的性能。

2.6.1 数据融合的目的

多源信息的综合分析、判断、决策是人和其他生命系统的基本功能。人类感知外部事物，综合推断或判断是为了更准确、更可靠地了解外部世界。与此相同，数据融合的目的是通过数据组合（而不是出现在输入信息中的任何个别元素），推导出更多的信息，以便得到最佳协同作用的结果。即利用多个传感器共同联合操作的优势，提高传感器系统的有效性，消除单个或少量传感器的局限性。

2.6.2 数据融合的原理

传感器是智能监控系统感知外部和内部信息的器官。具有数据融合能力的智能系统是对人类高智能化信息处理能力的一种模仿。

多传感器数据融合的基本原理就像人们综合处理信息一样，能充分利用多个传感器资源，通过对多传感器及其观测信息的合理支配和使用，把多传感器在空间和时间上可冗余或互补的信息，依据某种准则进行组合，以获得被测对象的一致性解释或描述。

在模仿人脑综合处理复杂问题的数据融合系统中，各种传感器的信息可能具有不同的特性，如实时或非实时、快变或缓变、模糊或确定、相互支持或互补，也可能是互相矛盾和竞争。

多传感器数据融合系统与所有单传感器信号处理和低层次的多传感器数据处理方式相比，单传感器信号处理和低层次的多传感器数据处理都是对人脑信息处理的一种低水平模仿，它们不能像多传感器数据融合系统那样有效地利用多传感器资源。多传感器系统可以更大程度地获得被探测目标和环境的信息量。多传感器数据融合与经典信号处理方法之间存在着本质的区别，其关键在于数据融合所处理的多传感器信息具有更复杂的形式，而且可以在不同的信息层次上出现，这些信息抽象层次包括数据层（即像素层）、特征层和决策层（即证据层）。

随着智能监控技术的发展，多传感器系统在工业与民用方面得到了广泛地应用。如何把多传感器集中于一个测试与控制系统，综合利用来自多传感器的信息，获得被测对象一致性的可靠了解和解释，并做出正确的响应、决策和控制，数据融合无疑有利于改善智能监控系统的性能，使智能监控系统具有专家系统的特征。

2.6.3 数据融合的形式

数据融合可以提高具有多个传感器系统的性能，减少全体或单个传感器测试信息的损失。数据融合一般有串联、并联和混合三种形式。

串联融合时，当前传感器要接收前一级传感器的输出结果，每个传感器既有接收信息和处理信息的功能，又有信息融合的功能。各个传感器的处理与前一级传感器输出的信息形式有很大关系。最后一个传感器综合了所有前级传感器输出的信息，得到的输出将作为串联融合系统的结果。因此，串联融合时，前级传感器的输出对后级传感器的输出影响很大。

并联融合时各传感器直接将自己的输出信号传输到传感器融合中心，融合中心对各传感器信息按适当方法综合处理后，然后输出最终结果。可以看出，并联融合形式各传感器输出之间不存在影响。

混合融合形式是串联融合与并联融合两种形式的综合，或总体串联、局部并联，或总体并联、局部串联。

在实际使用中，上述三种融合形式可组成集中式和分布式两种结构类型。

2.6.3.1 集中式处理结构

集中式处理结构就是把所有传感器的数据都送到一个中心处理器进行处理和融合。集中式处理的优点如下：①所有数据对中心处理器都是可用的。②可用较少种类的标准化处理单元。③传感器在平台位置上的选择受限较少。④由于所有的处理单元都在可接近的位置，所以增强了处理器的可维护性。⑤软件改变后容易融入系统。

集中式处理的缺点在于：①可能要求专门的数据总线。②硬件改进或扩充困难。③由于所有的处理资源都在一个位置，所以易损性增加了。④分隔困难。⑤软件开发和维护困难（因为与一个传感器有关的变化可以影响到其余部分）。

2.6.3.2 分布式处理结构

分布式处理结构是每个传感器都有自己的处理器，先进行一些预处理，然后把中间结果送到中心处理器进行融合处理。分布式处理的优点如下：①处理器可以连到每个传感器上以改进其性能。②现有的平台数据总线（一般是低速的）可以频繁地被使用。③分隔容易。④增加新传感器或改进老传感器，可以更少地触动系统软件和硬件。

分布式处理的缺点在于：①提供给中心处理器的有限数据，可以降低传感器融合的有效性。②某些传感器对环境的严重干扰可以限制处理器部件的选择，并增加了成本。③传感器位置的选择受更多地限制。④增加的各种单元都降低了可维护性，增加了计算支持的负担和成本。

实际使用时，通常将集中式和分布式二者进行不同的组合，形成一种组合式结构。

2.6.4 数据融合的方法

数据融合作为一种智能化数据处理技术，涉及信号测试、数据处理、模式识别、人工智能、神经网络、计算机等多学科知识和技术。常用的方法有基于参数估计的数据融合、基于自适应加权的数据融合、基于逻辑模板的数据融合、基于专家系统的数据融合等。

2.6.4.1 基于参数估计的数据融合

若测试信号是符合正态分布的随机信号，可采用参数估计法实行数据融合。具体分两步进行：

（1）建立基于参数估计的多传感器数据融合算法，得出数据融合公式。

（2）对消除了疏失误差的一致性观测数据进行融合计算。

基于 Bayes 的参数估计数据融合就是其中一种。该方法适用于等精度测量，即认为测试过程中数据的可靠性相同，并且有相同的精度。

2.6.4.2　基于自适应加权的数据融合

基于自适应加权的数据融合是一种不等精度数据融合算法。它不需要测量数据的任何先验知识，只要根据测量数据的测量精度决定不同数据的相应权数，就可计算出均方误差最小的融合值。

1）权数确定方法

对于不等精度测量数据，为了权衡各数据的不同精度，可引用标准测量精度的特征数字权数户，即可测量数据的相对重要程度。精度高的数据误差小，权数应大；精度低的数据误差大，权数应小。将测量点的各个数据按照其精度分别乘以权数再进行平均值处理，无疑有利于提高测量准确性。因此，对于不等精度测量所得的数据，正确的给定权数非常重要。确定权数的常用方法有：

（1）根据经验确定权数。如果测量数据不含有任何确定权数的依据，这类不等精度测量数据就应根据经验确定权数。这种确定方法需要丰富的测量经验和有关测量误差方面的知识。凭经验确定权数通常把权数分为四等：判定为疏失误差的测量数据的权数定为 0；较不可靠的测量数据的权数定为 1；好的测量数据的权数定为 2；最好的测量数据的权数定为 3。

（2）根据测量次数确定权数。对于等精度测量，由于测量次数不同，而使测量结果不等精度。对于这种不等精度数据的权数确定比较简单，可以直接把测量次数当做权数。测量次数越大，得到的数据精度越高，权数越大。实际上，这与权在不等精度测量中所起的作用是一致的，它具体表征着各个数据的可靠程度。

（3）根据数据的精度参数确定权数。对所处理的不等精度数据，在已知各数据的精度参数时，为了确定各数据应得的权数，可把这些不等精度数据看成相当于在等精度测量条件下，由于测量次数不同而构成的不等精度；把各数据给出的精度参数，看成相当于只是测量次数不同而得出的测量结果的精度参数。

为便于计算，可同时把权数扩大或缩小若干倍。

2）自适应加权融合算法

设有一个多传感器测试系统，其中 n 个传感器对某一被测对象进行测试，如图2.13 所示。

对于不同传感器都有相应的权数。在总均方误差最小这一最优条件下，根据各个传感器所得的测量值，以自适应方式寻找其对应的权数，使融合后的数据达到最优。

2.6.4.3　基于逻辑模板的数据融合

逻辑模板法已成功地用于多传感器数据融合，尤其是测试和态势估计，近年来也在目标识别中获得应用。所谓模板，实际上是一种匹配概念，即将一个预先确定的模式（或模板）与多传感器的观测数据进行匹配，确定条件是否满足，从而进行推理。

模式匹配的概念还可推广到复杂模式情况。模式中可以包含逻辑条件、模糊概念、观测数据以及用来定义一个模式逻辑关系中的不确定性等，使模板成为一种表示与逻辑关系进行匹配的综合参数模式方法。

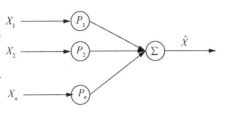

图 2.13　自适应加权数据融合模型

例如，一个模板可以把一个发射体脉冲重复区间的观测值与一个先验门限进行比较，并能够确定所观测到的这个发射体与其他可能的实体在时间上和空间上的关系。

模板算法可以用来对多传感器的观测数据与预先规定的条件进行匹配，以确定每个观测结果是否能够提供识别某个观测目标的证据。模板处理的输入是一个或多个传感器的观测数据，其中可包含时间周期中的有参或无参数据，瞬时变化也可以包含在这些结构中。模板处理的输出是关于多传感器观测是否匹配在一个预定模板的说明，也可以包含对象间联系的可信度和概率。

基于模板法的多数据融合必须提供有关数据库、系统用户模板和修正模板的方法。

2.6.4.4　基于专家系统的数据融合

随着测试技术和计算机技术的发展，专家系统已在民用和军事方面得到广泛地应用，成为多功能、高智能化的新型测试控制系统。专家系统方法可应用于多传感器测试系统，多传感器数据融合技术也可应用于专家系统。

数据融合系统的数据源有两类：一类是多传感器的观测结果，另一类是消息（源数据）。为处理消息，系统可配备一个自然语言处理器。自然语言处理器可使系统通过理解输入的文本语法，确定文本的语义，并赋给文本一个计算机可理解的语意，例如以英语形式对系统输入指令与信息。

专家系统的数据融合中的概率方法用于从各种数据集推断结论。所使用的方法主要有 Bayes、证据推理、模糊集合论、聚类分析、估计理论以及论等数据融合方法。一般情况下，可选用聚类方法对有关调制、编码进行识别。对操作程序、通信模式以及军事系统中武器装备功能的分析，也可选择模糊集合论。

输入的数据经过标识和分类后，可以对它们进行组合。

数据融合中使用专家系统方法的关键是知识的工程化处理。知识库的开发需要知识库工程师和相关的系统工程专家共同努力。系统工程专家把知识提供给知识工程师，然后由知识工程师进行解释，并以计算机可读的形式来表示知识和基于知识的推理方法。知识和推理方法分别存放在知识库与推理机中。

2.6.5　数据融合的应用前景

数据融合技术方兴未艾，几乎一切信息处理方法都可以应用数据融合技术。随着科学技术的发展，尤其是人工智能技术的进步，新的、更有效的数据融合方法将会不断推出。可以预计，在不远的将来，数据融合技术将成为测试与控制技术的一项有效信息处理工具，并得到广泛的应用。

3　信号测试传感器

3.1　概　述

信号测试传感器又简称为探头或传感器。它是用来将被测试的非电量信号按照一定的物理或化学定律转换成便于计算、传输、存储和处理的电信号的一种器件。

3.1.1　传感器的作用

在非电量电测技术领域，传感器是用来将诸如温度、压力、流量、位移、转速等非电量转换为电量（如电压、电流等信号），然后送至电子测量线路或电子仪表进行测量、显示和记录，或送入计算机进行数据采集、处理和控制。传感器实质上是一种功能块，是一种感受和传递信息的元件，是一种获得信息的手段，它在非电量电测系统中占有很重要的地位（功能如图3.1所示）。

图 3.1　信号测试传感器功能图

3.1.2　传感器的分类

传感器因种类繁多，通常有各种不同的分类方法。

3.1.2.1　按输入的物理量分类

传感器根据输入的物理量可分为压力传感器、流量传感器、转速传感器、位移传感器、温度传感器、湿度传感器等。这种分类方法对使用者来说比较方便，容易根据测量对象选择需要的传感器，所以经常被人们采用。

3.1.2.2　按信号的转换形式分类

能够直接把非电量转换为电量的传感器叫做一次传感器。把非电量转换成另一非电量，然后把转换而来的非电量再转换为电量，这种传感器称为二次传感器。例如，先将气体压力转换为位移，带动电位器触头，或电感的铁心，或电容的极板，然后输出一电信号，这就是一种二次传感器。

3.1.2.3　按输出信号的性质分类

根据输出信号的性质，可分为模拟传感器和数字传感器两类。模拟传感器的输出信号为连续信号，而数字传感器输出的信号为离散信号。目前使用的传感器大部分都属于模拟式。如果把 A/D 转换器装在模拟传感器中，就组成了数字传感器。数字传感器给采用计算机进行测试和自动控制的系统带来很大方便。数字传感器还具有抗干扰能力强、适宜远距离传输等优点。目前这类传感器可分为脉冲、频率和数码输出三种。

表 3.1 列出了部分压力传感器的种类和主要特性。

表 3.1 压力传感器的种类和特性

形 式	测量范围	精 度	用 途
电阻式（应变）金属箔、金属丝	$0.5 \sim 100 \ kgf/cm^2$	$0.5\% \sim 2\%$	表压，差压，电传送
半导体	$0.05 \sim 500 \ kgf/cm^2$	$0.03\% \sim 2\%$	表压，差压，绝对压力，电传送
磁式	$10 \sim 1\ 000 \ kgf/cm^2$	$2\% \sim 5\%$	土压力，波动压力
电容式（电容）	$10 \sim 1\ 000 \ mmH_2O$	0.2%	表压，差压，电传送
感应式 （差动变压器）	$0.1 \sim 100 \ kgf/cm^2$ $10 \sim 1\ 000 \ kgf/cm^2$	$0.5\% \sim 1\%$ 2%	绝对压，表压，差压，电传送表压，波动压力
表面弹性波	$1 \sim 50 \ kgf/cm^2$	—	表压
光电式	$0.1 \sim 1 \ kgf/cm^2$	—	表压

注：①电传送即电子式压力传送。

②$1 \ kgf/cm^2 = 9.806\ 65 \times 10^4 \ Pa$，$1 \ mmH_2O = 9.796\ 9 \ Pa$。

3.1.3 对传感器的基本要求

传感器是测试系统的一个重要器件，其性能直接影响测量和控制效果。为此，对传感器提出如下基本要求：

（1）线性度要好。线性度是指在稳定条件下，传感器校准曲线与拟合直线间的最大偏差与满量程输出值的百分比。线性范围宽，其工作量程便大。但是，传感器不能做到绝对线性，它常常在近似线性区域工作。

（2）灵敏度要高。一般来讲，传感器灵敏度越高越好。但当灵敏度很高时，与测量无关的噪声也容易混入，且被测试电路放大，所以传感器在较强的噪声干扰下工作时会影响测量结果。因此要求传感器既能测试微小的量值，又要噪声小，即要求传感器的信噪比越大越好。

（3）测量范围大。在允许误差限内，被测量值的下限到上限之间的范围称为测量范围。对传感器一般希望测量范围越大越好。

（4）精度高和稳定性好。因为传感器是一次仪表，因此传感器能否真实地反映被测量，对整个测试和控制系统影响很大。一般希望精度越高越好，但还应考虑其经济性，同时还要求传感器在使用环境下能稳定工作。

（5）结构简单，工作可靠。

3.1.4 传感器选用原则

设计一个测控系统，首先要考虑的是传感器的选择，其选择正确与否直接关系到测控的成败。选择合适的传感器是一个比较复杂的问题，一般应注意以下几点：

（1）根据测试信号，确定测试方式和传感器类型。例如是位移测量还是速度、加速度、力的测量，再确定传感器类型。

（2）要分析测试环境和干扰因素。测试环境是否有磁场、电场、温度的干扰，测试现场是否潮湿等。对环境有一个基本的了解后，再选择有不同抗干扰的传感器。例如，感应同步器对环境要求不高，而光栅传感器对环境要求就高。

根据测试范围确定采用什么样的传感器。例如位移测量，要分析是小位移测量还是大位移测量。若是小位移测量，是加工误差的测量还是工件误差的测量，是振动还是非振动，则有相应的电感传感器、电容传感器、霍尔传感器等供选择；若是大位移测量，有感应同步器、光栅传感器等供选择。

（3）确定测试方式。在测试过程中，是采用接触式还是非接触式测量法。例如对机床主轴的回转误差的测量，就必须采用非接触式测量。

（4）要考虑到传感器的体积，在被测位置是否能安装下，传感器的来源、价格等因素。考虑到上述问题后，就能确定选用什么类型的传感器。

（5）传感器的灵敏度的选择。一般选择信噪比高的传感器，这样才能保证传感器灵敏度在测量范围内（即线性范围）保持不变。传感器的灵敏度是有方向性的，当被测量是单向量时，就选择横向灵敏度小的传感器；若被测量是多维的，则要求传感器的交叉灵敏度愈小愈好。

（6）传感器频率响应特性的选择。传感器的频响特性必须覆盖被测信号的带宽，传感器响应的延迟时间越短越好。通常利用光纤、光电、压电、压阻等传感器，响应时间短，测量范围宽，而如电感、电容、电磁感应、电位器等传感器，由于受结构特性的影响，机械系统惯性大，自然频率低，测量范围窄。

（7）稳定性的选择。传感器在使用一段时间后，其性能不发生变化的性质称为稳定性。传感器的稳定时间越长，当然就越好。例如，天然石英晶体制成的压电式传感器就比用电压陶瓷制作的稳定性要好。传感器的稳定性有定量指标，超过使用期应及时进行标定。

（8）传感器精度的选择。传感器的精度是保证整个测试系统精度的必要条件。选择传感器的精度要与后续测试环节相匹配，这样才能满足测试要求。若测试是作定性分析，应选用重复精度高的传感器，不宜选用绝对量值精度高的；若为了定量分析，需获得准确的测量值，就应选用精度等级高的传感器。例如，精密切削机床，对其运动的定位、主轴回转运动误差、振动及变形等，往往要求测量精度在 0.01 ~ 0.1 mm 范围内，此时必须选用高精度的传感器。

3.1.5 传感器的开发方向

随着科学技术的发展，对传感器的要求越来越高。目前的传感器正在向集成化、多功能化和智能化的方向发展。所谓智能传感器，就是具有判断能力、学习能力和创造能力的传感器。

3.2 压力传感器

3.2.1 应变式压力传感器

应变式压力传感器具有结构简单、体积小、精度高、线性度好、灵敏度高等优点，目前在压力测量系统中得到了广泛的应用。

应变式压力传感器采用弹性膜片和圆筒组合作为压力敏感元件，在被测压力作用下，圆筒发生形变，通过粘贴在弹性筒表面的电阻应变片将应变转换成电压输出。

应变片压力传感器的结构如图 3.2 所示。弹性筒 2 的上端与外壳 3 固定在一起，它的下端与不锈钢双垂线膜片 1 紧密切合，应变片 4 和 5 分别沿轴向和圆周方向粘贴在弹性筒的外壁上，其电阻分别为 R_1 和 R_2。被测压力 P_x 作用在膜片上，使弹性筒轴向受压缩，其应变为

$$\varepsilon = \frac{P_x S}{\pi(r_2^2 - r_1^2)E} \times 10^6 \tag{3.1}$$

式中：S——膜片的有效作用面积，m^2；

$\quad\quad r_2$——弹性筒的外半径，m；

$\quad\quad r_1$——弹性筒的内半径，m；

$\quad\quad E$——弹性筒的弹性模量，Pa；

$\quad\quad \varepsilon$——轴向压缩应变（微应变）。

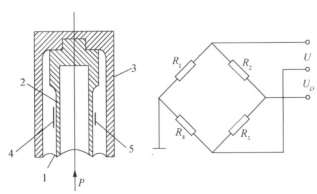

图 3.2　应变式压力传感器

1. 双垂线膜片　2. 弹性圆筒　3. 外壳　4、5. 电阻应变片

U. 直流供桥电压　U_D. 输出信号电压

由式（3.1）可知，应变 ε 直接反映了压力的大小，而此应变 ε 由贴在筒壁上的应变片测量。这里 R_1 为工作片，R_2 为温度补偿片，它们同另外两个固定电阻 R_3、R_4 组成电桥，这样就将被测压力转换成与其成正比的电压 U_D 输出。

国产 BPR-2 型压力传感器就是采用上述结构。当桥路供电电压为直流 10 V 时，可获得的最大输出电压为直流 5 mV。这种压力传感器的测量范围可从 0 ~ 1 MPa 到 0 ~

25 MPa，非线性小于额定压力的 1%，固有频率可达 35 kHz 以上，因此具有良好的动态性能，可用于瞬变压力的测量。

3.2.1.1 电阻应变片的测量原理

金属丝式应变片的结构如图 3.3 所示。它由直径为 0.025 mm 左右、具有高电阻率的金属丝构成。为了获得高阻值，金属丝排列成栅网形式，放置并粘贴在绝缘基片上。金属丝的两端焊接有引出导线，敏感栅上面贴有保护片。

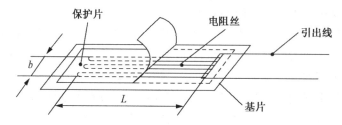

图 3.3　丝绕电阻应变片

电阻应变片的工作原理如下：当压力 P_x 作用在传感器的弹性元件上时，弹性元件便产生 $\dfrac{\Delta L}{L}$ 的相对变形量，其与电阻值的相对变化率的关系 $\dfrac{\Delta R}{R}$ 为

$$\frac{\Delta R}{R} = K\frac{\Delta L}{L} \tag{3.2}$$

由于 $\dfrac{\Delta L}{L}$（即应变 ε）与 P_x 成比例，所以上式即为电阻应变片工作原理表达式。式中 K 为电阻应变片的灵敏系数。

3.2.1.2 电阻应变片的种类

（1）电阻丝应变片：这种应变片的敏感元件是丝栅状的金属丝，并且可以制成 V 形、U 形和 H 形等多种形状（如图 3.4 所示）。根据应变片材料的不同又可将其分为纸基、纸浸胶基和胶基等种类。

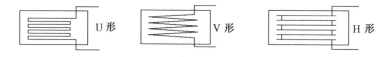

图 3.4　几种常见电阻丝应变片

纸基应变片制造简单、价格便宜、易于粘贴，但耐热和耐潮湿性较差，一般只在短期的室内试验中使用。如在其他恶劣环境中使用，必须采用有效的防护措施，使用温度一般在 70 ℃以下。如用酚醛树脂、聚酯树脂等胶液将纸进行浸透、硬化等处理后，其特性会得到很大改善，使用温度可提高 180 ℃，抗潮湿性能也较好，且可长期使用。

（2）箔式电阻应变片：箔式电阻应变片的电阻敏感元件不是金属丝栅，而是通过光刻技术、腐蚀等工序制成的一种很薄的金属箔栅，故称为箔式电阻应变片（如图 3.5 所示）。金属箔的厚度一般在 0.003～0.010 mm 之间；它的基片和盖片多为胶膜基片，其厚度多在 0.03～0.05 mm 之间。

　　箔式应变片由于具有箔栅很薄、箔材表面积大、散热条件好等优点，所以测量精度较高，但价格较丝式昂贵。

　　（3）半导体应变片：丝式和箔式应变片虽有许多优点且被广泛采用，但其灵敏系数低（为2.0～3.6），而半导体材料（锗和硅单晶）所组成的应变片，其灵敏系数很高（约为丝式和箔式的50倍）。此外，还有机械滞后小、横向效应小以及体积小等优点，因而扩大了半导体应变片的使用范围。半导体应变片如图3.6所示。

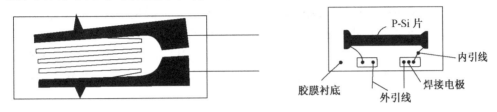

图3.5　箔式电阻应变片　　　　　　　图3.6　半导体应变片

　　半导体应变片是利用压阻效应进行工作的。所谓压阻效应就是指一块半导体材料的某一轴向受到一定作用力时，电阻率就会发生变化，这种现象称为压阻效应。

　　半导体应变片的缺点主要是电阻值及灵敏系数的温度稳定性差、测量较大的应变时非线性严重，灵敏系数的离散度较大等，这就为其使用带来一定的困难。虽然如此，在动态测量中仍被广泛采用。

3.2.1.3　应变片的温度补偿

　　应变片对温度变化十分敏感，当温度变化时，应变片的电阻值也会发生变化，这将给测量结果带来误差。在桥路输出中，消除这种误差对它进行修正，以求出仅由应变片引起电桥输出的方法叫温度补偿。常用的有下列几种补偿方法。

　　1）桥路补偿

　　由电桥测量电路知道，电桥相邻两臂若同时产生大小相等、符号相同的电阻增量，电桥的输出将保持不变。利用这个性质，可将应变片的温度影响相互抵消。其方法是：将两个特性相同的应变片，用同样的方法粘贴在相同材质的两个试件上，置于相同的环境温度中，一个承受应力为工作片，另一个不承受应力为补偿片，把这两个应变片分别安置在电桥的相邻两个臂。测量时，若温度发生变化，这两个应变片将引起相同的电阻增量，但这时电桥的输出值不受这两个增量的影响，电桥的输出只反映工作片所承受的应力大小。此法也适用于全桥情况。该方法补偿简单，在常温下效果好。但若补偿片与工作片所处温度不能保证完全一致时，则会影响补偿效果。

　　2）应变片自补偿

　　使用特殊的应变片，使其温度变化时的增量等于零或互相抵消，从而不产生测量误差，这种应变片称为自补偿应变片。

　　（1）选择式自补偿应变片。当环境温度变化Δt℃时，应变片电阻值的增量

$$\Delta R_t = R_0[a + K(a_1 - a_2)]\Delta t = R_0 a_t \Delta t \tag{3.3}$$

式中：R_0——0℃时电阻应变片的电阻值，Ω；

　　　　a——电阻丝材料的电阻温度系数，1/℃；

a_t——电阻应变片的电阻温度系数，$1/℃$；

a_1——弹性元件材料的线胀系数，$1/℃$；

a_2——电阻丝材料的线胀系数，$1/℃$；

K——电阻丝的应变灵敏系数。

由式（3.3）可知，使应变片实现自补偿的条件是 $a_t = 0$，即

$$a = -K(a_1 - a_2) \tag{3.4}$$

由此可见，只要电阻丝材料与被测件材料配合得当，就能满足上式 ΔR_t 使之为零。选择不同电阻温度系数的电阻丝材料来实现温度补偿而制成的应变片，称为选择式温度自补偿应变片。它的优点是成本低，且在一定温度范围内补偿效果较好。但一种 a 值的应变片只能在一种材料上使用，且 a 值不随温度作直线变化，因而使用温度范围受到限制。

（2）组合式自补偿应变片。利用某些电阻材料的电阻温度系数有正、负的特性，将两种不同的电阻丝栅串联制成一个应变片以实现温度补偿，称为组合式自补偿应变片（如图3.7所示）。

这种应变片的自补偿条件是：两段电阻丝栅随温度变化而产生的电阻增量大小相等、符号相反，即

$$\Delta R_1 = -\Delta R_2$$

两端丝栅的电阻大小可按下式选择：

$$\frac{R_1}{R_2} = \frac{\Delta R_2/R_2}{\Delta R_1/R_1} = \frac{K_2\varepsilon}{K_1\varepsilon} = \frac{K_2}{K_1} \tag{3.5}$$

因为这种应变片是用两种不同长度的丝栅来实现温度补偿的，故补偿效果较好。

（3）热敏电阻法。热敏电阻的电阻温度系数是负的，即随着温度的升高，它的电阻值要下降。热敏电阻法的线路如图3.8所示。R_1、R_2、R_3、R_4 是应变片组成的电桥。测量时，把热敏电阻 R_t 与应变片置于相同的温度下，分流电阻 R_s 应使电桥电压随温度增加的速率与应变片灵敏系数下降的速率相同。这样，就能使输出电压 U_2 不受温度变化的影响。

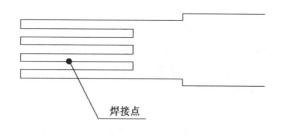

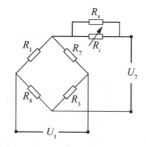

图3.7　组合式自补偿应变片图　　　　　图3.8　用热敏电阻补偿温度误差

温度补偿的方法很多，这里就不一一列举了。

从实践中发现，一种温度补偿法只适用于一个较狭窄的范围和一定的温度环境。即便是这样，也很难达到完全补偿。因此，在实际测量时，首先要尽量创造恒温或温度变

化较小的试验环境，以减小温度对测量精度的影响；其次是选用恰当的温度补偿方法。

3.2.2 电容式压力传感器

电容式传感器不仅可以用来测量压力，而且可以用来测量位移、角度、厚度、振动等参数。它是将被测工件尺寸的微小变化或被测工件间电容介质介电系数的微小变化转换成电容量或容抗量的变化，然后通过一定的测量电路，将电容量或容抗量的变化以一定的电信号形式反映出来，从而实现非电量电测的目的。

电容式压力传感器感受的是压力信号，输出的是电容的变化量。

电容可采用调频法或交流电桥测量。调频法测量电容的原理如图3.9所示。将电容式压力传感器（电容为 $C+\Delta C$）接入仪器的主振荡回路，所产生的主振荡频率 f_1 经过混频器与本机振荡频率 f_0 混频，混频后获得差频 f_0-f_1，传感器电容的变化使主振荡频率 f_1 改变，因此差频 f_0-f_1 也随之变化，最后经鉴频器鉴频并予以放大，便获得与 $\dfrac{\Delta C}{C}$ 成正比的输出电压。

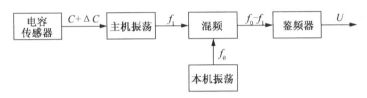

图3.9 调频法测量电容原理图

电容式压力传感器由于结构具有简单、灵敏度高、动态响应快、体积小等优点，所以得到了较广泛的应用。输出特性的非线性和泄漏电容的影响是其主要缺点。

3.2.3 电感式压力传感器

电感式压力传感器是利用磁性材料和空气的导磁率不同，压力作用在膜片上，靠膜片改变空气气隙大小去改变固定线圈的电感。电路中这种电感变化变为相应的电压或电流输出，将压力变为电量达到测压目的。

电感式传感器按磁路特性分为变磁阻和变磁导两种。它的特点是灵敏度高，结构牢固，对动态加速干扰不敏感，但不适合于高频动态测量。现以变磁阻式传感器为例，说明其工作原理和结构特点。

3.2.3.1 工作原理

变磁阻式压力传感器的工作原理如图3.10所示。铁心、膜片以及其间的气隙组成了闭合磁路，气隙是该磁路中磁阻的主要组成部分。当压力 P 加到膜片上后，膜片变形使气隙 δ 改变，即改变了磁路中的磁阻，这样铁心上线圈的电感 L 也发生了变化。如果在线圈的两端加一恒定的交流电压 U，则电感 L 的变化将反映为电流 I 的变化。因此，可以从线路中的电流 I 来度量所感受的压力 P。

如果忽略磁路中其他部分的磁阻而只计算气隙的磁阻，则

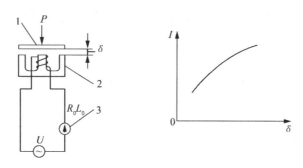

图 3.10　变磁阻传感器原理示意图
1. 膜片　2. 铁心　3. 电表

$$R_m = \frac{2\delta}{\mu S} \tag{3.6}$$

式中：δ——气隙高度，cm；

　　　　μ——空气磁导率，$\mu = 4\pi \times 10^{-9} \text{H/cm}$；

　　　　S——气隙截面积，cm^2。

则整个磁路的电感

$$L = \frac{n^2}{R_m} = \frac{n^2 \mu S}{2\delta} \tag{3.7}$$

式中：n——线圈的匝数。

　　当传感器制成后，匝数 n 已定，μ 及 S 也为常数，所以电感 L 是气隙 δ 的函数，由式（3.7）可知，L 并不是 δ 的线性函数。不过，如果在传感器制造时将起始气隙取得适当，而工作中气隙变化又不超过起始值的 0.10 ~ 0.15 倍时，则 L 与 δ 可近似地按线性来处理。

　　在实际使用中，总是将两个电感式传感器组合在一起而组成差动式传感器，其原理如图 3.11 所示。气隙 δ_1 和 δ_2 始终呈反向变化，将这两个电感线圈接在电桥中，不但可以提高灵敏度，而且温度及非线性影响都可大大减小。图 3.11 中的 Z_1 和 Z_2 是两个参数完全相同的电感式传感器，Z_3 和 Z_4 是两个电阻，其值应调到当没有感受被测压力 P 时电桥的输出 u 为零。当感受到 P 后，δ_1 和 δ_2 发生变化，使 Z_1 与 Z_2 也发生变化，电桥平衡被破坏，从而可以在输出端读出 u 的大小。

　　根据交流电桥平衡原理，欲使起始状态输出为零，应满足下列条件，即

$$\frac{Z_1}{Z_2} = \frac{Z_3}{Z_4} \tag{3.8}$$

及

$$\frac{L_1}{L_2} = \frac{R_3}{R_4} \tag{3.9}$$

式中：Z 为阻抗，R 为电阻。如果差动电感传感器的两个感应头完全相同，气隙 $\delta_1 = \delta_2$，则桥臂电阻也应相等，即

$$R_3 = R_4 \tag{3.10}$$

由于工艺上难于保证电阻值绝对相等，故传感器必须配以附加电阻并仔细加以调整。

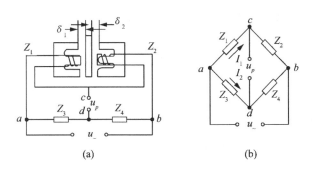

图 3.11 差动式电感传感器

(a) 原理图   (b) 测量线路图

只要起始气隙 $\delta_{10} = \delta_{20} = \delta_0$ 取得合适，而气隙的相对变化又不大（$\frac{\Delta\delta}{\delta_0} \neq 0.30 \sim$ 0.40），根据电桥计算可得

$$u = \pm K\Delta\delta \tag{3.11}$$

式中，K 是一个取决于感应头参数的常数，称为差动电感传感器的灵敏度。显然，桥压越高，起始气隙 δ_0 越小，则灵敏度越高。

3.2.3.2 结构特点

差动变磁阻式传感器的膜片由导磁不锈钢制成整体结构，并用螺钉固定于左、右两半的基座上。膜片材料可用 2Crl3 或 Crl7N，并用化学腐蚀法成型，其中铁心部分厚 0.075 ~ 2.05 mm。铁心一般用铁淦氧制成。若工作温度超过 200 ℃，则可用钼合金。铁心用环氧树脂固定于壳体内，以避免应用螺钉而产生的涡流损失。线圈一般用细漆包线绕成，其电阻值小于 50 Ω，匝数为 450 ~ 520 匝，电感值为 18 ~ 25 mH，气隙一般小于 0.2 ~ 0.3 mm。为了消除工作温度对仪表读数的影响，壳体材料的膨胀系数应选与膜片尽量一致。图 3.12 为差动变磁阻式传感器的结构图。

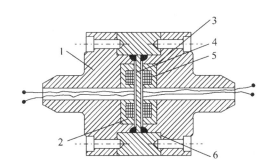

图 3.12 电感式（差动变磁阻）传感器

1. 基座 2. 磁心 3. 绝缘层 4. 膜片 5. 线圈 6. "O" 形环

3.2.3.3 测量线路

它的主要配套仪器是载波放大系统和记录设备。载波放大系统一般包括高频振荡电源（供桥电压）、载流放大器、检波器和电感电桥的两个电阻桥臂，通常装成一个整体。

记录设备可用磁带机、数字电压表或紫外线示波器。

电感传感器是感抗元件，在组成电感电桥时必须用高频交流电源供电。因此，电感传感器均备有专用高频电源，频率在 400～5 000 biz。目前使用最多的是 3 000 Hz，电压不超过 10 V，输出达 20～50 mV。

载波放大器有三个作用：

（1）作为供给电桥的交流电源。

（2）将传感器信号加以放大以推动指示仪表或记录设备。

（3）将传感器交流信号变成直流信号以满足输出要求。

电感线圈是作为电感电桥的两臂，其测量线路有两种组合，即半桥输出和全桥输出。

半桥输出电路是把传感器的两个差动电感线圈构成电桥两臂，电桥的另外两个电阻则用仪器中的电阻。该桥路的输出是差动变化信号，再经放大器放大和检波后，即可引入记录设备。

全桥输出测量线路，其全桥输出的电阻桥臂放在传感器中，这时电桥对角线的输出就是电压，然后引入放大器，就可送入记录设备。

3.2.4 压力传感器的标定

压力传感器标定的目的是确定其输出量与被测压力信号之间的关系。标定时，利用专用的压力标准装置，给压力传感器施加一系列标准压力，然后测出压力传感器的输出量，从而得到输出量与标准压力值之间的定量关系。

标定分静态标定和动态标定两种。对于没有动态性能要求的仪表，只须进行静态标定，而对于有动态响应要求的压力传感器有时还须进行动态标定。目前，对动态压力的测量一般仍采用静态标定。经验表明，只要整个测压系统的响应频率足够高（例如 5 倍于被测压力信号的频率），那么用静态标定过的压力传感器来测量动态压力，结果是有足够的精度。下面着重介绍压力传感器的静态标定。

静态标定就是在静态压力的作用下，确定仪表的输出电压与标准压力之间的对应关系，即对仪表的指示值进行分度并确定其静态特性指标——灵敏度、线性度、重复性及迟滞误差等。活塞式压力计是目前常用的一种静态标定装置。图 3.13 是用活塞式压力计对压力传感器进行标定的示意图。活塞式压力计主要由一套标准砝码和配有小直径活塞的精密油缸组成。它是利用活塞和加在活塞上的砝码量与作用在活塞面积上所产生的压力相平衡的原理来进行标定，其精度可达 ±0.05% 以上。

标定时，把传感器装在连接螺帽上，然后转动手轮，使托盘上升到规定的刻线位置，然后增加砝码重量，同时用数字电压表记下传感器在相应压力下的输出值，这样就可以得到仪表的输出特性。根据这条曲线就可确定出所需要的各个静态特性指标。油缸产生压力的大小可由下式来确定：

$$P = \frac{4g(m_1 + m_2)}{\pi D^2} \tag{3.12}$$

式中：P——油缸的压力，Pa；

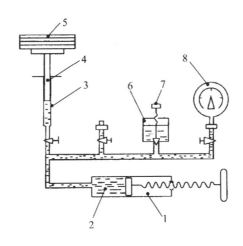

图 3.13　活塞式压力计的结构

1. 压力缸　2. 油液　3. 测量缸体　4. 测量活塞　5. 砝码　6. 盛油杯　7. 进油阀　8. 被校压力仪表

m_1——砝码的质量，kg；

m_2——测量活塞的质量，kg；

D——测量活塞的直径，m；

g——实验地点的重力加速度，m/s^2。

为了减小活塞和缸体之间的摩擦及空气对砝码产生浮力的影响，测量时让活塞连同砝码一起旋转。

3.2.5　压力传感器的安装及测试仪表的选用

传感器在空间的安装方位是任意的，没有什么特殊要求。但传感器在系统中的安装位置，即传感器至被测压力点的距离则不宜过长。因为这段测压管道的容腔及管道的附面层长度，对于动态压力的测量是很不利的。在实际测定中很容易发现，在系统中安装的传感器，其实测的固有频率总是比传感器说明书所提供的固有振动频率低。其原因是由于传感器在使用时，总是要通过一个适当的安装座安装在系统的管路中。

压力传感器的安装方式有的是通过一个三通接头安装座把传感器安装在导管中间，有的是用直通接头和一段测压管把传感器与测压点连接起来，还有的是将压力传感器安装在液压附件上。但不论哪一种安装形式，在安装座处都会有一定的容腔。测压导管当然也有容腔，而流体在这些容腔中间是处于滞止状态，压力波总是以一定的速度传递给传感器，这样压力传感器所反映的压力变化情况要比测压点的压力变化滞后。对于动态压力测量，它将产生重要的影响。这种滞后量与导管长度及直径和总的容腔大小等因素有关，这就是所谓动态测量的容腔效应。当容腔内流体含有大量的气泡或流体自身的气化成分时，便使液压刚度大大降低，容腔效应更加严重。其原因有二：第一，这段容腔（包括导管及安装座）里面的流体本身的自振频率低于传感器的自振频率；第二，整个测压管路系统（传感器、导管、安装座以及其中的液体）的自振频率更要比传感器本身的低，又因为传感器与测量导管总是串联的，所以实际工作的压力传感器，其动态响应能力总要低于其本身的响应能力。为了改善这种动态品质，充分发挥其动态响应能力，要求安装尽量合适，即尽量减少容腔的体积，缩短测压导管的长度及加大测压导管的直径，以减少对动压传递的阻尼。压力测量仪表的选用通常应考虑以下几点：

（1）仪表量程的选用。对于测量稳定压力，仪表量程上限选大于或等于1.5倍的常用压力；对于测量交变压力，仪表量程上限选大于或等于2倍的常用压力。

（2）仪表精度的选用。对于工业用仪表，其精度选1.5级或2.5级；对于实验用仪表，其精度选0.4级以上。

（3）根据测量介质性质及使用条件选用仪表。对于测量腐蚀性介质，可选用防腐型压力传感器或加防腐隔离装置；对于测量黏性、结晶及易堵介质，可选用膜片压力传感器或加隔离装置；当要求压力测试仪表具有指示、记录、报警和远传时，则可选用具有相应功能的仪表。

3.3 流量传感器

流量是液压系统的重要参数。目前工业上常用的流量仪表种类很多，若按其工作原理大致可分为速度式、容积式和质量式三大类。本节主要介绍涡轮流量计，并对超声波流量计作一简要介绍。

3.3.1 流量测量方法

流量可用质量单位表示（kg/s），也可用体积单位表示（如 L/s，m³/s）。显然，它们之间的关系为

$$G = \rho Q \tag{3.13}$$

式中：G——单位时间内流过的流体质量（即质量流量），kg/s；

Q——单位时间内流过的流体体积（即体积流量），m³/s；

ρ——流体密度，kg/m³。

流量测量方法有直接测量法和间接测量法。用标准容积（或标准质量如砝码）和标准时间（频率式计时装置）作为标准，准确地测量出某一时间间隔内流过的总量，再推算出单位时间内的平均流量，这就是直接测量方法。这种方法常用做校验其他形式流量计的标准装置及燃油、滑油等消耗的计量。流量测量的另一种方法就是通过测量和流量（或流速）有对应关系的物理量的变化来得出流量，这就是间接测量法。在工程或科学实验中多数采用这种方法。下面介绍几种间接测量方法的具体形式。

3.3.1.1 节流差压式

节流差压式是利用流体流过管道中的节流元件所产生的压力差 ΔP 作为流量的度量依据，即有

$$Q = K_1 \sqrt{\Delta P} \tag{3.14}$$

式中：K_1——节流常数；

ΔP——节流元件前后压差。

它是目前普遍应用的节流差压式流量计的计算公式。孔板、喷嘴、进口流量管都属

于这一类。它们的种类较多，也比较成熟，已能通过计算直接来确定 Q 与 ΔP 的关系。它被广泛地用于气体、液体的流量测量。只是在测量中其方程的平方根带来的非线性因素严重地限制了测量范围；其次，当流体参数变化，会造成密度 ρ 的变化，使计算变得麻烦和不可靠；再则，这种形式的流量计压力损失大，特别是孔板，在使用中要考虑这方面影响。

3.3.1.2 变面积式

若液体的密度 ρ 已知，浮子的平衡位置（即其位移 h）给出了流量的线性指示，则有

$$Q = K_2 h \tag{3.15}$$

式中：K_2——常数；

　　　h——浮子高度。

浮子流量计的结构如图 3.14 所示。它主要由向上扩大的锥形玻璃管和能作上下浮动的浮子组成。当液体沿锥形管自下而上流过锥形圆管与浮子的环形间隙时，根据节流原理，在浮子上下产生压差 $\Delta P = P_1 - P_2$，该压差使浮子向上移动，直到压差作用于浮子向上的力与浮子在被测介质中的重力相平衡为止。流量越大，浮子的平衡位置越高，环隙流通截面积越大。由于浮子的重力是不变的，因此浮子处于任一平衡位置时，其两端的压差 ΔP 也是恒值，故浮子流量计为变面积式流量计，也称恒压差式流量计。该形式的流量计结构简单，且能直接读数，但测量精度不高。由于难于密封，不适用于高压流量的测量。

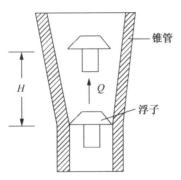

图 3.14　浮子流量计结构图

3.3.1.3 涡轮机械式

当液体流过涡轮机械时，就会推动叶轮旋转，且叶轮的转速 n 与液体的流量成正比，即有

$$Q = K_3 n \tag{3.16}$$

式中：K_3——涡轮常数；

　　　n——转速。

式（3.16）是现今较多应用的涡轮流量计的计算公式。由于转速通过传感器变成脉冲信号或转换成流量的直接读数，所以使用中能远传，反应快、精度高。一般用于石

油类产品流量测量，也能装在高压管道中应用。只是它的可动部件不宜用于混浊、有腐蚀性的流体，否则会引起机件损坏，且会影响测量精度。

3.3.1.4 旋涡式

旋涡式利用流体动力学振荡运动原理，当流体绕流某种元件后，在它两侧交替地产生旋涡，形成旋涡列（或称涡街，也称卡门旋涡列）。此旋涡频率 f 与流量呈线性关系，故可作为它的度量依据，则有

$$Q = K_4 f \tag{3.17}$$

式中：K_4——旋涡常数；

    f——旋涡频率。

这种流量计线性度好，测量时与流体参数无关，而且能在很宽的雷诺数范围内应用。这是一种有发展前途的数字式流量计。

3.3.2 涡轮流量计

涡轮流量计是一种速度式流量测量仪表。它的特点是结构简单，工作稳定可靠，安装使用方便，测量精度高。其缺点是不耐高压，频带较宽。所以一般只适用于稳态或准稳态单向流量的测量，且被测流量不能从零开始。

3.3.2.1 结构与工作原理

涡轮流量计的结构如图 3.15 所示。它由涡轮、导流器、磁电转换装置、壳体和前置放大器等组成。

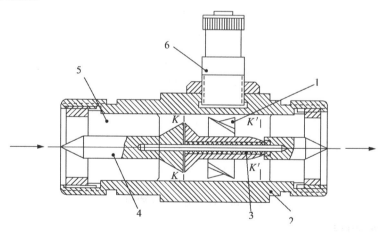

图 3.15　涡轮流量计结构图
1. 涡轮　2. 壳体　3. 轴承　4. 支承　5. 导流器　6. 磁电接近式传感器

壳体由不导磁的不锈钢制成，导磁的不锈钢涡轮装在壳体中心的轴承上，它通常有 4~8 片螺旋形叶片。当流体通过流量计时，推动涡轮使其以一定的转速旋转，此转速是流体流量的函数，而装在壳体外的非接触式磁电转速传感器输出脉冲信号的频率与涡轮的转速成正比。因此，测定传感器的输出频率即可确定流体的流量。

为了减小流体作用在涡轮上的轴向推力，采用反推力方法对轴向推力进行自动补

偿。从涡轮的几何形状可以看出，当流体流过 $K-K$ 截面时，流速变大而静压力下降，随着流通截面的逐渐扩大，静压力逐渐上升，因而在收缩截面 $K-K$ 与 $K-K'$ 之间产生了不等静压场，它所形成的压力差，使得作用在涡轮转子上的力（此力的轴向分力与流体的轴向推力反向）抵消一部分流体的轴向推力，从而减轻了轴承的轴向负载。采用轴向推力自动补偿，可以提高仪表的寿命和精确度。

流体进口处设有导向环和导向座组成的导流器，它使流体到达涡轮前先导直，避免因流体自旋而改变流体与涡轮叶片的作用角，从而保证仪表的精确度。为了进一步减小流体自旋的影响，流量计前后都装有与它口径相同的一段直管段。一般流体进口的直管段 $l_1 \geq 20D$，出口直管段 $l_2 \geq 5D$。这里 D 是流量计的口径。

3.3.2.2　流量与频率的关系

由叶轮旋转力矩方程 $M = J\dfrac{\mathrm{d}\omega}{\mathrm{d}\omega}$ 可知，当涡轮作匀角速度转动时，通过涡轮的流量为

$$Q = \omega F \tag{3.18}$$

式中：Q——被测流体的容积流量，cm^3/s；
　　　ω——被测流体的平均速度，cm/s；
　　　F——涡轮通道的流通面积，cm^2。

由图 3.16 可知

$$\omega = \frac{v}{\tan\beta} \tag{3.19}$$

式中：v——叶轮旋转的圆周速度，cm/s；
　　　β——叶轮平均半径处叶片与叶轮轴线的夹角。

因为

$$v = \omega r = 2\pi n r \tag{3.20}$$

式中：n——涡轮的转速，r/min；
　　　r——叶轮的平均半径，cm。

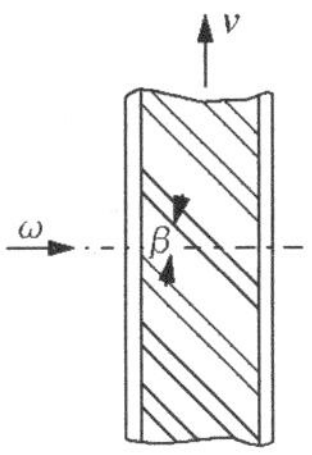

图 3.16　涡轮通道示意图
1. 涡轮　2. 壳体　3. 轴承　4. 支承
5. 导流器　6. 磁电接近式传感器

脉冲频率 f 与涡轮转速 n 存在如下关系：

$$f = nz \tag{3.21}$$

式中：z——涡轮的叶片数。

将式（3.19）~式（3.21）代入式（3.18）中，可得

$$Q = \frac{2\pi r F}{z\tan\beta}f \tag{3.22}$$

令

$$\frac{1}{\zeta} = \frac{2\pi r F}{z\tan\beta}$$

则式（3.22）可写成

$$Q = \frac{f}{\zeta} \times 10^{-2} \tag{3.23}$$

式中：ζ——仪表常数（脉冲数/L），它表示流体流过涡轮流量计时每通过 1 L 流体所输出的电脉冲数。

3.3.2.3　涡轮流量计的工作特性

仪表常数 ζ 反映了涡轮流量计的工作特性，它与流量计本身的结构、流体的性质和流体在涡轮周围的流动状态等因素有密切关系。实验表明，只有当涡轮周围流体的流态为充分紊流状态时，ζ 值才近似成一个常数值，此时流量与涡轮转速才近似成线性关系。

表 3.2 列出了部分国产涡轮流量计的技术数据。

表 3.2　部分国产涡轮流量计技术数据

型　号		LW－6	LW－10	LW－15	LW－25	LW－40	LW－50	LW－80
口径/m		5	10	15	25	40	50	80
测量范围（水）	最小流量/（L·s^{-1}）	0.028	0.069	0.166	0.44	0.889	1.66	4.44
	最大流量/（L·s^{-1}）	0.17	0.44	1.11	2.77	11.11	27.77	44.44
工作介质温度/℃		$-20 \sim +100$						
环境相对湿度		≤80%						
工作压力/（kg·cm^{-2}）		160			64			
最大流量下的压力损失/（kg·cm^{-2}）		≤0.25						
最小输出信号/mV		>1 000						
最小输出频率/Hz		>20						
精度等级		0.5 ~ 1.0						
示数稳定性误差		≤ ±0.25%						

3.3.2.4　涡轮流量计的静态标定

涡轮流量计静态标定的目的是测出仪表常数 ζ。

涡轮流量计生产单位所提供的仪表常数 ζ 值，通常都是用水来进行标定，并提供一个试验数据表。而液压系统所用的工作介质不一定都是水，故须重新标定。此外，涡轮流量计经过一段时间使用，由于轴承总会有磨损，仪表常数 ζ 的值也会随之改变。因此，使用规范中就明确规定，经过一段时间使用的涡轮流量计必须重新标定其仪表常数。

标定通常在专用标定台上进行。若条件不具备，也可利用现有的液压试验台来进行。标定时只需一台数字频率计、流量测量装置和一块秒表即可。只要测出单位时间内流过涡轮流量计的流量 Q 及其相对应的频率 f，就可很方便地获得仪表常数 ζ_0，为了提高仪表常数的准确度，标定时可多测几个 ζ 值，然后算术平均，即可获得较合理的仪表常数 ζ。

3.3.3　超声波流量计

超声波流量计的工作原理是：在流体中超声波向上游和向下游的传播速度由于叠加了流体流速而不同，因此可根据超声波向上游与下游传播速度之差测得流体速度。

　　图 3.17 是超声波流量计的原理图。它是在测量管道的上、下游一定距离上安装两对超声波发射和接收元件（F_1，J_1）、（F_2，J_2）。由于（F_1，J_1）的超声波是顺流速方向传播，而（F_2，J_2）的超声波是逆流速方向传播，根据这两束超声波在流体中传播速度的不同，采用测量两接收元件上超声波传播的时间差、相位差或频率差，就可以测量出流体的平均速度。

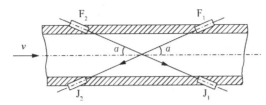

图 3.17　超声波流量计原理图

　　超声波由 F_1 至 J_1 的绝对传播速度

$$v_1 = c + v\cos\alpha \tag{3.24}$$

　　超声波由 F_2 至 J_2 的绝对传播速度

$$v_2 = c + v\cos\alpha \tag{3.25}$$

　　由式（3.24）和式（3.25）可得流体的平均速度

$$v = \frac{v_1 - v_2}{2\cos\alpha} \tag{3.26}$$

　　由式（3.26）可见，流体的平均速度 v 与声速 c 无关，只要测出 v_1、v_2 之差，就可得到流体的流速，再乘上管道的截面积就可求出流体的容积流量。

　　为了测量速度 v_1 和 v_2 之差，可以采用以下三种方法。

3.3.3.1　时间差法

　　设管道内径为 D，则超声波发射元件发出的脉冲波从 F_1 至 J_1 顺流方向传播所需的时间为

$$t_1 = \frac{D/\sin\alpha}{c + v\cos\alpha} \tag{3.27}$$

从 F_2 至 J_2 逆流方向传播所需的时间为

$$t_2 = \frac{D/\sin\alpha}{c - v\cos\alpha} \tag{3.28}$$

则时间差为

$$\Delta t = t_2 - t_1 = \frac{2Dvc\tan\alpha}{c^2 - v^2\cos^2\alpha} \tag{3.29}$$

通常 $v \ll c$，所以

$$\Delta t \approx \frac{2Dv}{c^2}c\tan\alpha \tag{3.30}$$

则

$$v = \frac{c^2}{2D}\tan\alpha\,\Delta t$$

可得流量方程为

$$Q = \frac{\pi}{4}D^2v = \frac{\pi}{8}Dc^2\tan\alpha\Delta t \qquad (3.31)$$

由式（3.31）可见，流量与测量的时间差成正比。时间差的测量可用标准脉冲计数器来实现，如同时由 F_1 和 F_2 发射超声波，当 J_1 先接收到超声脉冲后立即打开计数器的控制门，对标准振荡器的振荡脉冲开始计数；当 J_2 接到由 F_1 发出的超声波时，关闭计数器的控制门，则由计数器所记下脉冲数和标准振荡频率，就可求出时间差来。

3.3.3.2　相位差法

相位差法就是用来测量连续振荡的超声波在顺流和逆流传播时信号之间的相位差。

3.3.3.3　频率差法

在一对发射、接收超声波的单通道中，当一个发射脉冲被接收器接收之后，再发射下一个脉冲，这样以一定的频率重复。

超声波流量计的最大特点是：探头可装在被测管道的外边，实现了非接触测量；既不干扰流场，又不受流场参数的影响；输出与流量成线性关系，精度一般可达到 ±1%；其价格不随管道口径的增大而增加，因此特别适合于大口径管道的流体流量测量。

3.4　转速传感器

转速传感器是转速的测量元件，它输出的电信号与转速成正比。

转速传感器可分为模拟式和数字式两类。模拟式传感器所产生电信号的大小或幅度是转速的连续函数，测速发电机就属于这类传感器；而数字式传感器所产生电信号的频率或信号的相邻峰值间的时间间隔同转速成正比。一般来说，模拟式转速传感器与被测转轴之间采用机械连接，而数字式转速传感器多为非接触式。由于数字式转速传感器测量系统具有一系列优点，因此近年来得到广泛的应用。

3.4.1　测速发电机

测速发电机是一种模拟式转速传感器，它分为交流测速发电机和直流测速发电机两类。交流测速发电机用交流电激磁时，交流输出电压的幅度与转子的转速成正比；用直流电激磁时，直流输出电压与转子的角加速度成正比，所以可作角加速度计使用。直流测速发电机的输出电压与转速成正比。目前得到了较广泛的应用。

直流测速发电机按激磁方式可分为电磁式和永磁式两种。在一般条件下，应用永磁式直流测速发电机很方便，测量误差一般不大于额定总量的1%。下面对他激式及永磁式测速发电机作简单介绍。

直流电磁测速发电机与一般直流发电机的工作原理相同，如图3.18所示。

在恒定磁场条件下，由于外扭矩的作用，使电枢旋转，电枢的导体切割了磁力线，便在电枢绕组中产生感应电势，由电刷引出接到显示仪表上直读或自动记录。这种感应电势的大小与转速成正比，输出极性与旋转方向相对应。感应电势可用下式计算：

$$E = \frac{P\phi N}{60a} = K_g n \qquad (3.32)$$

式中：P——磁极对数；

    ϕ——每对磁极的磁通量，Wb；

    N——电枢绕组的导体总数；

    a——电枢绕组并联的支路对数；

    n——电枢的转速，r/min。

上式为空载条件下测速发电机的输入输出特性关系。当测速发电机接上负载时，例如接一个显示表头，其内阻为 R_L，测速发电机的输入输出特性便应按下式考虑：

$$U = \frac{K_\varepsilon n}{1 + \dfrac{\gamma_a + \gamma_b}{R_L}} \tag{3.33}$$

式中：R_L——负载电阻，Ω；

    γ_a——电枢电阻，Ω；

    γ_b——电刷的接触电阻，Ω。

因为接上负载电阻后回路中便存在电流，电枢绕组和电刷都具有一定的压降，这些对测速发电机的输出特性有明显地影响（如图 3.19 所示）。

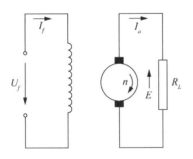

图 3.18 直流测速发电机工作原理

I_f. 激磁电流 I_a. 电枢电流 R_L. 负载电阻

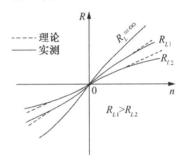

图 3.19 负载电阻对测速机
输出特性的影响

永磁式直流测速发电机更为简单，因为他激式测速发电机需要专门配置一个直流稳压电源提供激磁电压，很麻烦；而永磁式的便不需要这些辅助设备。永磁式的定子是由 LiNiCo8 材料制成的磁钢，具有极强的矫顽磁力。在要求较高的地方应定期标定其输入/输出特性，以保证较高的测量精度。

测速发电机存在一个较大的缺点，即输出感应电势需通过换向器片与电刷引出，而电刷的接触电阻很不稳定，在输出电势中存在严重的毛刺，通常应采取滤波措施。但滤波过强，又会损害其动态特性，所以在应用时应根据具体条件作综合考虑。

3.4.2 光电式转速传感器

光电式转速传感器是一种非接触式传感器，它是利用光电效应将转速的变化首先转换成光通量的变化，再由光敏元件转换成电量的变化。

所谓光电效应就是物体在光的照射下能使其电学特性发生改变的现象之称。光电效应又分为外光电效应和内光电效应。在光的照射下，能使电子逸出物体表面的现象称为外光电效应，而使物体的电阻率发生变化或产生电动势的现象称为内光电效应。

　　光电式转速传感器有反射式和直射式两种，它们都由光源、光敏元件和放大、整形电路及电源等组成。其中光敏元件是最主要的元件。由于光敏元件具有反应快、结构简单且工作可靠等优点，因此在自动化测试系统中得到了非常广泛的应用。反射式转速传感器的示意图如图 3.20 所示。反射面就被反射到光敏元件上，这样就在放大电路的输出端产生一个电脉冲信号。

　　图 3.21 为直射式光电转速传感器的示意图。来自光源的光束每当透过与轴一起旋转的圆盘上的一个孔或槽时，就在放大电路的输出端出现一个电脉冲。

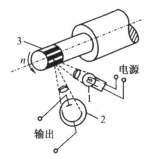

图 3.20　反射式光电传感器
1. 光源　2. 光敏元件　3. 黑白相间的旋转轴表面

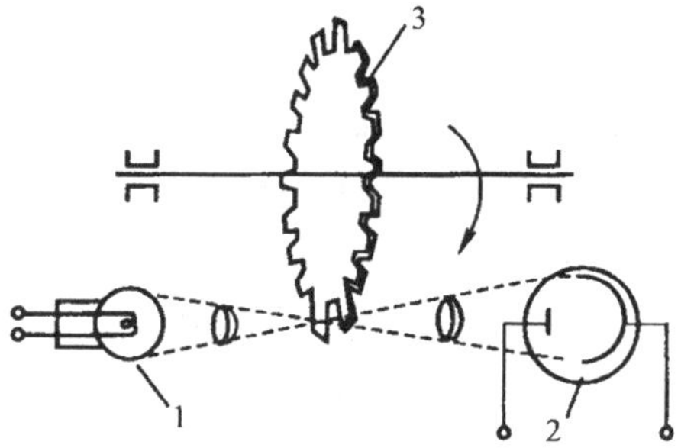

图 3.21　直射式光电传感器
1. 光源　2. 光敏元件　3. 孔（或槽）盘

　　图 3.22 为光电式转速传感器的放大整形电路。

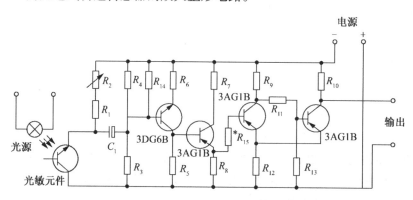

图 3.22　光电传感器的放大整形电路

　　在轴上的黑白相间数目或圆盘孔数目给定的情况下，可测量的最高转速往往受光敏元件频率响应特性的限制。随着转速的增高，当放大器输出的脉冲幅度衰减到数字频率计能分辨的最低电平以下时，系统就不能工作。另外，当放大器的整形部分不是和光电部分装在一起时，光电管到放大器的连接电缆、插口等的分布电容就成为光敏元件的旁路电容，这在高频情况下也要造成信号电压的很大衰减。

　　由光电式转速传感器的工作原理可知，传感器的输出频率与被测转速的关系为

$$f = \frac{nz}{60} \tag{3.34}$$

式中：f——传感器输出的频率，Hz；

z——数码盘的齿数（孔数或条数）；

n——被测轴的转数，r/min。

由式（3.34）可得

$$n = \frac{60f}{z} \qquad (3.35)$$

当 $z = 60$ 时，则

$$n = f \qquad (3.36)$$

3.4.3 电容式转速传感器

电容式转速传感器通常是利用被测轴原有结构中的等分槽（例如花键槽）或凸起的金属表面来进行工作。这时以转动的金属轴作为电容的一个极，另外靠近转轴安装电容的另一个固定极。当轴旋转时，由于这些槽或凸起部分的存在，使转轴和固定电极间所形成的电容发生变化。若采用适当的测量电路，那么这些凸起部分或槽每经过固定电极一次，就在测量电路的输出端出现一个电脉冲，测量这些电脉冲的频率，就可得到轴的转速。

3.4.4 磁电式转速传感器

磁电式转速传感器的结构如图3.23所示。它由圆柱形永久磁铁、极靴以及在极靴骨架上绕着的线圈组成。当一个可极化的钢物体移近传感器头部时（如图3.24所示），永久磁铁的周围磁力线就从 f-f 移到 f'-f'，这就相当于线圈切割了磁力线，于是在线圈中就会产生电动势。感生电动势的大小取决于：传感器与可磁化运动物体间的间隙大小、运动物体的运动速度及运动物体的尺寸。

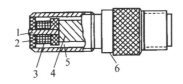

图3.23 磁电式转速传感器结构
1. 极靴 2. 线圈骨架 3. 线圈 4. 磁铁 5. 树脂浇灌 6. 外壳

齿轮的齿、透平叶片、车轮的钢辐条或装在运动的非磁性材料上的钢零件（如螺钉）都可以用来使传感器产生电信号输出。当利用装在转轴上的钢齿轮的齿来测量转速时，模数较小（$m = 1.25$ 以下）的细齿可以使传感器产生一个近似正弦波的输出，粗齿则产生一个严重畸变的输出，但其输出电压的峰－峰值比较高，这种传感器可以用来测试由非磁性材料（金属或非金属）隔开的金属齿轮或叶轮的转速。例如涡轮流量计就是利用这种传感器来测量封闭于反磁钢管子中的叶轮转速。非金属隔离层对传感器输出的影响，仅仅是由于隔离层的存在，使被测转动物体与测试头之间的距离增大，从而使输出信号的幅度有所下降。如果采用金属隔离层，则输出信号幅度的下降就更大些。这是由于金属隔离层起短路圈的作用，即在金属隔离层中要产生涡流。随着信号频

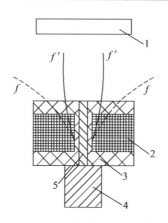

图 3.24 磁电式转速传感器的工作原理图

1. 钢物体　2. 线圈　3. 线圈骨架　4. 永久磁铁　5. 极靴

率的增高, 这种损耗也随之增大。当频率接近 5 kHz, 这种损耗就要影响测量系统的正常工作。

3.5　位移传感器

位移传感器分线位移传感器和角位移传感器两类。当被测试的位移量加到这些传感器上时, 被测信号就被转换成与其线位移或角位移成正比的电信号输出。位移传感器种类很多, 本节就目前常用的几种位移传感器作一介绍。

3.5.1　电位计型位移传感器

电位计型位移传感器的工作原理如图 3.25 所示。电位计由电阻元件与滑臂（可动触点）组成。滑臂与被测的运动物体相连接, 随被测物体运动。在理想情况下, 当电阻元件两端加有直流电压 U 时, 电阻元件的一端与滑臂之间的电压（即输出电压）U_0 与滑臂离开该端的位移 x 成比例。当然, 如果做成旋转型电位计形式就可用来测量角位移。

这种传感器的电阻元件可以是金属丝（单线或线绕）、碳膜或导电塑料。它在一般情况下用直流供电, 但为了消除不同金属接触所产生的热电势和接触电势的影响, 以及便于使用交流放大器, 有时也使用交流供电。

单线电位计在输出开路的情况下, 输出电压 U_0 与输入位移 x 之间成线性关系（如图 3.25 所示）。即输出电压 U_0 将准确地再现输入位移 x。但这仅是理想情况, 通常电位计的输出要接到电压表或记录仪器上（如图 3.26 所示）。若这些装置的输入电阻为 R_m, 那么电位计的输出电压

$$U_0 = \cfrac{U}{\cfrac{1}{\cfrac{x}{x_{\max}}} + \left(\cfrac{R_p}{R_m}\right)\left(1 - \cfrac{x}{x_{\max}}\right)} \qquad (3.37)$$

式中: U——电源电压, V;

x——位移，m；

x_{max}——最大位移，m；

R_p——电位计总电阻，Ω；

R_m——输出端的负载电阻，Ω。

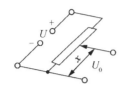

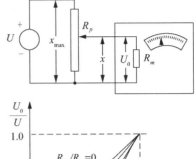

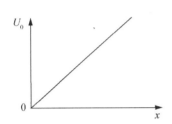

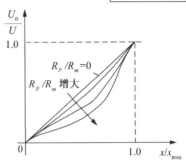

图 3.25　电位计型位移传感器　　　　图 3.26　电位计的负载效应

对于理想情况，即 $R_p/R_m = 0$，那么式（3.37）变成

$$U_0 = \frac{U}{x_{max}}x \tag{3.38}$$

由此可见，在无负载情况下，输入/输出曲线是一条直线。在实际使用中，$R_m \neq \infty$，因此根据式（3.38），U_o 和 x 之间就要呈现非线性特性。当 $R_p/R_m = 1$ 时，最大误差约为额定值的 12%；当 $R_p/R_m = 0.1$ 时，误差降到 1.5%；若 $R_p/R_m < 0.1$ 时，最大误差发生在 $x/x_{max} = 0.67$ 处，其值约为额定值的 15%。

一般来说，如果电位计电路的负载电阻 R_m 为给定，那么我们就应该选择比 R_m 低得多的电位计 R_p，以得到比较好的线性。但是这个要求总是和我们所希望的高灵敏度要求相矛盾，因为在一定的耗散功率情况下，比较低的 R_p 值，允许使用的电源电压 U 也比较低，这样就降低了传感器的灵敏度。因此，在选择这种传感器时，必须在线性度和灵敏度之间作综合考虑。

电位计的分辨能力取决于电位计中电阻元件的结构。我们可以使用单滑线作为电阻元件，它在滑臂的整个行程中，给出连续的无级电阻变化。如果单从分辨能力这个角度来看，这种情况当然是我们所希望的，但是这种电位计的电阻丝长度受传感器行程的限制，因此它的电阻值也就受到限制，这对灵敏度是不利的。

在电位计型位移传感器中，广泛采用绕线电阻元件（如图 3.27 所示）。这种电位计是将有绝缘涂层的电阻丝绕在绝缘的线圈骨架上，动触点在去掉绝缘层的轴向窄条上滑动。虽然这种结构的电位计在尺寸较小的情况下可得到较大的电阻值，但随着滑臂的移动（位移），电阻并不是连续直线变化，而是呈阶状变化。触点从电阻丝的一圈滑到另一圈上时，出现一个台阶（如图 3.28 所示），从而随着滑臂的移动，输出电压也呈台阶状变化。因此，这种电位计的分辨能力由电阻丝的直径所决定。例如在 25 mm 的骨架长度上，绕有 500 圈电阻丝，那么滑臂的移动若小于 0.05 mm，就无法感测出这个移动。

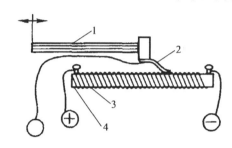

图 3.27　绕线电阻位移传感器
1. 杆　2. 滑臂　3. 电阻丝　4. 线圈骨架

图 3.28　绕线电位计的分辨能力

3.5.2　电感式位移传感器

在电液伺服控制系统结构方案中，常用差动变压器式或动铁心螺线管式电感位移传感器。它们的共同特点是没有接触电阻问题，工作稳定可靠。

3.5.2.1　差动变压器式位移传感器

传感器的结构原理如图 3.29 所示。其中有三个固定绕组和一个活动铁心，而固定绕组的布置形式有两种：图 3.29（a）是将初级绕组绕在中间，两个次级绕组分别绕在两端；图 3.29（b）是将初级绕组绕在两个次级绕组的外面。它们的电路原理均可用图 3.29（c）表示。

当初级绕组通以交流电时，两个次级绕组均有感应电势产生。现将两个次级绕组引线的端分别引出，两个末端连在一起。当动铁心置于两个次级绕组中间的对称位置，则两个次级绕组（W_1，W_2）所产生的感应电势之差为零；如果动铁心向第一次级绕组 W_1 方向移动，则 W 的感应电势增加，而 W_2 的感应电势相应地减小，它们的瞬时值方向相同，但大小不同，其差值就是传感器的输出，并且动铁心位移方向不同，还有不同极性的显示。传感器的输出电势

$$U_0 = U_1 - U_2 \tag{3.39}$$

式中：U_1——W_1 的感应电势；

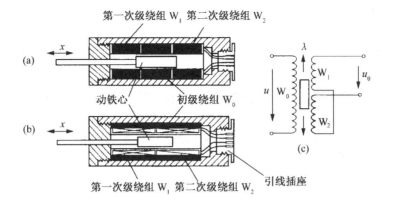

图 3.29 差动变压器式位移传感器

(a) 初级绕组在中间 (b) 初级绕组在外面 (c) 电路原理图

U_2——W_2 的感应电势。

如果铁心向 W_2 方向移动，则有

$$U_0 = U_2 - U_1 \qquad (3.40)$$

图 3.30 为差动变压器式位移传感器的测量电路。这是属于半波解调测量电路。在其初级绕组 W_0 上不需加 400 Hz 的激磁电压，并要求其幅值及频率恒稳不变，否则将引入测量误差。另一种测量电路为全波解调电路，并且还包括了提供初级绕组激磁的电压（如图 3.31 所示）。

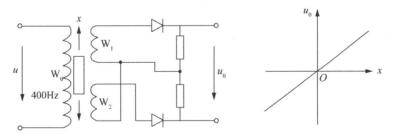

图 3.30 半波解调测量电路

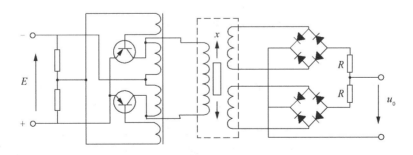

图 3.31 全波解调测量电路

这类传感器的线性不够理想，在要求较高的场合，必须对次级绕组采取阶梯绕法来进行非线性修正。

3.5.2.2 差动电感式位移传感器

它和差动变压器式位移传感器的区别仅在于没有初级绕组。在测量电路上差动电感式位移传感器则是采用四臂交流电桥方式，其中的活动铁心与差动变压器式位移传感器相同，应选用高导磁材料制成，它随被测的位移量作轴向运动。对于差动电感式位移传感器来说，是差动地改变两个线圈的电感量，当绕组置于交流电路中，就是差动地改变两个线圈的交流感抗。在交流电桥中，这两个电感线圈置于邻臂，不但具有较高的灵敏度，而且还可以得到温度补偿。

3.6 温度传感器

温度是表示物体冷热程度的一个物理参数，它反映了物体内部各分子运动平均动能的大小。温度可以利用物体的某些物理性质随温度变化的特征进行测试。

温度传感器按其作用原理可分为接触式和非接触式两类。接触式测温是把测量温度用的传感器与被测量对象直接接触，二者进行热交换，使传感器感受被测温度，例如热电偶、电阻式温度计等。这一类型的测温仪表比较成熟，目前已得到广泛的应用，但由于必须与被测对象直接接触并进行热交换，这就使其应用受到某些限制。这类传感器的测温范围一般在 $-200 \sim 1\,600\ ℃$。非接触式测温是传感器与被测对象不直接接触，用这种方法测温时不会破坏被测对象的温度场并可以实现远距离测量，例如光学高温计、红外测温仪等。这类传感器的测量范围可达 $600 \sim 6\,000\ ℃$。

3.6.1 热电偶传感器

3.6.1.1 热电偶测温原理

两种不同的金属材料组成一个闭合电路，就形成了一支热电偶（如图 3.32 所示）。如果两个接点的温度不同，即 $T \neq T_0$，则在回路中就有电流产生，也就是说回路中有电势存在，这种现象叫做热电效应。所产生的电势叫做热电势。热电势的大小反映了两个接点的温度差。若保持 T_0 不变，则热电势就随温度 t 而变化，因此测出热电势的值，就可知道温度 t 的值。热电势由两部分组成，即接触电势和温差电势。

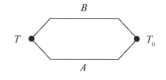

图 3.32 热电偶原理图

1）接触电势

两种不同的金属材料，当它们相互接触时，由于其内部电子密度不同，例如金属 A 的电子密度比金属 B 的电子密度大，则就会有一些电子从 A 跑到 B 中去，A 失去电子带正电，B 得到电子带负电，这样便形成了一个由 A 向 B 的静电场，它将阻止电子进一步由 A 向 B 扩散。当扩散力和电场力达到平衡时，A、B 间就建立了一个固定的接触电势。接触电势的大小主要取决于温度和 A、B 材料的性质。据物理学有关理论推导，接触电势可用下式表示：

$$E_{AB}(T) = \frac{KT}{e}\ln\frac{N_{AT}}{N_{BT}} \tag{3.41}$$

式中：e——单位电荷；

K——波兹曼常数；

N_{AT}、N_{BT}——导体 A、B 在温度为 T 时的电子密度。

2）温差电势

温差电势是由于金属导体两端温度不同而产生的一种电势。由物理学可知，温度越高，电子的能量就越大。当 $T > T_0$ 时（如图 3.33 所示），电子就会向能量较小的电子处移动，这就形成了一个由高温端向低温端的静电场，该静电场又阻止电子继续向低温端迁移，最后达到

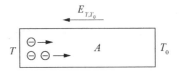

图 3.33 温差电势原理图

一动平衡状态。温差电势的方向是由低温端向高温端，并与金属两端的温差有关。温差电势的大小可表示为

$$E_A(T, T_0) = \frac{K}{e}\int_{T_0}^{T}\ln\frac{1}{N_A}\mathrm{d}(N_A t) \tag{3.42}$$

式中：N_A——导体 A 的电子密度，它是温度的函数；

t——导体沿各断面的温度；

T、T_0——导体两端的温度。

对于如图 3.34 所示的由材料 A、B 组成的闭合回路，若 $T > T_0$，则存在两个接触电势正 $E_{AB}(T)$、$E_{AB}(T_0)$ 和两个温差电势 $E_A(T, T_0)$、$E_B(T, T_0)$，回路的总电势

$$E_{AB}(T, T_0) = E_{AB}(T) - E_{AB}(T_0) + E(B, T_0) - E_A(T, T_0) \tag{3.43}$$

由式（3.41）~式（3.43）可得

$$E_{AB}(T, T_0) = \frac{K}{e}\int_{T_0}^{T}\ln\frac{N_A}{N_B}\mathrm{d}t \tag{3.44}$$

由于 N_A、N_B 是温度的单值函数，上式可表示为

$$E_{AB}(T, T_0) = f(T) - f(T_0) \tag{3.45}$$

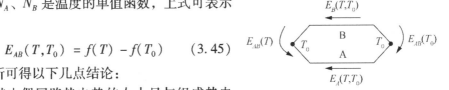

图 3.34 热电偶回路电势分布图

从上面分析可得以下几点结论：

（1）热电偶回路热电势的大小只与组成热电偶的材料和两端的温度有关，而与热电偶的长度及粗细无关。

（2）若 A、B 材料相同，则回路中不会产生热电势，因为 $\ln\frac{N_A}{N_B} = 0$，所以 $E_{AB}(T, T_0) = 0$。

（3）材料确定以后，热电势的大小只与热电偶两端点的温度有关。如果使 $f(T_0)$ = 常数，则回路热电势只与温度 T 有关，且是 T 的单值函数，这就是利用热电偶测温的原理。

3.6.1.2 热电偶的基本定律

（1）均匀导体定律。由一种均匀导体组成的闭合回路，不论其导体是否存在温度梯度，回路中都不会产生热电势；反之如果有热电势，则此材料一定是非均匀的。利用该定律可以检查热电偶材料的质量。

（2）中间导体定律。为了测量热电势，必须在回路中接入测量仪表及其导线。测量仪表及其导线可用中间导体 C 来代表。在测量回路中，当接入第三种导体时，只要被接入的中间导体所形成的新接点温度相同，则对回路的热电势没有影响，这就是中间导体定律。该定律也可推广到回路中加入多个导体的情况，只要使每一种接入导体的两端温度相等，则整个回路的热电势不会变化。该定律是利用热电偶测温时在回路中接入测量仪表的理论根据。

（3）中间温度定律：热电偶在端点的温度为 T、T_0 时的热电势 $E_{AB}(T,T_0)$ 等于该热电偶在 T_0、T'_0 和 T'_0、T_0 之间相应的热电势正 $E_{AB}(T,T'_0)$ 和 $E_{AB}(T'_0,T_0)$ 的代数和，即

$$E_{AB}(T,T_0) = E_{AB}(T,T'_0) + E_{AB}(T'_0,T) \tag{3.46}$$

这就是中间温度定律。此定律是制定和使用分度表的理论根据。

3.6.1.3 对热电偶的要求

根据热电效应理论，任何两种不同的导体，只要组成闭合回路的两端点有温差，都能产生热电势。但作为热电传感器，必须要考虑到灵敏度、准确度、稳定性等条件。因此对作为热电传感器的材料一般应满足以下要求：

（1）在同样温度下产生的热电势要大，且热电势与温度之间应成线性（或近似线性）关系。

（2）耐高温和抗辐射性能好，在较宽的温度范围内，化学及物理性能稳定。

（3）电导率高，电阻温度系数小，比热容小。

（4）热工性能好，价格便宜。

3.6.1.4 热电偶测量线路

（1）测量单点温度的测量线路：这种测温线路如图 3.35 所示。

图中 A、B 为热电偶，C、D 为补偿导线，冷端温度为 T_0（实际使用时，可把补偿导线一直延伸到配用仪表的接线端子，这时冷端温度即为仪表接线端子处的环境温度），M 为所配用的毫伏计或数字仪表。如果选用数字仪表测量热电势，还须加输入放大电路。设回路中的总电势为 $E_{AB}(T,T_0)$，这时流过毫伏计的电流

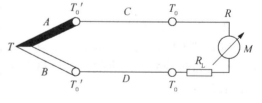

图 3.35 基本测量线路

$$I = \frac{E_{AB}(T,T_0)}{R_S + R_C + R_M} \tag{3.47}$$

式中：R_S——热电偶内阻；

R_C——导线（包括铜导线、补偿导线和平衡电阻）内阻；

R_M——仪表的内阻（包括负载单阻 R_L）。

（2）测量两点之间温差的测量线路：这种测温线路如图3.36所示。

测量时，用两只同型号的热电偶，并配有相同的补偿导线，连接的方法应使各自产生的热电势互相抵消，这时仪表即可测得了 T_1 和 T_2 的温度差。证明如下：

回路内的电势为

$$E_T = e_{AB}(T_1) + e_{BC}(T_0) + e_{DB}(T'_0) + e_{BZ}(T_2) + e_{AC}(T'_0) + e_{CA}(T_0) \quad (3.48)$$

因为 C、D 为补偿导线，其热电性质分别与 A、B 材料性质相同。由于同一材料不产生热电势，即

$$e_{BD}(T_0) = 0$$

同理

$$e_{DB}(T'_0) = 0$$
$$e_{AC}(T'_0) = 0 \quad (3.49)$$
$$e_{CA}(T_0) = 0$$

所以

$$E_T = e_{AB}(T_1) + e_{BA}(T_2) = e_{AB}(T_1) - e_{BA}(T_2) \quad (3.50)$$

如果连接导线使用普通铜导线，则必须保证热电偶的冷热端温度相等，否则测量结果是不正确的。

（3）测量平均温度的测量线路：测量平均温度可将几只同型号的热电偶并联在一起，如图3.37所示。

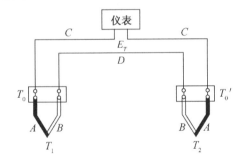

图3.36　测量两点之间温差的线路

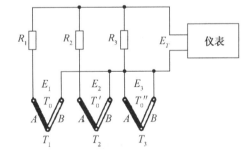

图3.37　测量平均温度线路

使用时，要求三只热电偶都工作在线性段。测量仪表指示值为三只热电偶输出的平均电势。每一只热电偶线路中，分别串接均衡电阻 R_1、R_2 和 R_3，其作用是为了在 T_1、T_2、T_3 不相等时，使每一只热电偶线路中流过的电流免受电阻不相等的影响。因此，与每一只热电偶的电阻变化相比 R_1、R_2 和 R_3 的阻值必须很大。使用热电偶并联方法测量多点平均温度，其优点是仪表的分度仍然和单独配用一个热电偶时一样，缺点是当有一只热电偶烧断时不能很快地察觉出来。

如图所示的输出电势

$$E_1 = E_{AB}(T_1, T_0)$$

$$E_2 = E_{AB}(T_2, T'_0)$$
$$E_3 = E_{AB}(T_3, T''_0)$$

回路中的总热电势

$$E_T = \frac{E_1 + E_2 + E_3}{3} \tag{3.51}$$

（4）测量几点温度之和的测量线路：利用同类型的热电偶串联，可以测量几点温度之和，也可以测量几点平均温度。图3.38是几个热电偶的串联线路图。

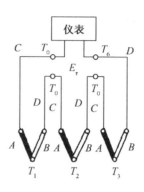

这种线路可以避免并联线路的缺点。当有一只热电偶烧断时，总的热电势消失，可以立即知道有热电偶烧断。同时，由于热电势为各热电偶的热电势之和，故可以测量微小的温度变化。

图中，C、D 为补偿导线，回路中的总热电势

图3.38　测量几点温度之和的线路图

$$E_T = e_{AB}(T_1) + e_{DC}(T_0) + e_{DC}(T_0) + e_{AB}(T_2) + e_{AB}(T_3) + e_{DC}(T_0) \tag{3.52}$$

因为 C、D 为 A、B 的补偿导线，其热电性质相同，即

$$e_{DC}(T_0) = e_{BA}(T_0) = -e_{AB}(T_0) \tag{3.53}$$

将式（3.53）代入式（3.52），可得

$$E_T = e_{AB}(T_1) + e_{DC}(T_0) + e_{DC}(T_0) - e_{AB}(T_0) + e_{AB}(T_3) - e_{ABC}(T_0) - e_{AB}(T_0)$$
$$= E_{AB}(T_1, T_0) + E_{AB}(T_2, T_0) + E_{AB}(T_3, T_2) \tag{3-54}$$

即回路总热电势为各热电偶的热电势之和。在辐射高温计中的热点堆，就是根据这个原理由几个同类型的热电偶串联而成。如果要测量平均温度，则

$$E_{平均} = \frac{1}{3}E_T \tag{3.55}$$

（5）若干支热电偶共用一台仪表的测量线路：在多点温度测量时，为了节省显示仪表，可将若干支热电偶通过模拟式切换开关共用一台测量仪表来实现。常用的测量线路如图3.39所示。

使用时，各只热电偶的型号应相同，测量范围均应在显示仪表的量程内。

在工作现场，若有些测量点不需要连续测量而只需要定时测试时，就可以把若干只热电偶通过手动或自动切换开关接到一台测量仪表上，以轮流或按要求显示各测量点的被测数值。切换开关

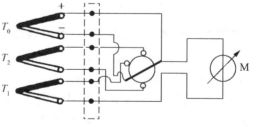

图3.39　若干支热电偶共用一台仪表的测量线路

的触点有十几对到数百对,这样可以大量节省显示仪表数目,也可减小仪表箱的尺寸,达到多点温度自动测试的目的。常用的切换开关有密封微细精密继电器和电子模拟式开关两类。例如精密继电器 JRW – 1M,其接触电阻 $R_j \leq 0.1\ \Omega$,绝缘电阻 $R_q \geq 100\ M\Omega$,切换时间 $t_q \leq 10\ ms$。它是慢速多点温度测量时较为理想的一种机械切换开关。常用的电子切换开关有 AD7501、AD7503 等,它们适用于快速测量,但接触电阻较大(在几百欧姆左右)。

上面介绍了几种常用热电偶测量温度、温度差和平均温度等的线路。与热电偶配用的测量仪表 W″用动圈式仪表(即测温毫伏计)、晶体管式自动平衡显示仪表(也叫自动电子电位差计)、直流电位差计和数字电压表。若要组成计算机自动测温或控制系统,可直接将数字电压表的测温数据利用接口电路和测控软件连接到计算机中,对测试温度进行计算和控制。这种系统在工业测试和控制中应用十分普遍。

3.6.1.5 热电偶的冷端补偿

热电偶使用时冷端(即自由端)的温度一般与标定时总是不同,它所引起的误差是热电偶测温时误差的主要成分。我们已经知道,只有在热电偶材料一定、冷却温度 T_0 不变的条件下,热电偶的热电势才是工作端温度 T 的单值函数。我国标准化热电偶的分度表都是以冷端温度 $T_0 = 0\ ℃$ 为基准的,但在实际使用中,冷端的温度一般不可能是 $0\ ℃$,而且也不稳定。因此,必定会产生误差,这样就提出冷端温度的补偿问题。消除或补偿这个误差的方法很多;如将冷端放入冰箱的 $0\ ℃$ 恒温法,在热电偶回路中接入补偿器进行冷却温度补偿的补偿器法,将冷端密封在一个特制的绝热包内或用绝热材料将冷端与工作端分开使冷端温度比较稳定等方法。这里介绍一种最简单的方法,即修正系数法。若冷端的温度为 T_0 时,热电偶工作端测得的温度为 T_n,则被测温度的真实值 T 为

$$T = T_n + KT_0 \tag{3.56}$$

式中:T——被测温度的真实值;

T_0——冷端温度;

T_n——冷端温度为 T_0 时测得的温度;

K——修正系数。

3.6.1.6 热电偶的选择、使用和校验

热电偶应根据被测介质的温度、压力、性质、测温时间长短等来选用。普通热电偶的时间常数比较大,为数秒到数十秒,不宜用于动态测量。对于温度迅速变化处的测温传感器可选用薄膜热电偶或套管热电偶,前者可在 $-200 \sim 300\ ℃$ 范围内使用,其时间常数约为 $10\ ms \sim 1\ s$;后者采用一般的热电材料,时间常数可达毫秒级。

在工业生产中,热电偶常与毫伏表连用或与电子电位差计连用,后者精度高些且能自动记录。另外也可通过温度变送器经放大后再接指示仪表或作为控制用的信号。

为了保证测温精度,热电偶必须定期校验。校验时通常采用比较法,即用标准热电偶与被校热电偶在同一校验炉中进行选点对比,若误差超过允许值则为不合格。热电偶的允许偏差可查阅有关标准。

3.6.2 热电阻

热电阻的特点是测量准确度高,在低温下(≤500 ℃)的输出信号比热电偶大得多,不存在冷端补偿问题。

3.6.2.1 基本原理

电阻温度计是利用导体或半导体的电阻值随温度变化而变化的原理进行工作,利用桥路通过测量电阻值,就可以推算出被测物体的温度。构成电阻温度计的测温敏感元件有金属丝热电阻和半导体热敏电阻。

(1)金属丝热电阻:从物理学可知,一般金属导体具有正的电阻温度系数,其表达式为

$$R_t = R_0(1 + a_1 t + a_2 t^2 + \cdots + a_n t^n) \tag{3.57}$$

式中:R_t——温度为 t ℃时的电阻值,Ω;

　　　　R_0——温度为 0 ℃时的电阻值,Ω;

　　　　a_i——电阻温度系数,1/ ℃。

a_1,a_2,$\cdots$,a_n 的项数取决于金属丝的材料、要求的精度及测温范围。其值可通过实验来确定。

(2)半导体热敏电阻:近年来半导体热敏电阻作为感温元件来测量温度,应用日趋广泛。它的优点是电阻率大、灵敏度高、热惯性小、寿命长,其缺点是性能不够稳定、非线性严重。

3.6.2.2 热电阻的测量

热电阻的阻值 Rt 常用平衡电桥来测量。图 3.40 为手动平衡电桥的原理图。图中 R_1、R_2 为已知固定电阻,R_x 为可调电阻,R_t 为热电阻,R_p 为工作桥压调整电阻,G 为检流计,E 为电源。

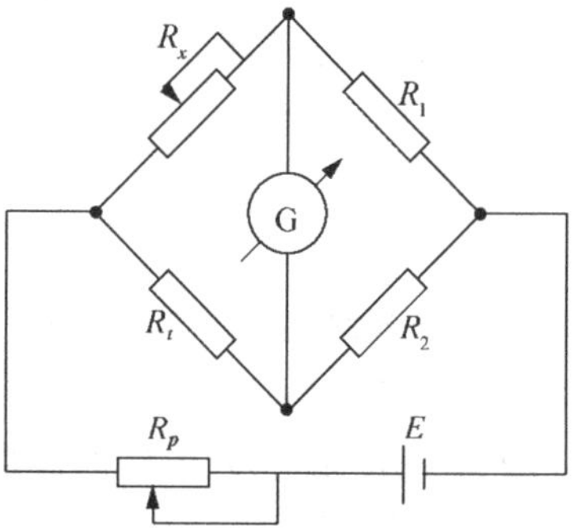

当电阻温度计的热电阻 R_t 随温度变化时,调节电阻 R_x 使电桥达到平衡。此时检流计无电流流过。根据电桥平衡原理可得

$$R_2 R_x = R_1 R_t \tag{3.58}$$

当 $R_1 = R_2$ 时,则

$$R_1 = R_x \tag{3.59}$$

即可调电阻 R_x 的刻度值就是被测电阻 R_t。

图 3.40　平衡电桥原理图

3.6.3 光纤温度传感器

光导纤维是 20 世纪 70 年代发展起来的一种新兴电子技术材料,它可广泛用于通信和元件、信息测试。光纤用于传感器始于 1977 年。到目前为止,光纤传感器已有 60 余种,可用于对位移、速度、加速度、温度、流量、压力、体积分数、应变等物理量的测量。光纤温度传感器是光纤测试技术最成熟、应用最广泛的领域。它主要有以下优点:

(1)具有很强的抗干扰能力,耐腐蚀和绝缘性能好。

（2）易加工成各种形状。

（3）直径小，重量轻。

（4）灵敏度高，传输速度快。

（5）传光、传像、分光、混光，且透光谱段较宽。

（6）构形灵活，有单根、成束、Y 形阵列等形式。

光纤温度传感器主要用于常规温度传感器难以测试的对象。如大型超高压变压器内部温度的测量，要求防爆和具有强磁场干扰场合下的温度测量，某些安装位置狭小、直接瞄准困难场合的温度测量等。

3.6.3.1 光纤结构及其工作原理

光纤是用来传输光的导线，就像金属导线可以把电流、电压传输到另一处一样，光纤可以把辐射光强和光谱从一端传送到另一端。光纤实际上是一条细长的玻璃纤维棒，它由玻璃纤维芯（纤芯）和玻璃包层两个同心圆柱的双层结构组成。纤芯位于中心部位，是光的主要传输通道。纤芯的折射率 n_1 比包层折射率 n_2 稍大，两层之间形成很好的光学界面，光线在此界面上反射前进。

光在光纤内部传输是从光密介质进入光疏介质。当入射角小于某一角度（即孔径角）时，就以全反射形式传输。设孔径角为 Φ_0，则

$$\sum \Phi_0 = \frac{\sqrt{n_1^2 - n_2^2}}{n_0} \tag{3.60}$$

式中：n_1——芯体材料的折射率；

$\quad\quad n_2$——包层材料的折射率；

$\quad\quad n_0$——空气的折射率。

因为 $n_0 \approx 1$，所以式（3.60）可写为

$$\sum \Phi_0 = \sqrt{n_1^2 - n_2^2} \tag{3.61}$$

式中 $\sqrt{n_1^2 - n_2^2}$ 称为数值孔径，用 NA（Numerical Aperture）表示光纤传感器的设计基本参数，关系到光纤两端的耦合形式及其几何尺寸。NA 越大，偶合效率越高，此时光纤收集辐射的能量越多，使仪表的灵敏度提高。但 NA 的大小是由组成光纤纤芯及包层的材料决定的，而且要兼顾仪表的其他性能指标。所以在进行光纤传感器设计时，必须对光纤材料、光路系统、波段区域和传感器的结构形式等因素进行综合考虑。

3.6.3.2 光纤温度传感器的分类

光纤温度传感器根据与被测对象的安装方式，可分接触型与非接触型两种。

1）接触式光纤温度传感器

接触式光纤温度传感器是利用各种不同的光学现象（如干涉现象、光强变化、折射率变化、透光率变化等）实现温度测量。

（1）吸光型光纤温度传感器。半导体吸光型光纤温度传感器如图 3.41 所示。

它是一个很细的不锈钢管内装有一根切割的光纤，光纤两端之间夹有一块半导体敏感如砷化镓（GaAs）、磷化铟（1nP）等。

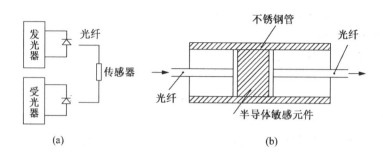

图 3.41　半导体吸光型光纤温度传感器
（a）工作原理图　　（b）传感器结构图

半导体感温元件的透射光强随被测温度的升高而减小。因此，当发光光源从光纤的一端输入一恒定光强的光，因半导体的透射能力随被测温度而变化，所以光纤另一端接收元件所接收的光强也将随温度的变化而变化。于是，通过测量接收元件输出的电压就能得到传感器所在位置的温度。

光源可采用具有宽频谱分布的卤素灯光源和发光二极管。如果要求温度分辨率高，可采用激光二极管或气体激光源。

这种光纤温度传感器结构简单，但误差比较大。主要是光纤传输和光学连接器损耗的变化、敏感元件与光导纤维之间耦合的改变以及光源光谱的偏移所引起的。为了减少这种误差，可以采用两个光源，而吸收器仍为一个。

（2）荧光型光纤温度传感器。荧光型光纤温度传感器的敏感元件采用稀土荧光物质。这类物质的特点是受紫外光照射后发射可见光，即受激发光，其发光强度与被测温度有关。

由于荧光发射光谱与激励光源的紫外线谱段不同，因而只用一根光纤即可传导输入和输出光。传感器输入为激励光源的光脉冲，输出光束为荧光发射的余辉亮度，其余辉特征与温度存在一定的关系。

2）非接触式光纤温度传感器

非接触测温的主要优点是安装方便，不影响原有生产设备。红外辐射温度传感器就是一种非接触式温度传感器。但是，红外辐射的最大缺点是传感器结构比较复杂，而且测温镜头体积大，对于空间狭小或工件被加热线圈包围等场合的测温便显得无能为力。但光导纤维温度传感器却体积小、可弯曲，并具有很强的抗电磁干扰能力，因此可以用它作为辐射测温元件，用以解决特殊场合的测温问题。

辐射型光纤温度传感器是根据光导纤维可以把辐射从一端传到另一端的原理制成。

辐射光纤测温传感器采用石英光纤预制棒，它既能耐高温，又能传输辐射能，实际上起着温度隔离作用。如果直接使光纤束与被测物体靠近，则由于光纤束的粘接剂不耐高温而受到损坏。为了使光导棒接触端面不被灰尘和其他污物玷污，可用吹风管进行吹风。

使用时，光导棒测温传感器一定要接近被测对象，否则必须要求被测对象的面积很大。光纤温度计与辐射温度计一样，不同的只是用光导纤维代替辐射探头。

　　单波面光纤温度计结构比较简单，灵敏度高，可以测量较低的温度。但这种结构的温度计受环境影响大，当传感器端面被沾污、光纤束断线，将会影响测量精度。双波段光纤温度计结构虽然复杂，但受环境影响小，即使有一些灰尘的影响，也不致影响测量精度。因此，在要求精度比较高的场合，大都采用双波段光纤温度计。

　　总之，光纤温度传感器作为温度传感器家庭的新成员，正越来越受到人们的青睐。它主要用于特殊环境下（如防爆、防腐蚀、高电压、强磁场等）的测温，一般工业测量中用得很少。非功能性接触式光纤温度计，随着发光器件、受光器件以及半导体材料的发展，实用化、商品化、普及化已为期不远。而干涉型光纤温度计在技术上尚存在一定难度，主要是对温度、压力、位移等敏感程度都处于同一数量级，须采取消敏措施。另外，组成光学系统非常娇气，电路也较复杂，随着集成光学和大规模集成电路的发展，总会取得成功。

　　非接触式光纤辐射温度计国外已商品化，国内正在起步。在高、中、低频加热和淬火工件温度及连续铸锭、缝焊测温中，它将发挥积极作用。这种温度计测量高温（1500 ℃左右）比较容易实现，而测量200～400 ℃低温的温场分布则有待于红外光纤商品化后才能实现。

　　除了光纤测温传感器外，还有许多新式的温度传感器。例如用磁特性做成的核磁共振及核去磁温度传感器、电容温度传感器，根据弹性原理制成的温度传感器、射流温度传感器等。

3.7　振动传感器

　　振动传感器用来测量被测对象的振动量，并将其转换成电信号输出。根据测量参数的不同，振动传感器可分为振动加速度传感器、振动速度传感器和振动位移传感器三种类型。

3.7.1　加速度传感器

　　各种加速度传感器均采用弹簧质量系统将被测加速度变换成力或位移量，然后由转换元件变成电信号。下面主要介绍压电式加速度传感器。

3.7.1.1　工作原理

　　压电式加速度传感器的工作原理如图 3.42 所示。

　　压电片上加有质量块及弹簧。当传感器承受振动时，压电片受质量块产生的加速度力的作用，根据牛顿第二定律，此力是质量和加速度的函数，即 $F = ma$。

　　由于压电片产生的电荷与外力成正比，因而压电传感器的输出电荷与被测振动的加速度成正比。

3.7.1.2　结　构

　　图 3.43 所示为一种加速度传感器。压电片放置在基座上，上面为惯性质量组件，用弹簧片把压电片压紧。当壳体拧紧时，弹簧片就使压电片产生一个预压力。压电片产生的电荷由导电片通过导线引至前置放大器，传感器用基座下端面的螺孔与被测物固

定。压电片采用锆钛酸铅。

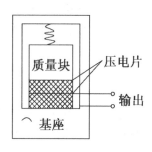

图 3.42　工作原理图

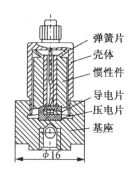

图 3.43　结构图

3.7.1.3　压电材料

压电式加速度传感器的性能，在很大程度上取决于所用压电元件的性能。具有压电效应的物质很多，天然的有石英、电气石等。近年来还制成了多晶陶，如钛酸钡、锆碳酸铅等。用于加速度传感器的几种压电材料特性如表 3.4。

表 3.4　种压电材料的特性比较

压电材料	居里点/℃	压电常数/（$\times 10^{-12}$ C/N）	介电常数
石英	300	2	4
钛酸钡	125	150	1 300
锆钛酸铅	350	270	1 500
钛酸锶铋	500	16	165

压电材料的居里点表示在达到该温度时将失去压电效应，因而传感器的工作温度必须在居里点以下；压电常数表示加速度传感器灵敏度的大小（C/N）；而介电常数则表示对于给定形状和尺寸的压电片的电容量。

3.7.1.4　特　点

（1）动态范围大。由于加速度传感器的结构非常坚固，且压电片的灵敏度较高，以及加速度计的前置放大器能达到较低的噪声电平，因此能用于低加速度的振动测量及高加速度的冲击测量。

（2）频率范围广。由于加速度传感器的弹簧—质量系统的谐振频率 ω_n 可以设计得很高，而仍然能达到一定的灵敏度，因而测量频率范围的上限可以很高，为 10 ~ 60 kHz。频率范围的下限主要根据测量电荷的特性而异，如采用电荷放大器，则下限可达到 0.3×10^{-6} ~ 2×10^{-6} Hz。

（3）相移小。加速度传感器弹簧—质量系统的阻尼作用将造成加速度传感器的输入量与输出量之间的相移，从而造成测量的波形失真。由于压电式加速度传感器采用非常小的阻尼因数，因而相移很小。

（4）重量轻。用加速度传感器测量振动属于接触式测量，因此加速度传感器的质量在有些场合是一个重要因素。压电式加速度传感器的质量可以小到几克重。

3.7.1.5　主要技术性能

压电式加速度传感器的主要技术性能如表 3.5 所示。

表 3.5　几种压电式加速度传感器技术性能

型　　号	IBAJ - 5/1	1BAJ - 5/21	YD - 1	YD - 8	YD - 5	YD - 3 - G	YD - 4 - G
电压灵敏度 / (mV·H^{-1})	60 ~ 80	30 ~ 40	80 ~ 130	8 ~ 10	4 ~ 6	10 ~ 15	10 ~ 15
频率范围 /Hz	4 ~ 5 000	4 ~ 3 000	2 ~ 1 000	2 ~ 13 000	2 ~ 20 000	2 ~ 10 000	2 ~ 10 000
最大可测加速度 /g	100	500	200	500	30 000	200	200
使用温度 /℃	< 100	< 100	常温	常温	- 20 ~ + 40	< 260	< 260
加速度计电容 /pF	1 000	1 000	700	390	500	1 000 ~ 1 300	1 000 ~ 1 300
质量 /g	36	22	25	3	10	12	12

3.7.2　速度传感器

3.7.2.1　工作原理

磁电式速度传感器的作用原理是基于与一定的磁力线交链的线圈的感应电势,其大小与线圈切割磁力线的速度成比例。

3.7.2.2　结　构

速度传感器有动圈式及动铁式两种,如图 3.44 所示。

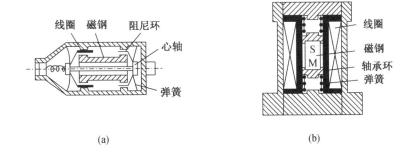

图 3.44　磁电式速度传感器原理图
（a）动圈式　（b）动铁式

动圈式结构如图 3.44（a）所示。磁钢中间有一小孔,两端带有线圈及阻尼环的心轴贯穿其中,心轴两端有圆形片弹簧支承,弹簧的周边固定在壳体上。

动铁式结构如图 3.44（b）所示。壳体内腔固定着线圈绕组,由永久磁钢等零件组成的运动组件在线圈绕组的内腔运动。为了保证运动组件位于轴心位置并沿轴向灵活运动，在磁钢两端装有轴承环。

3.7.2.3　特　点

（1）灵敏度高及输出阻抗低。由于磁钢、线圈结构容易取得较高灵敏度及较低输出阻抗，因此便于设计成测量微小振动的传感器。由于输出信号较大及输出阻抗低，因此电气稳定性好，不易受外部噪声的干扰。

（2）稳定性好。由于传感器中的所有材料、元件是比较稳定的，因此传感器的性能也就稳定，可以长期使用。

（3）可作为相对振动测量的传感器。由于弹簧—质量系统的自振频率较低，即运动部分的弹簧刚度较小，因此如运动部分有连杆伸向传感器外方，连杆与壳体分别连接两个相对运动体时，就可测得相对振动量，而不干扰原来的振动状态。

（4）过载能力小。过载时，活动部分将产生过大偏移而损坏。

3.7.2.4　主要技术性能

磁电式速度传感器的主要技术性能见表3.6。

表3.6　磁电式速度传感器技术性能

型　　号	CD－1	CD－2	CD－4	BVD－11	CD－3
频率范围/Hz	10～500	2～500	0～300	≤350	15～300
灵敏度/（mV·m^{-1}·s^{-1}）	604	302	604	780	160～320
最大可测位移/mm	±1	±1.5	±15	±15	±1
最大可测加速度/g	5	10	10		10
动圈阻抗/Ω	<2 000			7 000	
质量/g	700		1 200	350	
外形尺寸/mm	φ45×160	φ45×160	φ65×170		φ37×65

3.7.3　位移传感器

下面主要介绍涡流式位移传感器。

3.7.3.1　原理和结构

涡流法是基于线圈在较高频率工作时，对邻近的金属片产生涡流效应而使线圈本身的电感量及损耗发生变化的原理（如图3.45所示）。

当线圈加上高频电流并与导电金属片靠近时，由于线圈磁力线的作用，使金属片产生涡流，从而使线圈的电感量减少。利用测量电路，将线圈特征的变化转换为需要的电信号输出，就可测量振动位移。

传感器一般制成探头式，线圈做成平面式，线圈骨架采用高频损耗小的绝缘材料制造，以提高在高频时线圈的品质因数。

图 3.45　涡流式位移传感器原理结构图

（a）原理图　（b）结构图

3.7.3.2　测量线路

测量线路由振荡器、选频放大器、解调器及功率放大器等组成（如图 3.46 所示）。振荡器输出稳频、稳幅的高频电流，一般选用 0.5 ~ 3 MHz 之间的某一频率。传感器线圈上，与线圈本身的分布电容 C_r 及电容 C_1 组成并联谐振回路。当传感器与金属片接近到 S_0 距离时，调整电容 C_1，使并联谐振回路谐振于振荡器输出的频率，此时谐振电压 E_0 为最大，于是在 S_1 与 S_0 之间的距离内，E_0 与 S 之间的线性关系如图 3.47 所示。此外，利用线性化电路，还可改善线性或扩大线性范围。

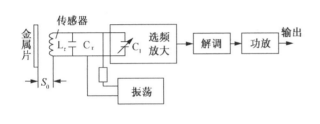

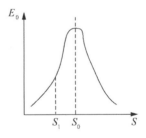

图 3.46　涡流式位移传感器测量电路方框图　　　图 3.47　涡流式位移传感器特性曲线图

这种传感器在测量对象为软磁材料时，也可满意地进行测量，但其作用是当软磁材料靠近线圈时，线圈的电感量增加。根据被测物的导电性能与软磁特性的不同，输出特性也不同。

3.7.3.3　特　点

能进行非接触式位移测量。由于测振频率下限为 0，因此测量电路的输出为振动体的振幅值，即探头与振动体的间隙值；由于探头的电流频率较高，为减小连接电缆的影响，须将部分测量电路安装于探头附近的地方（例如不超过 12 m）；由于被测体的材料对测量结果有大影响，因此在使用前须用与被测体相同的材料进行静态或动态特性标定；探头不受工作环境中油、气体、水分、塑料等介质的影响。

3.7.3.4　主要技术性能

线性 3%；频率响应 0 ~ 10 Hz（1 ~ 2 dB）；输出灵敏度 4 ~ 8 V/mm；环境温度：传感器 −15 ~ +170 ℃，前置放大器 −30 ~ 65 ℃。

对于同一个传感器，它的固有频率和衰减系数都是一定的，因此对于不同频率的谐波将有不同的相位差，即每个谐波响应值滞后信号的时间。如果每个谐波的响应值滞后于原信号的时间是一样的，则各谐波响应值的叠加与原信号相比不会发生畸变，说明传感器的输出仍然正确地反映出被测振动的规律。如果各谐波滞后的时间不一样，响应值的波形将会发生畸变，称为相位畸变，则传感器不能正确地反映出被测振动的规律。

要使被测信号的响应值不发生相位畸变，通常有两种情况。一种是当衰减系数 $\beta = 0$，相位差 $\varphi = 0$ 时，则不论被测谐波的频率如何变化，其响应值均没有滞后，即不发生相位畸变，对于位移传感器来说，事实上是不允许的，因为它不能消除传感器弹性系数的自振项。另一种是当各谐波所产生的相位差与频率比成正比时，也不发生相位畸变。

3.8 激光传感器

自1960年激光问世以来，激光技术已经成为近代最重要的科学技术之一，并广泛应用于工业生产、国防军事、医疗卫生和非电量测量等方面。

3.8.1 激光产生的机理

原子在正常分布状态下，总是稳定的处于低能级 E_1，如无外界作用，原子将长期保持这种稳定状态。一旦原子受到外界光子的作用，赋予原子一定的能量 e 后，原子就从低能级 E_1 跃迁到高能级 E_2，这个过程称为光的受激吸收。光受激后，其能量有下列关系：

$$e = hv = E_1 - E_2 \tag{3.62}$$

式中：E_1、E_2——光子的能量；

v——光的频率；

h——普朗克常数（约为 6.623×10^{-34}）。

处于高能级 E_2 的原子在外来光的诱发下，从高能级跃迁至低能级而发光，这个过程叫做光的受激辐射。由外光电效应知道，只有外来光的频率等于激发态原子的某一固定频率时，原子的受激辐射才能产生。因此，受激辐射发出的光子与外来光子具有相同的频率、传播方向和偏振状态。一个外来光子激发原子产生另一个同性质的光子，这就是说一个光子放大为 N_1 个光子，N_1 个光子诱发出 N_2 个光子（$N_2 > N_1$）……在原子受激辐射过程中，光被加强了，这个过程称为光放大。

在外来光的激发下，如果受激辐射大于受激吸收，原子在某高能级的数目就多于低能级的数目，相对于原子正常分布状态来说，称之为粒子数反转。当激光器内工作物质中的原子处于反转分布时，受激辐射占优势，光在这种工作物质中传播时，会变得越来越强。通常把这种处于粒子数反转分布状态的物质称为增益介质。

增益介质通过外界提供能量的激励，使原子从低能级跃迁到高能级上，形成粒子数反转分布，外界能量就是激光器的激励能源。

当工作物质实现了粒子数反转分布后，只要满足式（3.62）条件的光就可使增益介质受激辐射。为了使受激辐射的光强度足够大，通常还设计一个光学谐振腔。光学谐振腔由两个平行对置的反射镜构成，一个为全反射镜，另一个为半反射透镜，其间放有工作物质。当原子发出来的光沿谐振腔轴向传播时，光子碰到反射镜后就被反射折回，在两反射镜间往返运行，不断碰撞工作物质，使工作物质受激励辐射，产生雪崩似的放大，从而形成了强大的受激辐射光，该辐射光被称为激光。然后，激光由半反射透镜输出。

3.8.2 激光特性

激光与普通光相比，具有如下特性：

（1）方向性强。激光具有高平行度，其发散角小，一般约为 $0.18°$，比普通光和微波小 $2 \sim 3$ 个数量级。激光光束在数千米之外的扩展范围不到几厘米，因此，立体角极小，一般可小至 10^{-8}rad；由于它的能量高度集中，其亮度很高，一般比同级能量的普通光源高数百万倍。例如一台高水平的红宝石激光器发射的激光会聚后，会产生几百万度的高温，能熔化一切金属。

（2）单色性好。激光的频率宽度很窄，比普通光频率宽度的 1/10 还小，因此激光是最好的单色光。例如，普通光源中，单色性最好的是同位素氪 ^{86}（^{86}Kr）灯发出的光，其中心波长 $\lambda = 605.7$ nm，$\Delta\lambda = 0.000\,47$ nm，而氦氖激光器 $\lambda = 632.8$ nm，$\Delta\lambda = 10^{-6}$ nm。

（3）相干性好。激光的时间相干性和空间相干性都很好。所谓相干性好就是指两束光在相遇区域内发出的波相叠加，并能形成较清晰的干涉图样或能接收到稳定的拍频信号。时间相干是指同一光源在相干时间，内不同时刻发出的光，经过不同路相遇而产生的干涉。空间相干是指同一时间由空间不同点发出光的相干性。由于激光的传播方向、振动态、频率、相位完全一致，因此激光具有优良的时间和空间相干性。

3.8.3 激光器及其特性

由上述可知，要产生激光必须具备三个条件：①必须有能形成粒子数反转分布的工作物质（增益介质）；②必须有一个激励能量（光源）；③具有光学谐振腔。

将这三者结合在一起的装置称为激光器。激光器按增益介质可分为四类：

（1）固体激光器。它的增益介质为固态物质，尽管其种类很多，但其结构大致相同。特点是体积小而坚固，功率大，输出功率可达几十兆瓦。常用的固体激光器有红宝石激光器、掺钕的钇铝石榴石激光器（简称 YAG 激光器）和钕玻璃激光器等。

（2）流体激光器。它的工作物质是流体。流体激光器最大特点是它发出的激光波长可在一波段内连续可调、连续工作而不降低效率。液体激光器可分为有机液体染料激光器、无机流体激光器和螯合物激光器等。较为常见的是有机染料激光器。

（3）气体激光器。气体激光器的工作物质是气体。其特点是小巧，能连续工作，单色性好，但是输出功率不及固体激光器。目前，已开发了各种气体原子、离子、金属蒸汽、气体分子激光器。常用的有 CO_2 激光器、氦氖激光器和 CO 激光器等。

（4）半导体激光器。半导体激光器是继固体激光器和气体激光器之后发展起来的一种效率高、体积小、重量轻、结构简单但输出功率小的激光器，其中有代表性的是砷化镓激光器，它被广泛应用于飞机、军舰、大炮上瞄准、制导、测距等。

3.8.4 激光探测器的应用

激光技术有着非常广泛的应用，如激光精密机械加工、激光通信、激光音响、激光影视、激光武器和激光测试等。激光技术用于测试是利用它的优异特性，将它作为光源，配以光电元件来实现的。它具有测量精度高、范围大、测试时间短及非接触式等优点。主要用来测量长度、位移、速度、振动等参数。

3.8.4.1 激光测距

激光测距是激光测量中一个很重要的方面，如飞机测量其前方目标的距离，激光潜艇定位等。激光测距的原理如图 3.48 所示。激光测距首先测量激光射向目标后又经目标反射到激光器往返一次所需要的时间间隔 t，然后按下式求出激光探测器到目标的距离

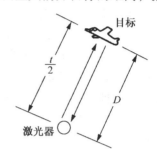

图 3.48 激光测距示意图

$$D = c \cdot \frac{t}{2} = \frac{1}{2}ct \qquad (3.63)$$

式中：c——激光传播速度（3×10^8 m/s）；

t——激光射向目标而又返回激光接收器所需要的时间。

时间间隔 t 可利用精密时间间隔测量仪测量。目前，国产时间间隔测量仪的单次分辨率达 ± 20 b/s。由于激光方向性强、功率大、单色性好，这些对于测量远距离、判别目标方位、提高接收系统的信噪比和保证测量的精确性等起着很重要的作用。激光测距的精度主要取决于时间间隔测量的精度和激光的散射。例如，$D = 1\,500$ km，激光往返一次所需要的时间间隔为 10 ms ± 1 ns，± 1 ns 为测时误差。若忽略激光散射，则测距误差为 ± 15 cm；若测量时精度为 ± 0.1 ns，则测距误差可达 ± 1.5 cm。若采用无线电波测量，其误差比激光测距误差大得多。

在激光测距的基础上，发展了激光雷达。激光雷达不仅能测量目标距离，而且还可以测出目标方向以及目标运动速度和加速度。激光雷达已成功地用于对人造卫星的测距和跟踪。这种雷达与无线电雷达相比，具有测量精度高、探测距离远、抗干扰能力强等优点。

3.8.4.2 激光测流速

激光测流速应用得最多的是激光多普勒流速计，它可以测量火箭燃料的速度、飞行器喷射气流的速度、风洞气流速度以及化学反应中粒子的会聚速度等。

激光多普勒流速计的基本原理如图 3.49 所示。激光测流速是基于多普勒原理。所谓多普勒原理就是光源或者接收光的观察者相对于传播流体的介质而运动，则观察者所测得的流速不仅取决于光源，而且还取决于光源或观察者运动速度的大小和方向。当激光照射到跟流体一起运动的微粒上时，激光被运动着的微粒所散射，根据多普勒效应，散射光的频率相对于入射光将产生正比于流体速度的偏移。若能测出散射光的偏移量，那么就能得到流体的速度。

流速计主要包括光学系统和多普勒信号处理两大部分。激光器 1 发射出来的单色平

行光经聚焦透镜 2 聚焦到被测流体区域时，
运动粒子使一部分激光散射，散射光与未散
射光之间发生频偏。散射光和未散射光分别
由两个接收透镜 3 和 4 接收，再经平面镜 5
和分光镜 6 会合后，在光电倍增管 7 中进行
混频，输出一个交流信号；该信号输入到频
率跟踪器内进行处理，即可获得多普勒频偏
f_0，从中就可以得到运动粒子的流速 v。运
动物体（v）所引起的光学多普勒频偏

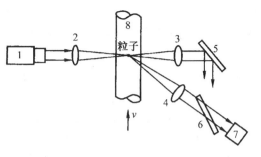

图 3.49　激光多普勒流速计原理图
1. 激光器　2. 聚焦透镜　3、4. 接收透镜　5. 平面镜
6. 分光镜　7. 光电倍增管　8. 流速管

$$f_0 = \frac{2v}{\lambda} \qquad (3.64)$$

式中：λ 为激光波长。当激光波源频率确定

后，λ 为定值，所以频偏与速度 v 成正比。

3.8.4.3 激光测长

激光测长是光学测长的新发展。由于激光是理想光源，使激光测长能达到非常精密
的程度。在实际测量中，在数米长度内，其测量误差可在 0.1 μm 内。

从光学原理可知，某单色光的最大可测长度上与单色光源波长 λ 及某谱线宽度 δ 之
间的关系为

$$L = \lambda^2 / \delta \qquad (3.65)$$

用普通单色光源，如氪[86]（ = 6.057 × 10^{-7} m），谱线宽度方，测量的最大长度仅为
L = 38.5 cm。若要测量超过 38.5 cm 的长度，必须分段测量，这样将降低测量精度。若
用氦氖激光器作光源（λ = 6.328 × 10^{-7} m），由于它的谱线宽度比氪[86]小 4 个数量级以
上，它的最大可测量长度达数万米。因此，激光测长成为精密机械制造工业和光学加工
工业的重要技术。

3.9　固态图像传感器

固态图像传感器是指把布设在半导体衬底上许多感光小单元的光—电信号，用所控
制的时钟脉冲读取出来的一种功能器件。这许多感光小单元称为"像素"，它能将光信
号转换成电信号。

固态图像传感器是 1970 年电荷耦合器件 CCD（Charge Coupled Device）出现后发展
起来的新器件。电荷耦合器件 CCD、电荷注入器件 CID（Charge Injection Device）、斗链
式器件 BBD（Buckt Brigade Device）、金属氧化物半导体器件 MOS（Metal Oxide Semi-
conductor）是组成固态图像传感器的核心部件。

CCD 和 BBD 具有电荷存储与电荷转移功能，并统称它们为电荷转移器件 CTD
（Charge Transfer Device）。

CTD 的基本原理是在一系列 MOS 电容器金属电极上加以适当的时钟脉冲电压，这
样在半导体内部就形成存储少数载流子的势阱，用光或电注入方法，将代表信号的少数

载流子引入势阱，再通过时钟脉冲有规则地变化，使电极下的势阱深度作相应地变化，从而使注入的少数载流子在半导体表面内作定向运动。这些少数载流子即代表外界输入的电势或光信号。当少数载流子从器件的一端运动到另一端时，通过反向偏置的 P – N 结对少数载流子的收集，然后信号经过放大器输出。如果转移的信号电荷是由光像照射产生的，则 CTD 具有图像传感功能；若所转移的电荷是通过外接注入方式得到的，则 CTD 还具备延时、信号处理、数据存储以及逻辑运算功能。

电荷注入器件 CID 和 MOS 具有光电荷产生和存储功能，无光电荷转移功能。因此，图像传感器读出图像的电信号必须另置"选址"电路。由于固态图像传感器具有分辨率高、动态范围大、体积小、重量轻、可靠性高、寿命长、功耗低、便于与计算机接口、便于图像处理、再生图像失真度小的优点，因此在遥感、传真、测试、侦察、指导、靶场跟踪、长度测量、文字和图像识别、航天航空摄影等方面得到了广泛应用。

固态图像传感器分线型和面型两大类。下面对它们的组成和工作过程作一介绍。

3.9.1　线型图像传感器

3.9.1.1　器件组成

线型图像传感器是一个有 N 个光敏元的传感器。它由光敏区、转移栅、模拟移位寄存器胖零（即偏置）电荷注入电路、信号读出电路等部分组成（如图 3.50 所示）。

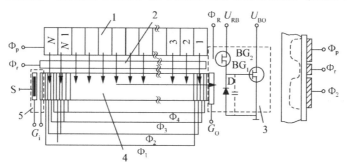

图 3.50　N 个光敏元线列 CCD 图像传感器结构示意图

1. 光敏区　2. 转移栅　3. 信号读出电路　4. 模拟移位寄存器　5. 胖零电荷注入电路

（1）光敏区：N 个光敏元排成一列，光敏元为 MOS 电容结构。透明的低阻多晶硅薄条作为 N 个 MOS 电容（即光敏元）的共同电极，称为光栅 Φ_p。在硅表面，每相邻两个光敏元之间用高浓扩散的沟阻隔开，以保证 N 个 MOS 电容的势阱相互独立。器件其余部分的栅极也是多晶硅栅。为了避免非光敏区"感光"，除光栅外，器件的所有栅区均以铅层覆盖，以实现光屏蔽。

（2）转移控制栅：作为控制栅 Φ_t 与光栅 Φ_p 一样，也是细长的一条，位于光栅和 CCD 之间。它是用来控制光敏元势阱中的信号电荷向 CCD 中转移。

（3）模拟移位寄存器：这里，CCD 起一个模拟移位寄存器的功能。它是 4 相结构：1、3 相为转移相，2、4 相为存储相。在排列上，N 位 CCD 与 N 个光敏元一一对齐。最靠近输出端的位称第一位，对应的光敏元为第一个光敏元；依次从近及远。各光敏元通向 CCD 的转移沟道，互相由沟阻隔开，并且只能通向每位 CCD 的第二相。这样，可防止各信号电荷包转移时可能引起的混淆。

（4）偏置电荷电路：由输入二极管 S（通常为源）和输入栅 G_j 组成的偏置电荷注入回路，用来注入"胖零"信号，以减少界面态的影响，提高转移效率。

（5）输出栅 G_D：输出栅工作在直流偏置电压状态，起交流隔离作用，用来屏蔽时钟脉冲对输出信号的干扰。

（6）输出电路：CCD 输出电路由放大管 BG1、复位管 BG2、输出二极管 D 组成。它的功能是将信号电荷转换为信号电压，然后进行读出。

3.9.1.2 器件工作过程

为使器件正常工作，除了在偏置电荷电路、输出栅和输出电路上施加适当的直流电压外，在其余各栅极上必须施加一系列脉冲电压，其波形如图 3.51 所示。所有这些电压的幅值一般为几伏至十几伏。其工作过程如下：

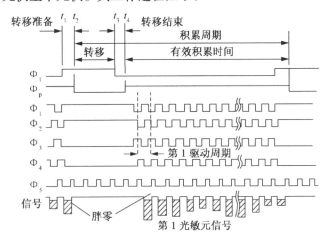

图 3.51 器件工作脉冲波形图

（1）积累。图 3.51 所示，在有效积累时间内，光栅 Φ_P 处于高电平，每个光敏元下形成势阱。入射到光敏区的光子，在硅表面一定深度范围激发电子—空穴对。空穴在光栅电场作用下，被驱赶到半导体内；光电子被积累在光敏元的势阱中，积累在各光敏元势阱中的电子数，即电荷包的大小，与入射到该光敏元上的光强以及积累时间成正比。所以，经过一定时间积累后，光敏区就因"感光"而形成一个"电荷像"，它与"景物"相对应。

光积累与信号的传输相互独立、分别同时进行。从图 3.51 看出，在有效积累阶段，转移栅 Φ_t 保持低电平，处于关闭状态，使光敏区与 CCD 隔开，这样就保证了光敏区的Ⅱ 常积累 &CCD 将前一积累周期的信号电荷正常传输读出。积累阶段的光栅、转移栅和 CCDΦ_2 下的势阱分布如图 3.52（a）所示。因为积累的同时，CCD 在传送，故 Φ_2 栅下面的势阱是交变的。

（2）转移。转移过程就是将 N 个光信号电荷包，并行转移到所对应的那位 CCD 中。为了避免转移中可能引起的信号损失或混淆，光栅 Φ_p、转移栅 Φ_t 及 CCD4 相驱动脉冲电压的变化应遵循一定时序。

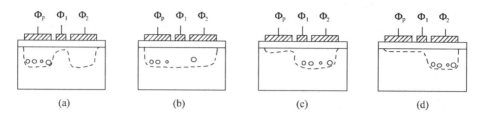

图3.52　转化过程中光栅、转移栅和CCDΦ_2下势阱的变化

（a）积累阶段　（b）转移准备阶段　（c）转移阶段　（d）转移结束阶段

转移过程可分解为三个阶段：转移准备—转移—转移结束。

①转移准备：转移准备阶段是从时间 h 开始。每当计数器达到预置时，计数器的目零脉冲触发转移栅中，由低电平变成高电平，形成转移沟道。转移沟道形成后，CCD 停止传送，Φ_1、Φ_2 相停在高电平以形成势阱，等待光信号电荷包到来；Φ_3、Φ_4 相停在低电平，以隔开相邻位的 CCD。转移准备阶段势阱分布如图 3.52（b）所示。从图中可看出，这时已经有一部分信号电荷转移到了 CCD 中。

②转移：到时间 t_2，随光栅 Φ_p 电压下降，光敏元势阱抬升时，N 个信号电荷包同时转移到对应位 CCD 的第 2 相中，转移阶段势阱分布如图 3.52（c）所示。

③转移结束：到时间 t_3，转移栅 Φ_t 电压由高变低，关闭转移沟道，转移结束，势阱分布如图 3.52（d）所示。之后，到时间 t_4，光栅 Φ_p 电压由低变高重新开始一行的积累。与此同时，CCD 开始传送刚刚转移过来的信号，势阱分布重新恢复成图 3.52（a）所示。

（3）传输。信号传输是在 t_4 时刻之后开始的。N 个信号电荷包，在 4 相驱动脉冲 Φ_1、Φ_2、Φ_3 和 Φ_4 的作用下，依次沿着 CCD 串行传输。每驱动一个周期，各信号电荷包向输出端方向转移一位。第一个驱动周期输出的为第一个光敏元信号电荷包；第二个驱动周期输出的为第二个光敏元信号电荷包；依次类推，第 N 个驱动周期输出的为第 N 个光敏元信号电荷包。

（4）计数。计数器用来记录驱动周期的个数。由于每一驱动周期读出一个信号电荷包，所以只要驱动 N 个周期就完成了全部信号的传输与读出。但考虑到"行回扫"时间的需要，应多驱动几次。总驱动次数由外部计数器来决定。当计数到预置值时，表示前一行的 N 个信号已经全部读完，新一行的信号已准备就绪，计数器产生一个脉冲，触发产事转移栅 Φ_t 和光栅 Φ_t 脉冲，从而开始新一行信号的"转移"和"传输"。计数器重新从零开始计数。

（5）读出。传输到 CCD 终端的信号电荷包最后向读出电路的浮置扩散二极管 D 的电容充电，在二极管上产生的电压变化与电荷包的大小成正比，并经 MOS 场效应管 BC 输出。每输出一个电荷包后，二极管 D 上的电压均由复位脉冲 Φ_R 经复位管 BG2 复位到漏极电压 U_{RD}。

通过上述五个环节，一个 N 元线型 CCD 图像传感器，把入射到它上面的图像分成

N 个分立的像素，然后以串行的方法，按时间序列逐一输出每个像素的信号。其信号的大小以电压形式表示，并与每个像素的光强成正比。

为了提高分辨率，光敏元必须做得很多，如 1024、2048、3456 和 5000 像素。线型图像传感器已有产品，其工作原理与上述的基本相同，但在结构上有如下区别：①光感元不是用 MOS 电容，而是改用 P - N 结二极管。这样可使器件的短波光谱响应和灵敏度得到改善。这种器件通常称为 CCPD（Charge Coupled Photodiode）。②CCD 采用交迭栅埋沟结构，使电荷包在离开界面 1μm 左右的体内传输。这样大大提高了 CCD 的转移效率和工作频率。③采用双读出式结构，既提高了集成度，又减少了转移次数。

3.9.2 面型图像传感器

面型图像传感器分 X - Y 选址式、行选址式、帧场传输（FT - CCD）式、行间传输（IT - CCD）式等几种类型。下面着重介绍 FT - CCD 和 IT - CCD 两种形式。

3.9.2.1 帧场传输式面型传感器（FT - CCD）

FT - CCD 的结构图如图 3.53 所示。

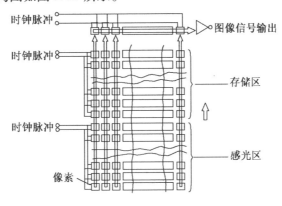

图 3.53 FT - CCD 结构图

它由感光区与存储区组成，每个像素中产生并积累起来的信号电荷，依图中箭头方向一行行地转移至读出寄存器，然后在信号输出端依次读出。为提高 FT - CCD 垂直方向上的分辨能力，多采用隔行扫描方式摄像。

3.9.2.2 行间传输式面型传感器（IT - CCD）

行间传输式面型传感器的结构如图 3.54 所示。

由图可知，它的感光区与转移寄存器（其表面有光屏蔽物）是相互邻接的，信号电荷按图示方向转移。IT - CCD 与 FT - CCD 相比，其信号电荷转移级数（段数）大为减小。

图 3.55 是 IT - CCD 一级（或称一个单元）的平面结构。其中 1 为光敏元件，2 是上述两个环节的控制栅极，2 与 3 的共同作用是避免过量载流子沿信道从一个势阱溢泄到另一个势阱，从而造成再生图像的光学拖影与弥散；4 是光敏元件 1 两侧的沟阻（CS），它的作用是将相邻两个像素隔离开来；正常的发光信号电荷，在控制栅 5（它受时钟脉冲控制）和寄存控制栅 6 双重作用下，进入转移寄存器（在寄存控制栅 6 的

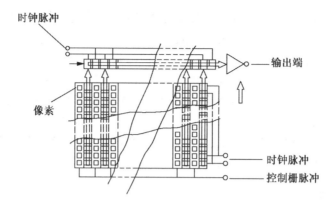

图 3.54 行间传输式面型传感器结构图

下面，图中未标出）。其后，在转移栅控制下，沿垂直转移寄存器 7 的体内信道，依次移向水平转移寄存器读出。

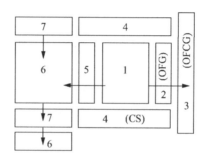

图 3.55 IT – CCD 一级结构及工作原理图

1. 光敏元件 2，5. 控制栅 3. 排泄电荷部分 4. 沟阻 6. 寄存控制栅 7. 垂直转移寄存器

　　IT – CCD 式的特点是感光区与垂直转移寄存器相互邻接，这可使帧或场的转移过程合二为一。在垂直转移寄存器中，上一场在每个水平回扫周期内，将沿垂直转移信道前进一级，此间，感光区正在进行光生信号电荷的生成与积累过程。若使垂直转移寄存器的每个单元对应两个像素，则可实现隔行扫描。

　　帧场传输式及行间传输式是比较可取的，尤其后者能较好地消除图像上光学拖影的影响。

3.9.3 固态图像传感器的应用

　　固态图像传感器是极小型的固态集成器件，同时具备光生电荷以及存储和转移的综合功能。由于取消了光学扫描系统和电子束扫描，所以在很大程度上降低了再生图像的失真。这些特点确定了它可以广泛地用于自动控制和自动测量，尤其是危险地点、人或仪器设备，不能到达场所的测量和控制，以及用于图像识别技术。

　　固态图像传感器输出信号有三个特点：

　　（1）能输出与光像位置对应的时间序列信号。

　　（2）能输出各个脉冲彼此独立相间的模拟信号。

（3）能输出反映焦点面上信息的信号。

把不同光源、光导纤维、滤光片及反射镜等光学元件灵活地与这三个特点相配合，可进一步扩大固态图像传感器的应用范围。

3.9.3.1　文字和图像识别

线型图像传感器可用于文字和图像识别。图 3.56 是用于邮政编码的识别系统。写有邮政编码的信封放在传送带上，传感器光敏元排列的方向与信封运动方向相垂直，一个光学镜头把编码的数字聚焦在光敏元上。当信封运动时，传感器将以逐行扫描的方式把数字依次读出。读出的数字经过细化处理，然后与计算机中存储的各数字特征进行比较，最后识别出数字。根据识别出的数字，计算机去控制分类结构，把信件送入相应的分类箱中。

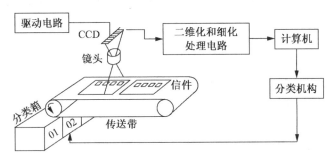

图 3.56　邮政编码识别系统

类似的系统可用于货币的识别和分类，以及商品编码牌的识别。此外，还可用于汉字输入系统中。图 3.57 是一个与汉字输入系统配套的光学文字阅读仪（OCR）。它由 CCD 固体摄像机、机械传输系统、信号通道电路和单板机与预处理系统四部分组成。系统中使用了 150 像元 CCD 线型图像传感器，它可以把印刷汉字或手写字直接输入给计算机进行处理，从而省去编码和人工输入所需要的大量工作。

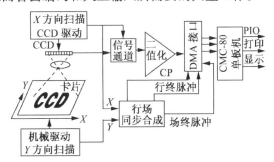

图 3.57　光学文字阅读仪系统

3.9.3.2　传　真

传真是线型图像传感器使用最广泛的领域之一。它的原理与文字识别基本一样。被传真的纸卷在滚筒上，当它旋转时就完成了一维扫描，而另一维扫描由 CCD 图像传感器实现（如图 3.58 所示）。由于它一次曝光就得到一行像素，所以比点光源速度要快得多。传感器的输出信号经过处理后被送到传真接收机，然后在打印机上打印出原图像。

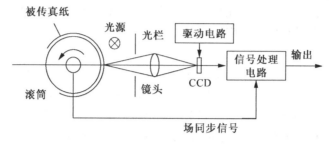

图 3.58　传真机系统示意图

目前使用 1728 像元的 CCD 线型图像传感器，在传送国际标准传真采用的 8.5in（1in＝0.304 8 m）的纸张时，分辨率可达 200 线/in。若采用 2048 像元线型图像传感器，在传送日本标准传真采用的 256mm 纸张时，可达 8 线/mm 的分辨率。

3.9.3.3　航空和航天摄影

高密度的 CCD 线型图像传感器安装在飞机或卫星上，由飞机或卫星的飞行完成一维扫描，由 CCD 传感器在飞行的垂直方向执行自扫描，就可实现高分辨率的高空摄影。与胶卷摄影相比，CCD 传感器摄影的优点在于可实现图像信号的实时处理、显示和无线输出。CCD 传感器的高几何精度、高灵敏度、高信噪比、低功耗以及不需要有运动的光学部件等优点，使 CCD 相机比光学机械扫描相机更为先进。

图 3.59 所示是一个航空 CCD 扫描系统。它由扫描头部、录像机、高分辨率回放仪和实时移动窗显示器等组成。两个 1 024 像元的 CCD 传感器的输出信号在光学和电路上可形成拼接，从而提高了分辨率。信号处理包括：自动幅度拼接、自动曝光量控制、响应率不均匀性校正及滚动校正电路等。头部的组合 CCD 信号可输入磁带机记录，或者利用高分辨率阴极射线管将此信号转换成光信号，经过光学镜头再成像在胶片上。此外，还可以把此信号数字化后存储到数字存储器中，再用电视读出，在普通监视器上显示图像，实现实时显示。

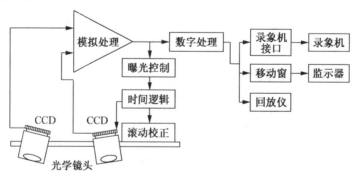

图 3.59　航空 CCD 扫描系统

3.9.3.4　电路板故障测试

随着科技发展日新月异，电子产品越来越轻、越来越薄，电子线路板上的元器件管脚密度和排列越来越密集，采用测试夹具进行性能测试和故障测试已不能满足要求。智能化探针扫描测试系统为电路板的维修、性能测试和故障测试提供了一种有效工具。该系统利用 CCD 摄像头，透过三维测试探针，测试线路板上每个测试点的信号，并将该信号与预先存储的标准信号进行比较，在数秒内就能判断出元器件的好坏、芯片的短/开路等故障。

3.10　智能传感器

智能传感器在测试与控制中具有相当于人的五官（视、听、触、嗅、味）的作用。它是将传感器与计算机组装在一块芯片上的装置，具有信号自动获取、处理、传输和自补偿、自校正、自诊断、线性化、状态组合、寿命预测、信息存储、网络接入等功能。由于智能传感器具有体积小、成本低、功耗少、速度快、可靠性高、精度高以及功能强等优点，因此成为目前传感器研究的热点和传感器发展的主要方向。

3.10.1　智能传感器的组成原理

智能传感器以微处理器为控制核心。由于微处理器系统本身是以数字方式进行工作，所以今后的智能传感器必然向全数字化发展。典型的智能传感器原理框图如图3.60 所示。

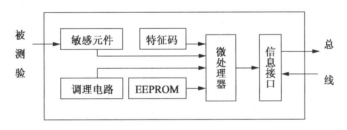

图 3.60　智能传感器原理框图

敏感元件是感受被测量的基本元件，它可以感受力、压力、温度、加速度、流量等物理量，还可以感受湿度、pH 值、气体体积分数等化学量；可以是谐振式、压阻式、电容式，可以是光电式和场效应式；可以是模拟式，也可以是数字式。发展数字式敏感元件非常重要，因为全数字化智能传感器能够消除许多与模拟电路相关的误差源，能明显地提高测量精度。

微处理器是智能传感器的数据处理核心，其性能对于智能传感器的调理电路和接口技术都有很大影响。因此，选用微处理器是设计智能传感器的关键。微处理器技术的发展带动了智能传感器的发展。传统传感器的测量变量都是电气、机械、化学等变量的函数，例如热电阻的电阻变化是温度变量的函数。在智能温度传感器中，通过计算机的算法处理，可以把测量的电压数据转换成直观的工程数据。对于有些传感器，若影响主要变化量的因素不只一个，这就使得转化的算法过程变得比较复杂。例如，对于智能压差传感器来说，其压阻的变化不仅与压差有关，而且与环境温度、系统静压有关。为了得到真正的压差数据和消除环境温度、静压的影响，利用智能传感器的特点，通过标定和有效的线性化处理、标度变换、温度补偿、压差补偿等，就可使传感器测量压差时不受温度和静压的影响。

智能传感器一般采用外总线。目前，通常分并行和串行两种。并行总线以 IEEE — 488 为代表，串行以 RS – 232 为代表。通过标准总线，智能传感器就可以与设备仪器相连，从而组成各种智能测控系统。

特征码是传感器产品的基本信息数据表，它注明了传感器的名称、型号、量程、精度、生产编号等。一般把传感器的这个基本信息表称 EDS（Eletronic Data Sheet），并且可以把 EDS 传递到网络系统。EDS 对于传感器本身没有作用，但当智能传感器连接到现场总线（Fieldbus），总线系统可以很方便地了解传感器的基本数据。对于一个具有 EDS 的压力传感器来说，可以把非线性误差修正表、温度误差表、上电影响等初始校正数据存储到传感器中，在使用中如出现异常情况，维护系统就可以启动初始化数据重新校正传感器，而不用更换产品。也可以利用这些数据来提高传感器的性能指标，例如提高线性度、消除温度漂移的影响等。

3.10.2 智能传感器的基本功能

智能传感器一般是指以专用微处理器进行控制的具有双向通信功能的先进传感器系统。微处理器能够按照给定的程序对传感器实现软件控制，把传感器从单功能变成多功能。智能传感器一般具有如下基本功能。

3.10.2.1 数据处理功能

智能传感器不仅能对各个被测量参数进行测量，而且能够根据已知被测参数求出未知参数，并能自动调零、自动平衡、自动补偿、自动量程变换等。例如，在带有温度补偿和静压补偿的智能压差传感器中，当被测量的介质温度和静压发生变化时，智能传感器中的温度和静压补偿软件能自动依照一定的补偿算法进行补偿，以提高测量精度。

3.10.2.2 自动诊断功能

自动诊断功能是智能传感器的重要功能。智能传感器通过其故障诊断软件和自检软件，自动对传感器进行定期和不定期地检验、测试，及时发现故障，并给予操作提示。

3.10.2.3 软件组态功能

智能传感器由于采用微处理器，所以它不仅由必要的硬件组成，例如测试、放大、A/D、D/A、通信接口等、而且还有软件用于控制和处理数据。在智能传感器中，设置有多种模块化的硬件和软件，用户可以通过微处理器颁布指令，改变智能传感器硬件模块和软件模块的组合状态，以达到不同的应用目的，完成不同的功能，增加了传感器的灵活性和可靠性。

3.10.2.4 接口功能

智能传感器采用标准化接口，容易通过 RS – 232、RS – 485、HART 等总线和上位机进行通信。这样，可以由远距离中央控制计算机来控制整个系统工作，对测量系统进行遥控，也可以将测量数据传送到远方用户。

3.10.2.5 人机对话功能

将计算机、智能传感器、测试仪表组合在一起，配备各种显示装置和输入键盘，使系统具有灵活的人机对话功能，可配合操作人员指导工作，减少操作失误和读数错误。

3.10.2.6 信息存储和记忆功能

智能传感器具有信息存储和记忆功能。能把测量参数、状态参数通过 RAM 和 EEP-ROM 进行存储。为了防止数据在掉电时消失，智能传感器中具有备用电源，当系统掉电时，能够把后备电源接入 RAM，保护数据不丢失。

3.10.3 智能传感器的特点

集成化和智能化是智能传感器最显著的两个特点。

传感器的集成化是指将多个功能相同或不同的敏感器件制作在同一个芯片上，构成传感器阵列。集成化主要有三个方面的含义：一是将多个功能完全相同的敏感单元集成制造在同一个芯片上，用来测量被测试的空间分布信息，例如压力传感器阵列或 CCD 器件。二是对多个结构相同、功能相近的敏感单元进行集成，例如将不同的气敏传感元件集成在一起组成"电子鼻"，利用各种敏感元件对不同气体的敏感效应，采用神经网络、模式识别等先进数据处理技术，可以对混合气体的各种成分同时监测，得到混合气体的组成信息，同时提高了气敏传感器的测量精度。这层含义上的集成还有一种情况是将不同量程的传感元集成在一起，可以根据被测量的大小在各个传感元之间切换，在保证测量精度的同时，扩大了传感器的测量范围。三是指对不同类型的传感器进行集成，例如将压力、温度、湿度、流量、加速度、化学等敏感单元集成在一体，组成一个智能传感器，它能同时对不同参量（物理和化学）进行测试和监控。

智能化是将传感器（或传感器阵列）与信号处理电路和控制电路集成在同一芯片上（或封装在同一管壳内）。系统能够通过电路进行信号提取和信号处理；能根据具体情况，自主地对整个传感器系统进行自检、自校准和自诊断；能根据待测物理量的大小及变化情况，自动地选择量程和工作方式。智能传感器主要有以下特点：

（1）能对传感器本身的非线性进行线性化处理。

（2）能消除传感器的噪声干扰。

（3）能根据条件变化，自动校正灵敏度和零点。

（4）能对环境温度效应进行温度补偿。

（5）对传感器故障具有自诊断和对信号进行自调整功能。

（6）能进行数据预处理。

目前，智能传感器的集成电路和各种传感器的特征尺寸已达到亚微米和深亚微米量级。由于非电子元件接口未能做到同等尺寸，从而限制了智能传感器体积、重量的减小和价格的降低。

4 中间转换电路

被测物理量通过信号测试传感器后转换为电参数或电量。其中电阻、电感、电容、电荷、频率等还需要进一步转换为电压或电流。一般情况下，电压、电流还需要放大。这些功能都由中间转换电路来实现。因此，中间转换电路是信号测试传感器与测量记录仪表和计算机之间的重要桥梁。它的主要作用是：

(1) 将信号测试传感器输出的微弱信号进行放大、滤波，以满足测量、记录仪表的需要。

(2) 完成信号的组合、比较，系统间阻抗匹配及反向等工作，以实现自动测试和控制。

(3) 完成信号的转换。

在信号测试技术中，常用的中间转换电路有电桥、放大器、滤波器、调谐电路、阻抗匹配电路等。

4.1 电 桥

电桥是将电阻、电感、电容等参数的变化变换为电压或电流输出的一种测量电路。由于电桥电路具有灵敏度高、测量范围宽、容易实现温度补偿等优点，因此被广泛采用。

电桥根据电源的性质可分为直流电桥和交流电桥两类。

4.1.1 直流电桥

图 4.1 所示是直流电桥的基本形式。它的 4 个桥臂由电阻 R_1、R_2、R_3、R_4 及 + 组成。AB 两端接直流电源 E，CD 两端接二次仪表。

4.1.1.1 直流电桥的平衡条件

由图 4.1 可知，因为

$$I_1 = \frac{E}{R_1 + R_2}$$

$$I_2 = \frac{E}{R_3 + R_4}$$

所以

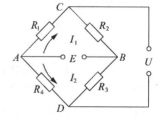

图 4.1 电桥图

$$U = U_C - U_D = I_1 R_1 - I_2 R_4 = \frac{R_{1R3} - R_2 R_4}{(R_1 + R_2)(R_3 + R_4)} E$$

$$(4.1)$$

测量前，必须使电桥平衡，即输出电压为零，则

$$R_1 R_3 = R_2 R_4 \qquad (4.2)$$

式（4.2）即为直流电桥的平衡条件。

4.1.1.2 直流电桥的和差特性

工作时，若各臂的电阻都发生变化。即

$$R_1 \rightarrow R_1 + \Delta R_1$$
$$R_2 \rightarrow R_2 + \Delta R_2$$
$$R_3 \rightarrow R_3 + \Delta R_3$$
$$R_4 \rightarrow R_4 + \Delta R_4$$

电桥将有电压输出。设 $R_1 = R_2 = R_3 = R_4 = R$、$\Delta R_i \leqslant R$（即忽略 ΔR_i 的高次及分母中含有 ΔR_i 的项），可得

$$U \approx \frac{E}{4R}(\Delta R_1 - \Delta R_2 + \Delta R_3 - \Delta R_4) \tag{4.3}$$

式（4.3）即为直流电桥的和差特性。

4.1.1.3 三种典型桥路的输出特性

（1）单臂电桥：当 R_1 为工作应变片，R_2、R_3、R_4 为固定电阻时的桥路称为单臂电桥。工作时，只有 R_1 的电阻值发生变化，此时的输出电压

$$U \approx \frac{E}{4R}\Delta R_1$$

令 $\Delta R_1 = \Delta R$，则

$$U \approx \frac{E}{4R}\Delta R \tag{4.4}$$

（2）半桥：当两个邻臂 R_1、R_2 为工作应变片，其增量 $\Delta R_1 = \Delta R$，$\Delta R_2 = -\Delta R$，而另两臂 R_3、R_4 为固定电阻及，则式（4.3）可写为

$$U \approx \frac{E}{2R}\Delta R \tag{4.5}$$

（3）全桥：4 个臂均为工作应变片，且其增量分别为 $\Delta R_1 = \Delta R$、$\Delta R_2 = -\Delta R$、$\Delta R_3 = \Delta R$、$\Delta R_4 = -\Delta R$，则式（4-3）可写为

$$U \approx \frac{E}{R}\Delta R \tag{4.6}$$

4.1.2 交流电桥

为了克服零点漂移，常采用正弦交流电压作为电桥的电源，这样的电桥称为交流电桥（如图 4.2 所示）。由于是交流供电，所以连接导线之间存在分布电容和分布电感。实践证明，分布电容对电桥平衡和输出的影响起主要作用，即相当在桥臂上分别并联了一个电容，这时四个桥臂就不是纯电阻而为复阻抗，其平衡条件为

$$Z_1 Z_3 = Z_2 Z_4 \tag{4.7}$$

由于供桥电压

$$\tilde{U} = U_{\max}\sin\omega t \tag{4.8}$$

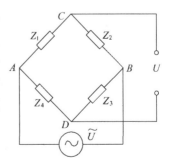

图 4.2 交流电桥

式中：U_{max}——供桥交流电压的最大幅值；

　　　　ω——供桥交流电压的角频率；

　　　　t——时间。

交流电桥的输出电压

$$U = \frac{Z_1 Z_3 - Z_2 Z_4}{(Z_1 + Z_2)(Z_3 + Z_4)} \tag{4.9}$$

从式（4.9）可以看出，交流电桥的输出电压为一正弦调幅波。

交流电桥在工程测试中得到广泛应用，它不仅能测量动态信号，也能测量静态信号。交流电桥的电源必须具有良好的电压波形和频率稳定度，一般采用（5～10Hz）作为电桥激励电源。这样，电桥输出将是被测信号的调制波，外界工频干扰不易从线路中引入，后接交流放大器电路易于实现且无零漂。但此调制信号还需解调、滤波后才能记录。因此，交流电桥的后续处理电路比直流电桥复杂得多。另外，交流电桥除了电阻平衡外，还须有电容平衡，因此较之直流电桥，它的预调平衡电路较复杂。图4.3表示一种用于动态应变仪中的具有电阻、电容平衡的纯电阻电桥。

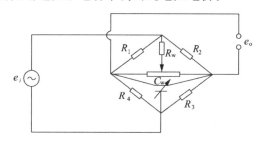

图4.3　具有电阻、电容平衡的交流电阻电桥

交流电桥可以用于电抗型传感器，如电容或电感传感器，此时电容或电感一般作成差动接电桥的相邻臂。为了进一步提高电路性能，在实际测量中还常采用耦合电感电桥。

4.2　放大器

由传感器输出的信号通常需要进行电压放大或功率放大，以便对信号进行测试，因此必须采用放大器。放大器的种类很多，使用时应根据被测物理量的性质不同而合理选择，如对变化缓慢、非周期性的微弱信号（例如热电偶测温时的热电势信号），可选用直流放大器或调制放大器，对压电式传感器常配有电荷放大器等。一个理想的放大器应满足下列要求：

（1）放大倍数大且线性度好。

（2）抗干扰能力强且内部噪声低。

（3）动态响应快。

（4）输入阻抗高以保证测量精度；输出阻抗低使之有足够的输出功率。通常信号源电阻为 1 kΩ 时，则放大器的输入电阻应在 1 MΩ 以上。

4.2.1　运算放大器

在放大电路中，运算放大器是应用最广泛的一种模拟电子器件。其特点是输入阻抗高、增益大、可靠性高、价格低廉、使用方便。一个理想的运算放大器具有以下性质：

（1）开环增益为∞。

（2）输入阻抗为∞。

（3）输出阻抗等于 0。

（4）带宽为∞。

（5）干扰噪声等于 0。

4.2.1.1　反向放大器

由运算放大器构成的反向放大器电路如图 4.4（a）所示。

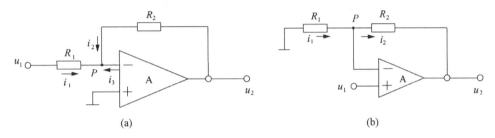

图 4.4　运算放大器

（a）反向放大器　（b）同向放大器

根据基尔霍夫电流定律，输入电路中某节点的电流与输出节点的电流之和等于零。因此图 4.4（a）中 P 点的电流

$$i_1 + i_2 + i_3 = 0$$

由运算放大器性质可知，输入阻抗为∞ 时，即 $i_3 = 0$，可得

$$i_2 = -i_1$$

又知 $i_1 = \mu_1 / R_1$，$i_2 = \mu_2 / R_2$，故

$$\mu_2 = -\mu_1 R_2 / R_1 = -k\mu_1 \tag{4.10}$$

式中：k——电压放大系数。

k 的大小只与输入阻抗 R_1 和反馈阻抗 R_2 有关，而与运算放大器的开环放大倍数无关。

当 $R_1 = R_2$ 时（即将 R_1、R_2 全去掉），则 $\mu_2 = -\mu_1$，即构成反向跟随器。

4.2.1.2　同向放大器

反向放大器存在的问题是输入阻抗 R_1 较低，通常为数千欧姆。若要再提高，往往不经济。图 4.4（b）所示的同向放大器则很容易解决这个问题，使运算放大器的输入阻抗大幅度提高。

因为

$$i_1 = \frac{U_1}{R_1}$$

$$i_2 = \frac{U_2 - U_1}{R_2}$$

由于 $i_1 = -i_2$，可得

$$u_2 = (\frac{R_2}{R_1} + 1)u_1 \tag{4.11}$$

4.2.2 测量放大器

运算放大器对微弱信号的放大，仅适用于信号回路不受干扰的情况。然而，传感器的工作环境往往较复杂和恶劣，在传感器的两条输入线上经常产生较大的干扰信号，有时是完全相同的共模干扰。对微弱信号及具有较大共模干扰的场合，可采用测量放大器（或称仪用放大器、数据放大器）进行放大。测量放大器的基本电路如图4.5所示。

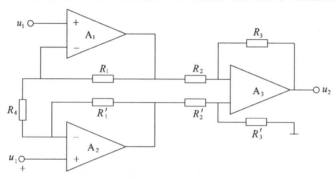

图4.5 测量放大器原理图

放大器由二级串联。前级由两个同向放大器组成，为对称结构，输入信号加在 A_1 和 A_2 的同向输入端，从而具有高抑制共模干扰的能力和高输入阻抗。后级是差动放大器，它不仅切刀断共模干扰的传输，还将双端输入方式变换成单端输入方式，以适应对地负载的需要。

不管选用哪种型号运算放大器，组成前级差动放大器的 A_1、A_2 两个芯片必须要配对，即两块芯片的温度漂移符号和数值尽量相同或接近，以保证模拟输入为零时，放大器的输出尽量接近于零。此外，还应满足

$$R_3 R_2 = R'_3 R'_2 \tag{4.12}$$

4.2.3 微分和积分放大器

微分放大器电路如图4.6所示。

由运算放大特性可得

$$I_1 = \frac{\mathrm{d}Q}{\mathrm{d}t} = C \frac{\mathrm{d}e_1}{\mathrm{d}t} \tag{4.13}$$

$$I_2 = -\frac{e_2}{R_2} \tag{4.14}$$

因为
$$I_1 = I_1$$

所以
$$e_2 = -CR_2\frac{\mathrm{d}e_1}{\mathrm{d}t} \tag{4.16}$$

由式（4.15）可以看出，放大器的输出与输入的微分成正比，因此称其为微分放大器。CR_2 称为微分时间常数。

积分放大器电路如图 4.7 所示。

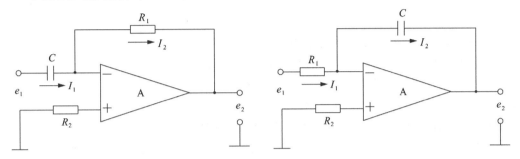

图 4.6　微分放大器　　　　　　　　　图 4.7　积分放大器

积分放大器的线路结构与反向放大器类似，主要区别在于其反馈回路采用了电容元件。由运算放大器特性可得

$$I_1 = \frac{e_1}{R_1} \tag{4.16}$$

因为
$$e_2 = \frac{\mathrm{d}Q}{\mathrm{d}t} = -C\frac{\mathrm{d}e_2}{\mathrm{d}t} \tag{4.17}$$

所以
$$e_2 = -\frac{1}{C}\int I_2\mathrm{d}t = -\frac{1}{R_1C}\int e_1\mathrm{d}t \tag{4.18}$$

由式（4.19）可知，放大器的输出电压与输入电压的积分成正比，所以称其为积分放大器，R_1C 称为积分时间常数。

4.3　调制与解调电路

测量微弱的直流信号时，不能采用直接耦合的直流放大器，因为这种放大器存在零点漂移，放大后的直流信号往往会被零点漂移所淹没，使测量无法进行。对这类缓慢变化的信号，测量时可以先把微弱的直流信号变换为交流信号，然后经交流放大器放大，最后再把放大了的交流信号变换为直流信号（如图 4.8 所示）。

调制器的作用是把输入微弱直流信号变换成一定频率的微弱交流信号，而解调器的作用是把放大后的交流信号变换成与输入信号相对应的放大了的直流信号。

4.3.1　调制器的工作原理

调制的方法很多，本节仅就电桥调制法来说明调制器的工作原理。

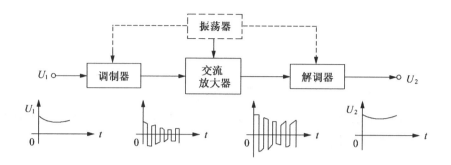

图 4.8   调制直流放大器方块图

图 4.9 可视为一个调制器。振荡器以数千赫兹的正弦交流电供给电桥，由振荡器提供的高频振荡波（高频交流电压）称为载波。被测信号使桥臂电阻 R_x 发生变化。它相当于调制信号。这样电桥得到的是调幅的输出电压 U_0，称输出电压 U_0 为调幅波。U_0 的幅值随被测信号的大小成比例地变化，并且当被测信号极性改变时，U_0 的极性也发生变化。

由电桥原理可知，电桥的输出电压

$$U_0 = K\Delta R_x U_i \qquad (4.19)$$

式中：K——与电桥接法有关的系数。

图 4.9   电桥调幅原理图

ΔR_x——随被测量而变化的电阻变化量。设其为

$$\Delta R_x = R(t) \qquad (4.20)$$

U_i——供给电桥的激励电压。设其为

$$U_i = E_i\sin(\omega t + \varphi) \qquad (4.21)$$

将式（4.20）、式（4.21）代入式（4.19），可得电桥输出电压

$$U_0 = E_i KR\sin(\omega t + \varphi) \qquad (4.22)$$

式（4.22）即为电桥得到的调幅波表达式。

4.3.2   解调器的工作原理

图 4.10 是解调器的原理图。设开关 K 的动作频率与交流输入电压 U_1 的频率相同。若 U_1 在正半周，则开关 K 接通，在 R_L 上就得到一个正向输出电压 U_2（上正下负）；若 U_1 在负半周，K 断开，则 $U_2 = 0$。这样，开关 K 不断动作的结果就会得到一个正向脉冲电压 U_2，如图 4.11（a）所示。同样，如果 U_1 的相位改变 180°，开关 K 在负半周接通，在正半周断

图 4.10   解调器原理图

开，则就能得到负向的脉动输出电压，如图 4.11（b）所示。为了减小输出电压的脉动，在 R_L 上常并联一个滤波电容 C，这样，在开关 K 接通的半周中，U_1 向电容 C 充电，而开关 K 断开的半周中电容 C 向 R_L 放电，只要 C 选得足够大，就可在 R_L 上得到

一个平滑的直流电压。

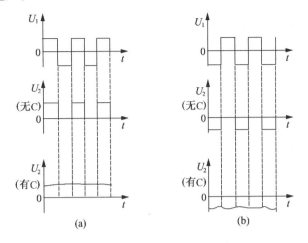

图 4.11 解调器工作原理波形图

从上述分析可知，图 4.10 所示的解调器不仅能将交流输入电压变成与其幅值成正比的直流输出电压，而且还能反映交流输入电压的相位变化。

4.4 滤波器

滤波器的作用是使信号中特定的频率成分通过，抑制或极大地衰减其他频率成分。

根据带通和带阻所处的范围不同，滤波器可分为四类：低通滤波器、高通滤波器、带通滤波器和带阻滤波器。

低通滤波器的通带由零延伸至某一规定的上限频率 f_1，阻带则由 f_2 延伸至无穷大；高通滤波器的频率特性与低通滤波器相反，阻带位于低频范围内，通带则由 f_2 延伸至无限大；带通滤波器的通带限定在两个有限频率 f_1 与 f_2 之间，通带两侧都有阻带；带阻滤波器的阻带限定在两个有限频率 f_1 与 f_2 之间，阻带两侧都有通带。它们的衰减特性如图 4.12 所示。

若将滤波器接在仪表输入端、放大器输入端或测量电桥与放大器之间，可以使干扰信号衰减以阻止其进入放大器。

4.4.1 RC 滤波器

RC 滤波器应用很广，其电路如图 4.13 所示。

滤波器的时间常数 $\tau = RC$。RC 低通滤波器的截止频率和 RC 高通滤波器的截止频率相同，$f_c = \dfrac{1}{2\pi RC}$。RC 带通滤波器可以看成是由 RC 低通和高通滤波器组成的，在 $R_2 \geqslant R_1$ 时，低通滤波器对前面的高通滤波器影响极小，它的截止频率 $f_{c1} = \dfrac{1}{2\pi R_1 C_1}$ 和 $f_{c2} = \dfrac{1}{2\pi R_2 C_2}$。

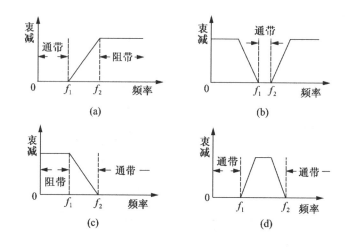

图 4.12　理想滤波器衰减特性示意图

（a）低通　　（b）带通　　（c）高通　　（d）带阻

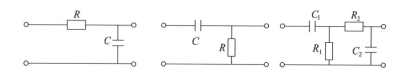

图 4.13　滤波器

（a）低通滤波器　　（b）高通滤波器　　（c）带通滤波器

4.4.2　LC 滤波器

利用电感的感抗与频率成正比、电容的容抗与频率成反比的特性，以电感作串臂、电容作并臂构成如图 4.14 所示的电路，这就是 LC 滤波器。

由于电感对高频的阻流作用和电容对高频的分流作用，它可以使较低频率的信号通过，从而抑制了高频的噪声干扰。

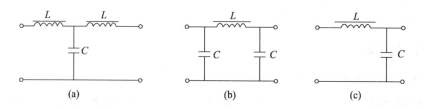

图 4.14　LC 滤波器

（a）T 形　　（b）Π 形　　（c）L 形

T 形滤波器的截止频率 $f_c = \dfrac{1}{2\pi\sqrt{2LC}}$，Π 形滤波器的截止频率 $f_c = \dfrac{1}{2\pi\sqrt{LC}}$。

选用滤波器时通常要考虑以下几点：

（1）仪表的外接阻抗及放大器的输入阻抗。

（2）滤波器时间常数对仪表动态性能的影响。

（3）滤波器的频率特性。

4.5 谐振电路

谐振电路是把电容、电感等电参数变化量变换成电压变化量的电路，它也可以用作调频电路，是测试系统中最常见的一种中间变换电路。

4.5.1 谐振电路的变换原理

谐振电路通常是把电容、电感（有时还有电阻）作元件构成的电路。它通过耦合从高频振荡器取得电路电源（如图4.15所示）。

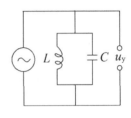

图 4.15　谐振电路图

它的阻抗值取决于电容、电感的相对值和电路电源的频率值。当电路产生谐振时（在电容、电感和电源达到谐振条件时），它的谐振频率（也称固有频率）可由算式算出。若电路为如图4.16所示的结构时（电容、电感、电源三者并联），它的谐振频率

$$f_n = \frac{1}{2\pi \sqrt{LC}} \tag{4.23}$$

或

$$\omega_n = \frac{1}{\sqrt{LC}}$$

式中：f_n、ω_n——谐振电路的固有频率或固有角频率，Hz；

　　　L——电感量，H；

　　　C——电容量，F。

而且由电工学的原理可以知道，谐振电路谐振时的电路阻抗为最大

$$Z = \frac{L}{R'C} \tag{4.24}$$

式中：Z——谐振时谐振电路的阻抗；

　　　R'——谐振电路的等效电阻；

　　　L、C——谐振电路的电感、电容。

由此可知，当把电容式传感器输出的电容变化值或电感式传感器输出的电感变化值接入谐振电路，电路的谐振频率将随传感器的输出而变化，达到了电容或电感与电路振荡频率之间的变换。同样，电路的阻抗也随传感器的输出而变化，达到了电容或电感与电路阻抗之间的变换。当谐振电路（如图4.16所示）的电源电流为 i 时，谐振电路的输出电压为

$$u_y = iZ = i\frac{1}{R'C} \qquad (4.25)$$

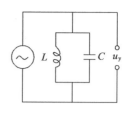

式中：u_y——谐振电路输出电压；

      i——高频激励电流。

谐振电路把参数（电容、电感）的变化变换成了电压的变化，经过必要的放大后即可进行记录。

图 4.16   谐振电路的输出

4.5.2   谐振电路作调频器

用谐振电路调频的方法，称为直接调频法。它是在谐振电路中并联或串联电容、电感。这个电容或电感的变化受调制信号控制，高频激励电源（从电路外的高频信号发生器中耦合而得）是调频器的载波，谐振电路的输出电压即是调频波。

4.5.3   谐振电路调频波的解调

谐振电路调频波的解调，通常采用鉴频器。鉴频器一般由线性变换电路和幅值检波器把调幅波变换成与原调制信号一致的低频信号。

4.5.4   谐振电路作调频器的应用

CZF – 1 型电涡流式测振仪的调频电路是用谐振电路作调频器。它是一个变电感式的谐振电路。它通过耦合电阻 R 从石英晶体振荡器取得电源（调频器的载波）。电感变化量是调频器的调制信号，谐振电路输出的调频波在进行高频放大后，送入幅值检波器进行解调，最后由滤波器滤去残余的高频残波而输出

4.6   运算电路

测试系统的中间变换装置中常见的运算电路是微分电路和积分电路。下面对它们的运算原理作一简要分析。

4.6.1   微分电路

如图 4.17 所示的电容、电阻串联电路中，

$$u_i = u_C + u_R \qquad (4.26)$$

适当选取 C、R 值，使 $u_C \gg u_R$，则电路中流过电流 i，由于 $u_i \approx u_C$，从而有

$$i = C\frac{\mathrm{d}U_C}{\mathrm{d}t} = C\frac{\mathrm{d}U_i}{\mathrm{d}t} \qquad (4.27)$$

此时，电阻尺上的电压为

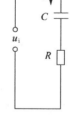

图 4.17   电容电阻串联电路

$$u_R = iR = C\frac{\mathrm{d}u_i}{\mathrm{d}t}R$$

令 $CR = \tau$，则

$$u_R = \tau \frac{\mathrm{d}u_i}{\mathrm{d}t}$$

把电路看做如图4.18所示的四端网络，则网络输入输出之间的关系为

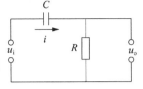

$$u_0 = u_R = \tau \frac{\mathrm{d}u_i}{\mathrm{d}t} \qquad (4.28)$$

图4.18　微分电路

显然，电路输出 u_0 是输入 u_i 的微分。图4.18所示电路是一个典型的微分电路。

4.6.1　积分电路

在图4.19所示的电容、电阻串联电路中，若选取 C、R 值使之满足 $u_R \gg u_C$，则电路中流过电流 i，由于 $u_i \approx u_R$，从而有

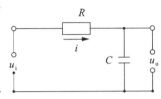

图4.19　积分电路

$$i = \frac{u_R}{R} = \frac{u_i}{R} \qquad (4.29)$$

此时电容 C 两端的电压

$$u_C = \frac{q}{C} \qquad (4.30)$$

式中：q——极板上的电荷量；
　　　C——电容器的电容量。

$$q = \int_0^t i \mathrm{d}t \qquad (4.31)$$

式中：i——流过电容的电流。

所以

$$u_C = \frac{1}{C} \int_0^t i \mathrm{d}t = \frac{1}{C} \int_0^t \frac{u_i}{R} \mathrm{d}t = \frac{1}{\tau} \int_0^t u_i \mathrm{d}t \qquad (4.32)$$

把电路看成如图4.19所示的四端网络，则四端网络的输入、输出关系为

$$u_0 = u_C \frac{1}{\tau} \int_0^t u_i \mathrm{d}t \qquad (4.33)$$

显然，电路的输出 u_0 是输入 u_i 的积分。图4.19是一个典型的积分电路。

4.7　f/V 转换器

f/V（频率/电压）转换器的作用是把频率信号转变为与其成正比的直流电压信号。将涡轮流量计、光电式或磁阻式转速传感器与其配合使用，可以实现稳态和动态测量与记录；若与计算机连接，可以对流量、转速等物理量自动实现数据采集、处理和控制。

4.7.1　DZP 型 f/V 转换器

DZP 型 f/V 转换器是利用电容充放电后的电压累积，并使累积电压与其输入频率成

正比的关系进行工作。图 4.20 是 DZP 型 f/V 转换器的组成方块图。

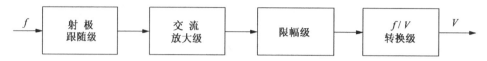

图 4.20　DZP 型 f/V 转换器组成方框图

　　射极跟随级用来提高输入阻抗，以便与高输入阻抗的传感器相匹配；交流放大级可将频率信号的幅值加以放大；限幅级用来对信号进行整形，并使输出方波的幅值恒定，且频率与输入信号同频；f/V 转换器（泵电路）能将方波信号变换成与输入频率成比例的直流电压信号。

4.7.2　PZH 型 f/V 转换器

　　PZH 型 f/V 转换器的工作原理如图 4.21 所示。

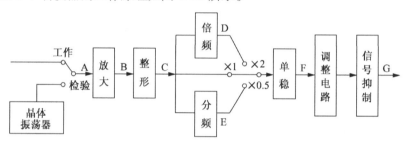

图 4.21　PZH 型 f/V 转换器工作原理图

　　由图可知，该转换器是由交流放大级、整形级、单稳电路、调整电路（平均电路）及纹波抑制电路等组成，共同完成频率的转换任务。

　　信号经放大、整形后，输入具有一定幅值 h 且与输入信号同频率的一系列方波，用该方波的前沿触发单稳，随之输出幅值为 h 和脉宽为 t 的恒定方波，一系列恒定方波送入调整电路和纹波抑制电路，从而获得与频率成比例的直流信号，其波形如图 4.22 所示。

　　调整电路输出的平均电压

$$U = \frac{ht}{T} = Af \tag{4.34}$$

式中：h——方波的幅值；

　　　　t——方波的脉宽；

　　　　T——方波的周期。

　　由此可知，当转换线路保持 h 和 t 不变时，输出的平均电压仅与被测频率 f 成比例。为了保证较高或较低频率信号转换的精度，在仪器内设置有分频线路和倍频线路，为了便于现场使用，方便地校核仪器转换的正确性，在仪器内部设有标准自校频率装置。例如 DZP 型频率直流转换器，它直接引入工频 50 Hz 信号作为自校频率信号，显然它的准确度是较低的。又如 PZH 型频率直流转换器，它采用高精度的石英晶体振荡产生

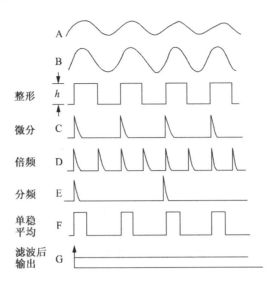

图 4.22　f/V 转换器转换波形图

500 Hz 和 1 000 Hz 的标准频率，作为白校标准频率。

　　PZH 型 f/V 转换器的输出与输入具有良好的线性关系，且转换精度高、反应快、频率范围较宽，可用于动静态测量。此外，该仪器设有多个通道（6 个通道），可同时对 6 个不同的频率信号进行采样转换。

4.8　V/I 转换器

　　在工业控制系统中，常常以电流方式传输信号。因为电流信号适合于长距离传输，传输中信号衰减小、抗干扰能力强。因此，大量的常规工业仪表是以电流方式互相配接。按仪器仪表标准，DDZ－Ⅱ系列仪表各单元之间的联络信号为 0～10 mA，而 DDZ－Ⅲ系列仪表各单元之间的联络信号为 4～20 mA。一般 D/A 转换器的输出信号有的是电压方式，有的是电流方式，但是电流幅度大都在微安数量级。因此，D/A 转换器的输出常常需要配接 V/I（电压/电流）转换器。

　　常用的 V/I 转换器可以分为两种：一种为负载共电源方式，另一种为负载共地方式，分别如图 4.23（a）和图 4.23（b）所示。

　　对于负载共电源方式的 V/I 转换电路图 4.23（a），由于运算放大器输入负端与输入正端电位基本相等，即 $V_i = V_f$，可得

$$I_0 = I_f = \frac{V_f}{R_f} = \frac{V_i}{R_f} \tag{4.35}$$

在图 4.23（b）所示负载共地方式的 V/I 转换电路中，V_i 为输入电压，I_0 为输出电流，R_f 为电流反馈采样电阻，R_s 为限流电阻，R_L 为负载电阻。R_f 采集到的电流信号以电压形式加到运算放大器的输入端，而且极性与输入电压信号反相。所以，这是一个电流并联负反馈电路。

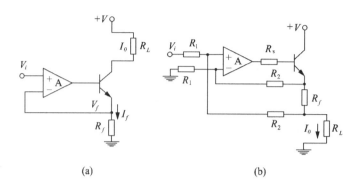

图 4.23　V/I 转换电路

（a）负载共电源方式　　（b）负载共地方式

由于运算放大器的输入阻抗很高，流入运算放大器输入端的电流可以忽略。在 R_2 ≫R_f 的条件下，流经 R_2 的电流与 I_0 相比也可以忽略。由于运算放大器正负输入端电位近似相等，可得

$$V_i + (I_0 R_L - V_i) \frac{R_1}{R_1 + R_2} = I_0 (R_f + R_L) \frac{R_1}{R_1 + R_2} \qquad (4.36)$$

化简得

$$I_0 = V_i \frac{R_1}{R_1 R_f} \qquad (4.37)$$

例如，如果取 $R_1 = 100\ \text{k}\Omega$，$R_2 = 20\ \text{k}\Omega$，$R_f = 100\ \Omega$，则当 V_i 在 0 ~ +5 V 时，I_0 为 0 ~ 10 mA。

使用图 4.23（b）电路时，需要注意以下几点：

（1）电路中各电阻应当选用精密电阻，以保证足够的 V/I 转换精度。

（2）V/I 转换器的零位可以由运算放大器的调零端实现。如果采用没有调零端的运算放大器，就必须附加额外的高零电路。

（3）正电源的取值必须满足 +V > $(R_f + R_L) \times I_{0\max}$，$I_{0\max}$ 为 I_o 的最大值。

（4）如果需要改变输入电压范围，只需改变 R_2/R_1 的数值就可以实现。如果需要将单极性输入改变为双极性输入，则需要在运算放大器输入端附加偏置电压。

4.9　A/D 和 D/A 转换器

在自动化测试中，许多信号如力、位移、速度、压力、温度、流量等，都是一些随时间而连续变化的物理量。这些连续物理量经过传感器变换以后，其输出的幅值仍然是连续量，只是转变为连续变化的电信号罢了。通常把这些连续变化的电压或电流称为模拟电压或模拟电流，统称为模拟量。

在测试技术中，随着数字技术的发展，数字显示仪表、数字控制、数字计算机的应用日益广泛，因此涉及用数字来表示量的问题。用数字来表示量是一种离散量或不连续量，通称为数字量。

在测试与控制系统中，不仅需要将被测模拟信号转变为数字量送入计算机进行处理，而且也需要将经计算机处理后的数字量转变为模拟信号去推动控制系统的执行机构，或者送入模拟显示、记录仪器以便进行数据的显示或记录。这样，就需要解决模拟量与数字量之间相互转换的问题。

4.9.1　A/D 转换器

一般来说，凡与时间成连续函数关系的物理量，都称为模拟量。如电量中的电流与电压，非电量中的温度、压力、位移、速度等。

在数据采集与处理系统中，都须将模拟量转换成数字量。广义地说，将模拟量转换成一定码制的数字量称为 A/D 转换。在目前的实际应用中，大多是把各种模拟物理量转换成直流电压，再由直流电压转换为数字量。

A/D 转换器的分类方法很多，若按比较原理看，可分为直接比较型和间接比较型。直接比较型是将输入模拟信号直接与作为标准的参考电压比较而得到按数字编码的数字量。这种类型有连续比较、逐步比较、斜波电压比较等多种。

间接比较型其输入的模拟信号不是直接与作为标准的参考电压进行比较，而是将两者都变为中间物理量再进行比较。然后由比较而得的中间物理量进行数字编码。属于这种类型的有电压—时间转换式（单斜和双斜式 V – T 转换、脉冲调宽型 V – T 转换）和电压—频率转换（积分型 V – F 转换）。

下面对直接比较型和间接比较型中两种最常用的 A/D 转换器进行具体介绍。

4.9.1.1　逐次逼近比较式 A/D 转换器

逐次逼近比较式 A/D 转换器 ADC（Analog to Digital Converter）属于直接比较型一类。它是用一组基准电压与被测电压进行逐次比较，不断逼近，最后达到一致。基准电压的大小就表示了被测电压的大小，和被测电压相平衡的基准电压以二进制数码输出，就实现了 A/D 转换。

4.9.1.2　双积分式 A/D 转换器

双积分式 A/D 转换器又称双斜式 A/D 转换器，属于间接比较型 V – T 转换方式，其原理框图如图 4.24 所示。

开始工作前控制电路令开关 S 接地，积分器为零，同时将计数器复零，整个仪器处于预备状态。然后电路开始工作。

（1）采样阶段：控制电路将模拟开关 S 与被测电压 V_{sr} 接通，则 V_{sr} 被积分器积分，同时使计数门打开，计数器计数。在被测电压为直流电压或变化缓慢的电压时，积分器将输出一斜变电压，其方向决定于 V_{sr} 的极性。例如 V_{sr} 为负，则积分器输出波形向上斜变。在经过一个固定的时间 T_1 后，计数器达到其满量程限 N_1 值，复零并送出一个溢出脉冲，此脉冲使控制电路发出信号将 S 接向参考电压 V_R，至此采样阶段结束。此阶段的特点是采样时间固定，而积分器最后输出的电压 V_{ox} 取决于被测电压 V_{sr} 的平均值。因此，采样阶段又称定时积分阶段。

（2）测量阶段：开关 S 接向与 V_{sr} 极性相反的参考电压后（在本例中 V_{sr} 为负），即接至 V_R，积分器开始积分（向反向积分），即积分器输出从原来的 V_{ox} 值向零电平方向

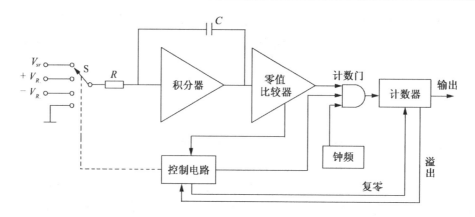

图 4.24   双积分式 V - T 型 A/D 转换器原理图

斜变。与此同时，计数器又从零开始计数。当积分器输出电子达到零时，零值比较器动作，发出关门信号，计数器停止计数，并发出记忆指令，将在此阶段中记得的 N_2 记忆下来并输出。这个阶段的特点是被积分的电压为固定的参考电压 V_R，因而积分器输出电压的斜率固定，而最终记得的 N_2 所对应的积分时间 T_2 则决定于 V_{ox} 之值。这个阶段又常称为定值积分阶段，定值积分结束时得到的 N_2 便是转换结果。

双积分式 A/D 转换器的缺点是转换速度较慢。从转换原理来看就不可能获得像逐位比较型那样高的转换速度，而且为了提高对工频干扰的抑制能力，还需要使 T_1 至少为 20 ms，因而其总的转换速度就更慢了，一般不高于 20 次/s。

4.9.2   D/A 转换器

D/A 转换器是一种译码电路，它可以将数字信号转换为模拟信号。目前常用的 D/A 转换器是把数字量转换成电压或角位移的形式，然后对它们所代表的种种物理量，诸如温度、压力、流量、速度等进行控制。按转换的方式，可以分为并行 D/A 转换器和串行 D/A 转换器两种。如果数字量各位是按顺序一位一位送入，这种转换器称为串行 D/A 转换器，它的转换速度低；若数字量各位同时送入，则称为并行 D/A 转换器，它的转换速度快。现在使用的 D/A 转换器大多数是 $R - 2R$ 梯形网络（如图 4.25 所示）。这种 D/A 转换器的精度取决于参考电压值和所用电阻值的稳定性，并需要定期校验，以保证其性能在技术指标规定的范围之内。下面介绍 $R - 2R$ 解码网络。图 4.25 由基准电压源、模拟开关以及解码网络等组成。解码网络由相同的电路环节组成，每个环节有两个电阻 R 和 $2R$，一个开关，相当于二进制数的一位，开关由该位的代码所控制。

在分析时，首先要抓住该网络的特点。这就是说对其中任意一个节点，它们对地的电阻均相等，且等于 R；解码网络有数字位（如三位）和一位信号位；当符号位的开关 K_R 与 $+V_R$ 接通，表示正数，规定符号位用 "0" 表示，反之用 "1" 表示；对于数字位，其数码位为 "0" 时表示该位开关 K_i 与地相接，数码为 "1" 时表示该位开关 K_i 与基准电源相接。

现在分析网络的输出电压。先求出其中一个开关接基准电压时的输出分量，再用叠

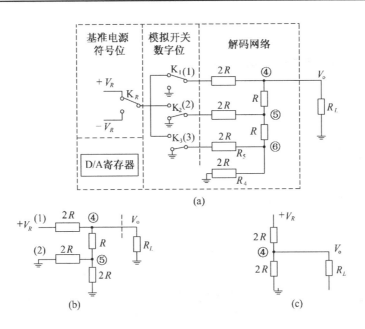

图 4.25　R－2R 梯形解码网络

加法求得总的输出电压。

　　该类解码网络的主要优点是，全部电阻为 R 和 2R，阻值品种少，容易选配高质量的标准电阻，因而得到广泛的应用。

　　请注意：从 D/A 转换器得到的输出量是采样时刻的瞬时值，仍然是离散量。一般采用零阶或一阶低通滤波来还原原信号。D/A 转换器的主要技术指标如下：

　　（1）分辨率：由 D/A 转换器的位数来表示，位数越多分辨率就越高，n 位 DAC 的分辨率为满量程 $1/2n$。例如，10 位二进制 DAC 的分辨率为 16 位。选用 DAC 时，分辨率是首要指标。

　　（2）转换时间：阶跃满刻度输入情况下，输出信号达到 $1/2$ 个最低有效位（LSB）所需的时间为转换时间，它反映了 D/A 转换器变换的速度。DAC 的转换时间主要由电子开关的动作时间和运算放大器输出电压的上升时间来确定。电流输出型 DAC 没有运算放大器，因此转换时间很短，一般为几十至几百纳秒；而电压输出型 DAC 的转换时间较长，一般为几十微秒。

　　（3）转换精度：精度是指 DAC 的实际输出值与理论值的最大偏差，它是 DAC 各种误差之和，包括非线性误差、零点误差、增益误差和温度漂移等。DAC 的精度也有两种表示方法。一种是绝对精度，常用 LSB 作为单位，例如 $\pm(1/2)LSB$；另一种是相对精度，表示为相对于满刻度输出值的百分数，例如 $\pm1\% FSR$。

　　（4）线性误差：它是指实际输出电压与对应理想传递特性曲线上的电压之差。D/A 转换器线性误差应远小于它的分辨率。例如 8 位 DAC 的分辨率为 $1/256$，而线性误差可达 11 位，即约 0.05%。

5　信号的产生与分析

5.1　信号源

5.1.1　信号的表征与生成方法

5.1.1.1　引　言

什么是信号呢？信号是如何表征的呢？目前最简洁而应用广泛的定义是：信号是随时间变化的电压或电流。采用信号的波形来定义和表征一个信号是非常直观而又准确的。可以想象，一支笔随信号电压大小的比例上下移动，而与笔的运动相垂直的方向又有纸作匀速运动，那么笔在纸条上所描绘的图就很直观地表示了一个波形。如图 5.1 所示的是一个典型周期信号波形和它的坐标。

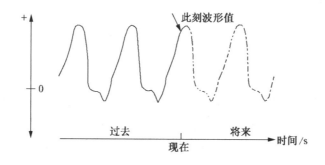

图 5.1　一个典型的动态周期波形

一个能够产生用户所需要的波形的仪器就是信号源。在科学研究及应用中，常常需要用信号源产生一个已知参数和特征的信号去激励一个电路或系统。

5.1.1.2　信号波形的分类

绝大多数信号要么是周期信号，要么是非周期信号。周期信号的波形具有重复性，仍以前面的笔和纸为例：画完一个周期的波形后，笔在同一垂直位置开始，可以准确地重复画出另一周期的波形。正弦波是最常见的周期信号。与周期信号相比，非周期信号不在于它的波形是非重复性的。最常见的非周期信号是随机噪声。

信号源一般都具有产生周期信号的功能，有些能够产生单次非周期信号，或两种都具备。本节主要研究周期信号，并对波形的生成方法作一概述。我们将在下一节讨论有关的仪器技术。

　　1）基本周期信号源波形——正弦波

如图 5.2（a）所示是大家非常熟悉的正弦波，它是电力系统的工作信号。一个正弦波的特性可以用一个简单的数学表达式来描述：

$$s(t) = A\sin 2\pi ft \qquad\qquad (5.1)$$

式中：s——正弦信号，它是时间的函数；

　　　t——时间，单位为秒；

　　　A——信号的振幅，它可电压或电流；

　　　f——信号频率，单位为周期数/秒。

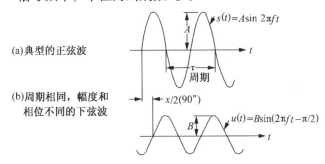

图 5.2　正弦波图

上面的表达式和图 5.2（a）给出了一个正弦波的基本特性，其具体参数定义如下：

（1）相位。这是正弦函数的幅角 $2\pi ft$ 部分。这部分随时间线性变化，从一个信号直接观察不到。数学中定义相位的单位是弧度（2π 弧度 = 360°）。但是两个信号的相位可以通过相位差来进行比较，正像如图 5.2（b）所示的两个波形间的时间位移。波形 u(t) 滞后 s(t)90°（$\pi/2$ 弧度）。另外，两者的振幅亦不同。

（2）周期。波形的周期定义为重复时间间隔 τ，或振荡一次需要的时间。正弦波每360°重复一次，所以周期就是相位增加 2π 弧度所需要的时间：$2\pi ft = 2\pi$，即 $\tau = 1/f$。

（3）频率。它的定义是信号每秒振荡的次数，或定义为时间 τ 的倒数 $f = 1/\tau$，单位用赫兹（Hz）表示。

（4）振幅。系数 A 表示了正弦信号的瞬时值从零变到最大的幅度值，正弦函数的峰值为 $\pm 1 \times A$。

为什么把正弦波信号看作基本信号呢？主要原因是：其他信号波形，不管是周期性的还是非周期性的，均可由许多频率、相位、振幅不同的正弦波组合而成。当一个波形是周期性的，则存在这样一个重要关系：这个波形是由一组频率为基频整数倍的正弦分量即谐波构成的，基频则为这个信号周期的倒数。例如，一个周期为 $0.001\ s$ 的对称方波（属于下面将要介绍的脉冲类波形的一种），由频率为 $1\ 000\ Hz$、$3\ 000\ Hz$、$5\ 000\ Hz$ 等正弦波组成；所有谐波均为基频 $100\ Hz$ 的奇数倍。只有当方波对称时才有上述的特点，否则谐波中还应包含偶次谐波分量。

运用图形方式能够形象地说明用呈谐波关系的正弦波构成复杂周期波形的情况。图5.3 展示了用对称方波不同数目的正弦分量所合成的波形。从图 5.3（a）可以看出，仅用基波和 3 次谐波两个分量合成的非正弦波曲线已有些接近一个对称方波。如图 5.3（b）所示是增加了 5 次和 7 次谐波后合成的波形。如图 5.3（c）所示是由基波以及直到 13 次谐波的所有奇次谐波合成的，这个波形更加接近方波的形状。

2）复杂周期信号波形

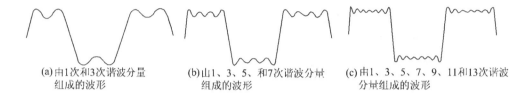

(a)由1次和3次谐波分量　　　(b)由1、3、5、和7次谐波分量　　(c)由1、3、5、7、9、11和13次谐波
组成的波形　　　　　　　　组成的波形　　　　　　　　分量组成的波形

图5.3　一方波由其正弦波分量构成

还有其他有用的非正弦波形。如图5.4所示的是几种极为常见的波形。

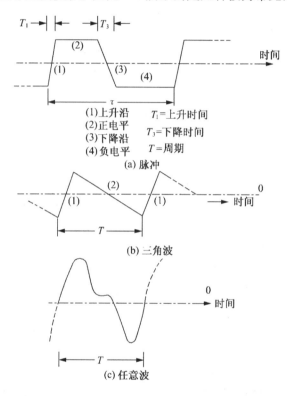

图5.4　非正弦周期信号波形

（1）脉冲波形。如图5.4（a）所示，脉冲波形的显著特征是它的最大电平幅度（波形的2处和4处）是常数或"平坦的"。"上升沿"处于前一负电平和后一正电平之间，"下降沿"处于前一正电平和后一负电子之间。

上升时间、下降时间：脉冲边缘过渡时间叫做上升时间和下降时间。波形的一个周期由边沿时间和电平时间组成。波形的频率是$1/\tau$ 理想脉冲波的上升时间和下降时间为零，但实际电路是无法实现的，通过观察图5.3可以了解为什么会是这样。谐波越多，逼近的上升时间和下降时间越小，但要实现零的上升时间和下降时间，就需要无穷多次谐波即无穷大频率的正弦分量来合成波形。另外，实际工程应用中信号的上升时间和下降时间要比电路所实现的还长些。要使上升时间和下降时间短些，正弦波分量的频率要更高，而这常又成为相干能量源，因为它们很容易"泄漏"到邻近器件。因此，在特殊的应用场合，要谨慎地确定上升时间以满足要求。

（2）对称性。对称性常常又称为占空比，是另一个重要的脉冲波形参数。占空比定义为脉冲周期的正脉宽和整个周期之比。从如图5.4（a）所示波形看出，占空比为 $(\frac{1}{2}T_1 + T_2 + \frac{1}{2}T_3)\ /\tau$。占空比为50%且上升时间和下降时间相等的脉冲波形是极为特殊的情形，又称为"方波"，仅由基频和奇次谐波组成。

（3）三角波。如图5.4（b）所示，理想三角波是由线性正斜率（1）和负斜率（2）两部分波形组成。当两部分时间相等时，又称为对称三角波。就像方波一样，对称三角波是由基波和奇次谐波组成的。

如图5.4所示，一个非对称三角波常常又称为"锯齿波"，常用来作为时域示波器的水平扫描信号波形。图中（2）部分表示有效信号显示踪迹，而（1）部分是回扫踪迹。线性度是三角波最重要的特性，线性度表示波形斜波部分近似直线的程度。

（4）任意波形。"任意"这个词的含义并不是指把还未讨论的其余波形都包括在内。它是由于在仪器中广泛使用的数字信号发生技术而产生的。任意波形的含义是根据用户定义的一个周期波形来生成的一个周期信号。一个周期的波形可以通过数学表达式来定义，亦可通过一组采样点集合来定义，前者最为准确，但后者更直观并已被普遍采用，就像图5.4（c）波形上的点所示的那样。用户能够通过诸如显示屏和鼠标等这类图形编辑器来定义这些点，或者通过相连接的计算机把一组采样值存入任意波形发生器。提供的采样点越多，定义的任意波形就越复杂。用户亦可控制波形的重复率（即频率）和幅度值。一旦一组采样值存入仪器的存储器里，仪器根据提供的取样值就能生成一个平滑的周期波形。

用户定义波形的一个有趣例子就是定义与合成各种心电图波形，把它们用于病人测诊监护仪或类似医疗设备。

5.1.1.3　周期信号的产生

只有振荡器才能产生周期信号。本节首先介绍基本振荡器的工作原理。有一些信号波形是直接用振荡器产生的，但还有一些信号要用信号处理电路来生成，这些处理电路是由一个精确的固定频率振荡器综合而成。这种信号发生器又叫做频率综合器，对它们的工作原理下面也将加以介绍。

1）振荡器

电子振荡器的基本工作模式就是把直流能量转变为周期性的信号。任何一个振荡器无外乎由三个部分组成，即带滤波反馈电路的交流放大器、门限确定电路、反馈振荡器。

反馈技术的应用有着悠久的历史，目前仍是振荡器电路普遍采用的技术。图5.5是一反馈振荡器的基本框图。把放大器的输出送入一个对频率敏感的滤波器电路，而滤波

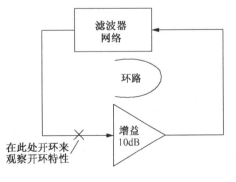

图5.5　使用放大器和滤波器构成反馈回路图

器的输出又接入放大器的输入端。在一定的条件下，放大器的输出信号通过滤波网络滤波后产生某个频率的信号。若将它加到放大器的输入端的话，这个电路就产生了一个输出信号。反馈连接，即把输出信号又加到了输入端，这意味着该电路在没有输入的情况下，具有持续产生某个特定输出信号的能力，这个电路就称为振荡器。放大器和滤波器连接在一起又称为反馈回路。我们想要理解如何连接才能产生振荡，基本方法就是在放大器的输入点断开环路，这又称为开环条件。在开情况下，研究从放大器的输入开始到滤波器的输出为止的增益和相位特性。要使闭环能够持续产生某一频率 f_0 的信号，开环条件需满足如下两个准则：

（1）开环功率增益（放大器功率增益乘以滤波器功耗）在频率 f_0 处为单位 1。

（2）在×处总开环相移应该为 0°（或 360°、720°等）。

对上面两个准则可以这样解释：环路在放大器的输入端应产生某种特定信号以维持放大器的输出。准则（1）规定了信号的幅度，而准则（2）规定了输入端所需信号的相位。在设计反馈振荡器时，应尽可能使放大器的特性不随频率变化而迅速变化。功率增益和相移这两个开环特性主要由滤波器的特性决定，由它确定是否满足上述准则。由此可见，通过改变滤波器的一个或多个器件就能够"调谐"振荡器的频率。

改变滤波器的电感或电容均能使谐振频率发生偏移，假如环路仍能满足前面两个准则的话，闭合回路仍然会产生振荡。

完全满足上述理想情况下的第一个准则是不切实际的。如果环路增益略低于单位 l（或略大于单位 1），那么振荡器的振幅随时间逐渐减小（或增大）。实际上，在振荡器即将开始振荡时一般把开路增益设置得略高于 1，然后通过一些非线性途径来减小环路增益，使得振荡器的幅度达到要求的电平。方法就是运用放大器的饱和特性。如图 5.6 所示是一个放大器的输入输出特性曲线，表示出它的饱和特性。不管是正是负，当输入信号的电平达到某一定值时，放大器有一个恒定增益，由特性曲线的斜率表示。

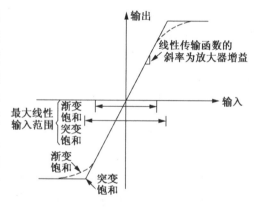

图 5.6　放大器输入/输出传输特性

输入信号超出一定电平时，不同的放大器增益渐变或突变为零。放大器工作偏移到饱和区时，一个周期内平均功率增益为单位 1。很明显，这意味着对波形输入引入了失真，波形顶部被切平。但是通过反馈滤波器馈人外接输入信号，这种失真是可以消除的。

第二条准则的重要性在于它有助于我们理解滤波器品质因素 Q 在决定振荡器频率稳定性方面所起的作用。Q 值是谐振电路的储能与电路损耗之比，类似于一个飞轮的储能与其摩擦损耗之比。滤波器在谐振点处，相移的变化率与 Q 值成正比。在电路工作时，环路中会产生小的相移，例如放大器的过渡时间随温度变化，或放大器的随机噪声可能会与环路信号向量叠加，从而发生相移。要持续满足第二条准则，振荡器的瞬时频率会发生变化，以产生相移补偿来保证总环路相位为一常数。因为滤波器的相位斜率正比于 Q 值，所以一个高 Q 值滤波器需要更低频偏（在 FM 中不需要）来补偿振荡器中一个已知的相位扰动，这样振荡器会更加稳定。

从以上讨论明显可以看出：当两条准则均满足时，振荡器主要在一个频率上产生一个能量信号。除了放大器的失真（如饱和）产生谐波信号外，所有能量均集中在一个频率上。这样的信号就是一个正弦波，典型情况下其失真在基波的 $20 \sim 50\ dB$ 以下。

2）合成器

有两类信号发生器使用频率综合这个概念，但它们采用的技术方法是一致的，即用一个固定频率振荡器去综合各种信号处理电路以产生输出信号。振荡器通常又称为"时基"或"时钟"。"时钟"这个词是借用了计算机中的术语，它的频率精度和稳定性直接影响到信号发生器的输出质量。

频率合成器 这类信号发生器的突出特点是频率多样性，输出频率选择范围广，每个频率均能锁定在参考振荡器上。合成器的输出频率可以用一个有理数乘以参考频率来表示：

$$f_{out} = \frac{m}{n} \cdot f_{ref} \tag{5.2}$$

式中：m、n——整数；

　　　f_{out}——合成器的输出频率；

　　　f_{ref}——参考振荡器的工作频率。

在实际运用中，用户是通过键盘或开关来设置输出频率的，或者通过计算机设定输出频率。例如，如果参考频率是 $1\ MHz$，且 $n = 10^6$，则用户在仪器正常工作范围内可通过输入 m 值来选择分辨率为 $1\ Hz$ 的任何输出频率。

频率合成器的典型输出波形是正弦波，频率较低的方波也普遍使用。有关信号发生器的处理技术将在下一节作阐述。"

任意波形合成器 在这一技术中，某个所需波形的完整周期是由表示该波形的一系外取样点值来定义的。这些取样值存入读写存储器，然后根据参考值，重复地顺序读出。

有些情况下，应将这一系列取样值转换为一系列的电压电平。用一个数模转换器（DAC）就能完成这一功能。这个数模转换器的工作过程就是把它的数字输入转换为多路加权电流再集中于一个公共输出节点上。

由于采用了数字采样技术，波形的复杂程度受到了限制。也就是说，各种曲线的波形应全部能用获取的取样值表示。同样，由于实现这一技术的数字硬件的工作速度的原因，波形频率亦受到一定的限制。这种技术的一个特殊应用就是当期望的波形仅为正弦波时，它的波形取样点可永久性地保存在只读存储器里。这部分内容将与其他频率合成技术一同讨论。

5.1.1.4 信号品质问题

信号源像其他设备一样，由于电路不完善亦会对信号产生不良影响。绝大部分影响信号品质的原因主要来自于噪声、失真以及带宽受限的信号处理电路。

（1）噪声。噪声可以叠加在信号上，如同音频通道信号相叠加一样，或者对信号产生调制影响。可叠加噪声包括热噪声、有源器件（如晶体管）噪声以及类似于电源干扰交流噪声的离散信号。尤其是对于频率综合器，由于设计上的原因，会出现离散的、非谐波伪信号，又称为"杂散噪声"，它直接影响合成器的工作。最难控制的噪声就是对信号的调制噪声，最主要的通常为相位调制，又称为"相位噪声"。相位噪声使信号频谱变得更宽，尤其是当信号源用于发射机和接收机时，问题更加突出。

（2）失真。由于放大器和其他信号处理电路的传输函数（输出相对于输入的特性）曲线的微小畸变，信号在通过这些电路时，其波形会产生一定的失真。如果这个信号是正弦波，则它不再是一个纯净的正弦波形了，会伴随有该信号的谐波出现；如果是三角波，则线性变差。然而脉冲信号源有时有意使用非线性放大器来改善信号源的上升时间与平坦性。

（3）带宽限制。实际的电路不会有无限制的带宽。如信号源输出放大器，其带宽是有限的，且在带宽范围内，增益和信号延时也随频率发生变化。当一个复杂信号通过这种电路时，信号分量的相对幅度和相对时间位置均被改变，使信号波形发生变化。常见的例子如处于方波上升沿和下降沿之后的阻尼振荡。

5.1.2　通用信号发生器

本节介绍各种通用信号源，并对仪器构成原理和指标特性作详细讨论。

5.1.2.1　正弦信号发生器

1）正弦波振荡器

这里提到的正弦波振荡器是指自然地产生正弦波形的振荡电路，这些电路是包括一个正反馈支路的交流放大器。反馈支路是一个滤波网络，它的输入/输出增益在所设定的要求频率点之外非常低。因此，振荡器（指无外部激励下重复地产生周期信号的电路）的振荡能力被严格限制在该频率点附近的一个窄带内。

2）射频（RF）信号发生器

这类信号发生器产生于20世纪20年代后期，当时是为了满足产生无线电接收机测试信号的需要，这类信号要求在宽频带范围内具有精确的频率（1%）和幅度（$1dB$ 或 $2dB$）。这类仪器的基本构成方法沿用了很长时间，直到大约20世纪70年代，频率合成技术的引入，使传统的"自由运行"式振荡器被逐渐取代。

图5.7示出了在信号发生器上使用的一个典型的正弦波振荡器的简单组成。输出电流与输入电压成比例的放大器驱动可调滤波电路，该电路由并行 LC 谐振电路组成，并且有一个磁耦合的输出接头。接头以适当的极性与放大器的输入相连，并在滤波器的谐振频率上提供正反馈。为确保振荡，必须使电路的环路增益（放大器增益乘以滤波器的传输函数）在所设定的频率上保持大于1。

只有当环路增益确定时，信号的输出幅度才保持不变，因此，设计时必须考虑增益电平的灵

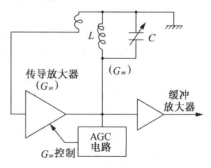

图 5.7　射频正弦波振荡器

敏控制。这种幅度响应电路是非线性的，因为只有当放大器的输出信号达到某个预设幅度时，它才工作，而不是像线性电路一样按线性比例响应。自动增益控制（AGC）电路提供了幅度控制功能。AGC 在放大器的输出端监视正弦波幅度，当达到预定幅度就平稳地减小放大器的增益。这种振荡器输出信号中的谐波分量较小，因为正弦波幅度能通过 AGC 电路保持在放大器的线性范围以内。其他振荡器电路由于依赖于放大器自作为增益控制机制，因而会产生许多谐波，从而降低信号纯度。

3）音频振荡器

音频比射频更注重波形的纯度，于是自然要使用一个具有滤波反馈的放大器。然而，对音频来说，滤波器 LC 谐振电路的器件更加昂贵和庞大，它需要具有铁或铁氧体磁芯的结构以获得更大的电感。另一个难点是铁芯电感具有非线性，当用在谐振滤波电路中时会增加谐波输出。

使用电阻和电容，可以获得一个电压传输函数，它在相位和幅度响应上与谐振电路非常相似。图 5.8 中虚线部分的 4 个元件组成的 RC 网络的特征可以用输入输出电压比（常称为传输函数）来表示，它是随频率变化的函数。该传输函数在谐波频率 $1/(2\pi RC)$ 处有 $V_0/3$ 的幅度凹峰和一个 0 相位移动。网络的 Q 值是对传输函数带宽的度量，又只有 1/3 的 Q 值对应用于反馈振荡器的电路来说是远远不够的，谐振电路的

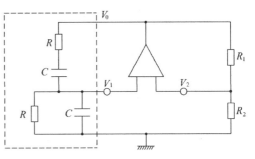

图 5.8　温桥振荡器

低 Q 意味着输出信号上的频率漂移和噪声较大。然而，如果增加 R_1、R_2 电阻值，并通过对其阻值的调整，使它们的传输函数 V_2/V_0 在谐振点与 V_1/V_0 大致相同（即 1/3），则联合特征函数 $(V_2 - V_1)/V_0$ 会具有陡峭的特征（较高的 Q 值）。将电阻 R_1 和 R_2 加入 4 元件网络的拓扑结构是一个桥接电路，我们常称之为"温桥"，如果接上一个高增益放大器，可在谐振频率上产生振荡，温桥所产生的细微的不平衡恰好为放大器提供正反馈。

温桥振荡器的频率通过使用两个可调电容加以调谐。机械电容可获得 10：1 的可调比率，为频率提供一个十进制量级的连续可调范围，这是相对于 LC 谐振电路调节的固有优点。十进制频段切换通过成组替换电阻完成。

具有反馈的振荡器一旦振荡开始，要求稳定环路增益以提供恒定幅度的正弦波。这可通过一个非线性电阻替换来解决，如具有正向温度函数的钨丝。正弦波幅度的增长钨丝电阻增长，于是在放大器上增加了负反馈。由于钨丝的热时间常数是 1 秒或更多，因此在正弦波信号的一个非常短的时间周期上，它的电阻不变，因此钨丝电阻在输出信号上只会产生很小的失真。

4）性能和指标

本节讨论有关信号源所产生波形质量的一些参量。

（1）频率精度。射频和音频振荡器的频率通常由机械可变电容控制。频率之间的关系可记为刻度标准，能够读出和设置，误差小于 1%。但是，其他一些因素通常降低

了这种精度，如制造容差、器件老化、环境温度等因素。

（2）幅度精度。输出波形的幅度通常表示为 V 或 dBm（对 $1\ mW$ 功率的分贝数），幅度指标规范的变化范围很宽，可以由用户选定，通常仪器越昂贵，精度越高。Rf 信号发生器比音频信号源具有更高的幅度精度，因此价格也更高。某些信号发生器具有能读出输出信号幅度的表和一个微调控制，可把输出设为一个标准电平。另外一些发生器具有数字式读出装置和自动保持输出稳定的控制电路。通常用一个可切换的衰减器，以 $10\ dB$（或更小）的幅频降低输出电平。输出电平的精度在一个宽频带范围内会降低（常称为"平坦度"），并且具有较大的衰减。这主要是由于衰减器中寄生阻抗的影响。在发生器输出端接一个标准电阻负载可对输出电平进行标定。对于 Rf 源通常是 $50\ \Omega$，但若应用于视频，负载可能是 $75\ \Omega$。

一般音频振荡器在输出端有一个步进衰减器，步幅之间的电平由一个电位器进行设置。频率的平坦度和衰减器精度都进行了标定。标准负载是 $600\ \Omega$。

（3）频率稳定度。理想的正弦波没有噪声，频率和幅度绝对稳定。当然，非理想的振荡器有别于此，稳定性是其接近于理想程度的一个度量。依照在分钟或在秒的时间上频率是否有明显的变化，稳定性进一步可分为长期和短期。长期频率稳定度的一个例子是"温度漂移"，即电感和电容被电路中耗散能量"加热"数分钟或数小时之后，造成尺寸的改变，从而引起频率的变化。这样的稳定性通常以"工作 30 分钟后频率变化优于 $30\ kHz$"的形式标出。另一方面，短期稳定性受具有高频容量的物理因素影响，如随机噪声、电源纹波、颤噪效应等。这些因素导致了输出信号更快的频率变化。短期因素的影响是 rms 基数与表示为振荡器的频率调制（FM）的结合造成的。这种标定的一个典型例子是"交流声和噪声优于 $10\ Hz$ 的 rms 偏差"。

（4）谐波失真。对于一个尽可能达到完美正弦波的信号，谐波失真是其趋近于理想波形的一个度量。如果一个正弦波伴随有其他的一些谐波，则合成波形不再是正弦波，即存在失真。随着谐波的数量和幅度的增加，失真也更严重。谐波失真的程度可以用下面两种方式来标定：小于公共值是对所有谐波分量给出一个上限值，例如"所有谐波分量小于 $80\ dBc$"意味着在"载波"或输出信号下，每一个谐波不会大于 $80\ dB$。这种标定方法的缺点是可能有大量的谐波分量，因此谐波的总能量很大。更常用的标定是把所有的谐波分量合起来，表示为 rms 值相对于基波的百分比。例如"谐波失真优于 0.5%"。在这种情况下，有时输出的残留噪声加上谐波能量，从而给出一个噪声加失真的标定。

5.1.2.2　函数发生器

1）概　述

函数发生器是使用最广的通用信号源，它能提供多种信号波形，如正弦波、三角波、防波和脉冲波等信号。同时它可对输出信号的参数在宽范围内作连续调节，如频率可从几赫兹到几兆赫兹，有些函数发生器还具备扫频、调频和调幅的功能，一般的函数发生器在频率精度和稳定性上不如正弦振荡器，但其性能对大多数应用来说已足够了。

现代的某些频率合成器也加入了一些电路，可以产生除正弦波之外的其他波形，因此也被商家称为"精密"函数发生器。

2）函数发生器的基本工作原理

（1）门限判定振荡器。任何信号发生器都必须有自己的可产生稳定的周期信号的时基，并以此为基础产生割种所需的标准信号。时基的核心通常是一个能够产生周期信号的振荡器。由于函数发生器需要在宽频带内产生多种通用波形，因此其振荡器通常采用微分振荡器，它可以产生类别于三角波或脉冲波的周期信号。之所以选用这类振荡器，原因之一是因为由正弦波产生高质量的三角波或脉冲波相对较困难，而反之却相对简单一些。

（2）函数发生器产生正弦波。函数发生器的振荡器能够产生三角波和方波，但正弦波毕竟是最重要的信号波形，因此剩下的主要问题就是如何从三角波或方波中产生正弦波。

一种容易想到的方法是用一个低通或带通滤波器从三角波中选择所需的基波，然而这在实际中是做不到的，因为这样的滤波器其高端截止频率必须是宽频带可调的，以适应不同频率的输出信号的需要，这样的滤波器很难实现。通常所用的方法是让一个三角波输入一个非线性装置，该装置的传输函数接近于一个正弦波形。该方法的最大优点是省去了可调滤波器，其输出波形的失真程度取决于传输函数的正弦失真度。

（3）调制。现在很多带调制功能的函数发生器都备有一个输入端，用户可以将一个调制电压加到这个输入端上，而仪器将该电压叠加在来自前面板电位器的频率控制电压上，进而改变信号的输出频率。这是一种产生调频（FM）信号的方便途径。调频的质量或品质直接与振荡器频率响应控制电压的线性程度相关，因为非线性将产生调制失真。

FM 的一个特殊情形是扫频。函数发生器的扫频能力使其在网络分析中得到应用自如，用一个示波器和一个带有扫频能力的函数发生器，可以组成一个基本的网络分析仪，以显示电路网络如滤波器之类的幅频特性。其实现过程是：把频率控制端与一个模拟示波器的水平扫描输入相连，该扫描输入是一个锯齿波，于是该扫描信号使函数发生器频率按锯齿波方式变化，相当于使示波器的水平轴成为一线性刻度的频率，而不是通常情况下的时间。然后，将该频率调制信号加到被测电路的输入端，其输出端接示波器，这样就可以在示波器上观察到被测电路的幅频特性。

在上述形式的函数发生器中，产生调幅（AM）信号要稍稍困难一些。同时增加比较器门限电压和交流电流可以改变三角波的幅度，但这容易产生一些调频效果，除非上述过程是完全理想的。一般来说，更好的方法是把振荡器的输出信号加到一个增益或放大倍数可调的一个放大器上，再利用调制信号控制放大器的增益，从而在输出端得到调幅信号。

由于需要增加这些额外的且较为复杂的电路，因此只有在比较高档的函数发生器中才具有 AM 功能。

3）主要技术指标

函数发生器的频率精度由其标称的频率刻度精度决定，对许多这类仪器来说，满刻度的5%～10%是典型指标。残留的 FM 噪声一般没给出，它比通常的反馈振荡器稍高，但对函数发生器的一般应用来说，该因素并不重要。另外，函数发生器的幅度一致性非常好，通常在其量程范围内优于$1dB$，但一般不给出绝对幅度精度，函数发生器常常有一个没校准的控制旋钮来调节输出电平。对正弦波，则必须标出失真度，通常是用相对于基波幅度的均方根值（rms）的百分比来表示。

脉冲波的上升和下降时间一般都要给出，而三角波的线性度（即与直线波形的偏差程度）少有标出，但通常偏差小于1%，特别是在仪器的低频段。

5.1.2.3 频率合成器

自从20世纪60年代初以来，频率合成技术在仪器应用中逐步发展，逐渐成为信号源的主要技术。合成是指固定频率振荡器的综合应用，固定频率振荡器也叫做参考振荡器，有时也叫做时钟。这通常是一个高精度的晶体振荡器，输出一个基准频率，如10 MHz。

各种信号处理电路对这个参考信号进行操作（或由其定时），合成出大量可选择的输出频率，每个输出频率通过对参考振荡器的频率乘以系数 m/n 得到，m 和 n 是整数。而整数 m 或 n 的值，由用户通过前面板键盘输入。例如，假定参考频率是10 MHz，n 为10 000，则通过改变 m，用户可以获得间隔为1 kHz 的各种频率。

1）直接合成

对分频器、乘法器、混频器和带通滤波器进行各种组合，可以产生参考频率 m/n 倍的输出。有许多方法可以实现合成的功能，但实际应用时必须注意避免由此产生较强的寄生信号，如一些低电子、非谐波相关的正弦信号。

直接合成技术的最大优点在于输出频率的切换速度高。但除此之外，针对其他一些合成技术来说，它存在许多缺陷，使其应用受到限制。直接合成技术的硬件密集度高，因此价格昂贵，当进行频率切换时，失去了频率变换的连续性，除非在切换时再加上某种限制。例如，在上述例子中最小的步进间隔是微秒。在输出信号中，直接合成技术也容易产生寄生信号。

2）间接合成

间接合成的名称来源于使用一个振荡器而不是利用参考频率源产生输出。它是在锁相环中加入一个振荡器，控制输出频率是参考频率的 m/n 倍。

（1）锁相环 PLL 合成。锁相环是一种非常通用的技术，它在可程控分频器 IC 中的应用相当广泛。计数器的计数模式（即分频比）由外部进行程控。具有这种分频器之后，锁相环（PLL）就成为一个可变模式的频率乘法器。

（2）小数 N 合成。在一个 PLL 上获得精细的频率分辨率，同时要避免噪声和切换速度的缺陷，可采用"小数 N"合成，也称为"小数分频"，采用这种技术后，PLL 锁定于环路参考频率的非整数倍数上。这个乘数写作 N·F。其中 N 是整数，F 是一个小于1的有理数。

采用100k Hz 或更高的环路参考频率，小数 N 合成器可达到微赫兹量级的分辨率，切换速度为毫秒量级或更少。

（3）间接合成的限制。用户使用间接合成器最关心的就是当改变频率时，它的切换速度怎样。因为 PLL 是反馈控制电路，当注入一个新的操作时，它有一个响应时间。对某些应用，这并不重要；但对另外一些应用，如跳频，改变频率所需的时间却不能太慢。因此把合成器的指标规范与应用需要进行仔细的比较是非常重要的。

3）取样正弦波合成

将取样应用于频率合成，就意味着只要产生正弦波的取样值，在取样值之间内插，就可获得一个平滑的波形。虽然正弦波的值可以在产生信号时临时进行计算，但实际上是存储于一个可查的表中，正弦波的相位作为查表时的参数。相位值由一个累加器决定，与小数Ⅳ电路相似，那里所用的相位增量是一个与所需频率成比例的数字。查表所得的数字输出必须转换为电信号，并在输出端进行平滑处理。

这种方法具有极大的优点，最明显的是即时频率切换速度。因为查表时角度增加的大小可随时改变。例如，36°的查表增量将产生0.1倍于取样速率的输出频率，如果增量改为72°，输出频率变为取样速率的0.2倍。波形的相位也可进行任意选择。只要有足够的能力确定查表参数，就可以产生各种精度及复杂度的调制模式，例如 *FM*、*PM* 和线性扫频等。另一个优点是利用这种方式（点对点）合成的正弦波的频率十分精确，就像已描述的频率合成一样，这是由于两方面的原因：首先，相位增益精确到6～8位数字；其次，计算新的相位和估计正弦函数的时间间隔精确，这来自于精确的时间源。由于正弦波的频率由产生的相位（相位改变的速率）确定，因此，在这种技术中，时间和相位都能精确地控制。这种技术的主要不足是其频率范围受到限制。在每个取样中要进行相当数量的数字逻辑运算。实际上，每个输出周期作2.5次取样是最小的取样率。由于这种需要，采用 *TTl* 逻辑实现电路，最大的输出频率可能低于10 *MHz*。

取样正弦波合成的限制：由于是一个取样数据系统，这种合成技术受到该内部硬件固有的制约。

（1）量化噪声。这是由有限字长引起的。通常，这些合成器具有足够的分辨率，以使噪声水平保持与其他技术的相当。

（2）混淆现象。当输出频率接近于取样速率的一半时，输出低通滤波器可能不能有效地消除取样映像（"混叠"），这可能表现为信号的寄生部分。

（3）寄生信号。*D/A* 转换器的不完善会在输出波形中造成更加严重的问题。信号质量的下降来自于两种不完善：第一是由于位权错误引起的电平不精确；第二是当 *D/A* 改变电平时产生的瞬间能量。后一个问题可通过在输出端加一个取样保持电路而降为最低，这种电路在 *D/A* 电平不发生改变时确定输出电压，当其改变时，则保持原电压而不理会 *D/A* 的变化。

4）合成函数发生器

合成函数发生器通常是一种间接频率合成器，因此，它们的基本输出是正弦波。但是，设计者在其中加入了产生脉冲和三角波的电路，努力使其达到高档函数发生器的波形功能，这种仪器有时还具有调制能力。因此它是一个多功能的组合，即具有合成器精度的函数发生器。

这种仪器的一个特别有用的特性是产生一个非常精确的斜坡信号的能力，该斜坡信号是一个三角，其中一个沿的宽度很小。这可用两个具有微小频率偏差的精确信号输入一个线性鉴器来获得。

5）合成器指标

由于频率合成器是复杂的仪器，因此需要许多指标参数去描述其性能和信号质量的特征。

（1）频率范围和分辨率。频率范围和分辨率是合成器最重要的参数指标。虽然任何合成器都有频率范围指标，但其中区别是很大的，有些是覆盖一个单频带，而另一些则由分段的频带组成，相邻的频带可能具有不同的特性，如噪声等。类似地，当一个频率变化穿过两个频带的边缘时，输出的瞬态可能会比频带内的频率变化更大。甚至大多数情况下在整个频率范围内是一个常量，如 0.1 Hz。某些仪器在其最低的频段范围内，甚至具有更小的分辨率，如 1 μHz。

（2）频率切换速度。信号源在收到变频命令后，稳定于一个新频率所需的时间。由于大多数合成采用锁相环，这个指标反映了环路瞬态特性。因为这些瞬态响应会逐渐消失，指标通常使用"渐近描述"语言，如"在最终频率的 100 Hz 以内"。尽管某些专门为快速切换而设计的信号源声称切换时间在几百微秒以内，但这项指标通常是 10 的幂次方毫秒。

如上所述，数字式正弦波合成器几乎可以在新频率设置的同时改变输出频率，通常在几个参考时钟周期内。

（3）信号纯度。描述输出信号接近于理想单谱线的程度。降低信号纯度的主要原因有两个，即相位噪声和寄生信号（"杂散"）。

（4）相位噪声。指噪声对载波进行相位调制的边带。AM 也具有噪声调制边带，但怕于振荡器的幅度限制，因此并不明显。相位噪声标定的最简单方法是作为整个边带功率（用 dB）比载波的功率（用 dBc）。在高性能仪器中，噪声在频域中的标定采用与载波的频偏比来给出，这项指标以每赫兹带宽内噪声 dBc 功率的对数值来表示。

（5）寄生信号。在输出信号中，伴随着所需正弦波，存在着非谐波相关"杂音"。这里有几个杂散源，包括仪器电路中的任意耦合以及信号混频器的失真信号。杂散的一个难以处理的特征是它随着信号频率的改变在各种频率上跳动，通常交叠于输出上。这种"交叠杂散"不能通过滤波器消除。习惯上用一个 dBc 幅度的上限来标定杂散信号。

5.1.3　任意波形合成器

5.1.3.1　基本概念

在实际应用中，除了需要一些规则的信号如正弦波、方波、三角波、脉冲波之外，有时还需要一种能产生各种不规则信号的仪器，如能模拟系统中各种瞬变波形、电子设备中出现的各种干扰杂波、生物电子工程中常见的各种生物电波、人体中的各种信号波如心脏跳动过程等，这类波形的形状极不规则，除非直接从它的来源获取，一般难以从普通的信号发生器中产生。因此，人们利用了数字存储或程序控制的方法设计出了能产生任意波形参数的任意波形发生器。

任意波形发生器的基本设计思想为：把所需重现的信号波形截取一个周期进行均匀取样，作为提取的波形参数，然后再设置一组专用的随机存储器作为波形参数存储器，其中的各地址单元顺序与波形的取样点相对应，取样点上的波形参数则在微处理器的控制下存入波形参数存储器对应的地址单元。在波形发生器的地址信号控制下，把波形参数存储器中的各单元波形数据按顺序读出，经 D/A 转换后，就获得所需的波形信号。

显然，所产生的信号波形带有一些小的阶梯，即量化误差。要减小量化误差，一种方法增加相应取样点和取样精度。然而，过多增加取样点会使输出信号的频率难于提高。另一种方法是加输出滤波器，使输出波形得以平滑，减小量化噪声。

任意波形信号发生器主要用来模拟自然界的一些不规则的复杂过程。相对来说，这些过程属于慢变化。另外，由于任意波形发生器的构成方式，使其输出波形频率上限受到很大限制，而输出波形的下限，理论上则可任意地降低。

5.1.3.2　任意波形发生器波形合成的原理

图 5.9 (a) 给出了一个任意波形发生器的基本框图，它主要包括随机存储器 RAM、相位累加器、数模转换器 D/A 和低通滤波器。

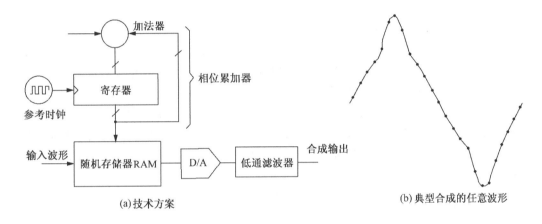

(a)技术方案　　　　　　　　　　　　　　　　(b) 典型合成的任意波形

图 5.9　任意波形合成

图中相位累加器包含由精确时钟定时的数字累加器和寄存器。每一次时钟，都将寄存器前次的内部与外部输入的相位增量相加结果送入寄存器，其输出作为存储器 RAM 的主要地址，以便让存储器按指定的步进顺序送出波形数据。

框图中采用的另一个技术是内插技术，该技术的采用与合成波形的分辨率有关。在实际应用中，我们常常希望波形的频率分辨率越精确越好，也就是说，组成波形的数据点越密越好，实现这种效果的有效途径之一就是采用内插方法，也就是在相邻数据点之间，通过内插计算求出两点中间的估算数据，从而使波形数据点成倍增加，并有效地改善输出波形的质量。仪器的核心是随机存储器（RAM），用户可把要产生的特殊波形序列的幅值存于其中，只存一个周期。如图 5.9 (b) 所示的例子，该波形是一个正弦波与二次谐波的组合。

如何把用户的波形值装入 RAM 呢？最简单的方法是从键盘输入，但这样的工作太繁琐单调，一种方便的方法是：先把波形画在纸上，再通过数字扫描器直接输入仪器内部。某些高性能的函数发生器具有图形编辑器，用户可利用它构造和平滑一个波形。

一旦波形数据装入 RAM 后，下面的工作就是在相邻两点之间作内插计算，然后按一定的重复频率一步步地取出。当内插后的 *RAM* 内容连续输出后，取样数据提供给 *D/A* 转换器，它对每个数据按比例产生一个输出电压。因此 *D/A* 的输出不是一个平滑的波形，而是一个阶梯近似波。这些阶梯含有取样过程中产生的一些高频分量，可通过低通滤波器消除，滤波器的输出就是所需的平滑波形。

实际上，通过这种处理过程合成的波形，其复杂程度受到取样数据的限制。若假定每个周期有 256 个取样点，可以产生相当复杂的波形。但即使如此，对于太复杂的波形仍会丢失信息，例如，在两取样点中间波形发生较大变化，则从合成的波形中将无法看到。一般来讲，如要完整地恢复一个波形，其采样点的密度应能满足这样一点，即在该波形变化最快处，也就是对波形的最高频率分量，每周期有 3~4 个取样点。也就是说，如果有 256 个样点，取样时钟是 1 *MHz*，所产生波形的最高频率将为取样率的 1/3 ~ 1/4，即大约 300 *kHz*。这种限制主要来源于取样定理，对其另一种解释是合成的波形必须是带限的。

5.1.3.3 任意波形发生器的主要技术指标

由于任意波形发生器的原理和结构都比较简单，因此，很多仪器公司都将任意波形发生器纳入到函数发生器内，作为一种特殊功能。而在指标上，任意波形发生器的指标很多与函数发生器相近，能体现任意波形发生器性能的指标一般有如下几个：波形长度，表明任意波形发生器内部 *RAM* 的容量，即每个波形最多的取样点；幅度分辨率，一般为 8~12 位，它表明输出波形幅度的精密性或分辨能力；波形点输出的时钟频率也称为取样率，即每秒能输出的最高波形点数。另外还给出与标准波形相关的噪声和失真指标及功能如下：

（1）通道数。许多脉冲发生器具有一个或两个通道。若有时需要更多通道，则必须选择具有主从设置的仪器。

（2）可变传输时间。若不要求传输时间可变，可选择具有固定边缘渡越时间的脉冲发生器；如果边缘渡越时间必须可变，则必须考虑超快和可变传输时间之间相互排斥的因素。这意味着，若所需的最快传输速率是 1*ns* 或更慢，可选择具有可变边缘渡越时间的脉冲发生器。

（3）触发能力。某些脉冲发生器与外时钟同步；某些可由外触发信号启动或停止；某些仪器甚至具有外部宽度模式，这意味着，若选择这种模式，输出信号的占空度将与外时钟的占空度相同。

（4）数据能力。具有数据能力的仪器不仅能产生重复的脉冲信号，而且能产生一系列数据流（编程产生或随机产生）。若不需要，可选择不具有这种功能的仪器。

（5）畸变能力。具有畸变能力的脉冲发生器可通过加入毛刺、噪声尖峰等对它的输出进行任意扭曲。若需测试器件的抗干扰能力，这非常必要。若只是进行功能测试或定时测量，可选择不具有这种功能的仪器。

5.2 固态微波信号源

下面几节将对运用于微波信号源中的许多通用类型的固态振荡器作一介绍。

5.2.1 信号源

5.2.1.1 晶体管振荡器

如图 5.10 所示的普通电路说明了一个振荡器的基本工作原理。增益为 A 的有源器件把输入端的噪声加以放大，然后从一个谐振器输出。这个谐振器为一个频率选择滤波器。

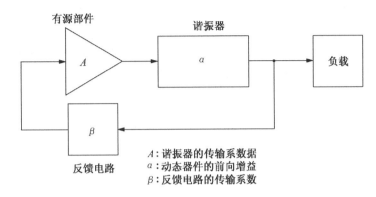

A：谐振器的传输系数据
α：动态器件的前向增益
β：反馈电路的传输系数

图 5.10　振荡器框图

在正常的工作条件下，被选择的频率分量反馈到输入端，增加了原来的信号（正反馈），再一次被放大，如此下去，使输出信号幅度不断增加，直到达到放大器的饱和电平幅度为止。当电路最终达到稳态时，放大器的增益低于启动这一过程的初始小信号的增益值，整个环路的增益为 $\alpha\beta A = 1$。振荡器频率根据需要来确定，而整个环路的总相移应该等于 $n \times 360°$。

如图 5.11 所示的电路（所示的是 *FFT* 的应用，但类似于双极型晶体管）在 L 和 CGs（即 Zin 是感性的）谐振频率上提供了一个负阻抗，因此当电路中的谐振回路为容性时（略高于谐振器的中心频率），工作频率就是振荡器的频率。这个负阻抗电路可以看做是由如图 5.10 所示电路演化而来的（通过 RL 把谐振回路底端连到了漏极），普遍用作微波振荡器的组成模块。

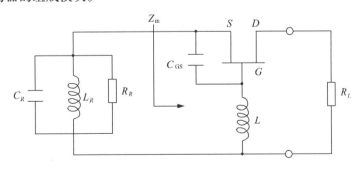

图 5.11　负阻振荡器

5.2.1.2　电调谐振荡器

如果用一个电调谐电容代替如图 5.11 所示电路中的 CR，能使振荡器的频率发生改变，并把相位锁定在一个稳定的参考点上。实现压变电容的基本技术就是运用一个可变电容二极管，又称为变容二极管（*Varactor*）（如图 5.12 所示）。这个器件由一个结反偏的二极管组成，它的结构经优化设计，随着电压的变化，耗尽层厚度的变化范围很大，而且具有高 Q 值、低损耗（阻抗）。谐振曲线的形状可以通过改变 *PN* 结的掺杂特性而改变，能够获得 10:1 以上的变容比（如果变容二极管容量能达到图 5.11 中 CR 的容量的话，理论上频率变化比可保证超过 3:1），但是在微波频域内通常需要调整振荡器的 Q 值，以获得期望的频率稳定和相位噪声。通过对高 Q 值谐振电路串接或并接固定电容去掉变容二极管的耦合，可达到上述目的。

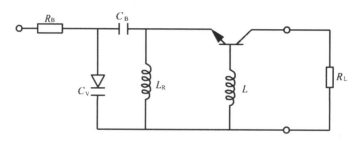

图 5.12　变容调谐电路

因为二极管的电容是它两端电压的函数，二极管加上射频（*RF*）电压后能够产生电容效应，所以包括高阶次谐波的产生、*AM* 到 *FM* 的转换以及参数效应等在内的这些非线性机制是存在的。为了减小这些因素的影响，广泛使用的方法是在电路中背靠背地连接两个变容二极管，使它们两端电压的摆幅相等而方向相同，这样消除了奇次分量失真。这种结构同样使每个二极管上的电压减小一半。变容二极管振荡器的主要优点在于它有很高的调谐速度，而且反偏变容二极管不消耗直流功率（如同下面将要介绍的磁偏振荡器一样），要实现典型的微秒级调谐率并不困难。

5.2.1.3　YIG 调谐振荡器

用抛光的单晶球钇铁石榴石（*YIG*）实现的高 Q 值谐振电路能够使振荡器的频率调谐很宽。把 *YIG* 小球置于一个直流磁场中，在某一频率上便会产生铁磁谐振，这个频率是磁场强度的线性函数。如图 5.13 所示的那样，微波信号通常是通过一个回路耦合到球上的（球的典型直径为 0.5 mm）。它的晶体管等效电路是一个分流谐振器，能够在微波范围内好几个频段上线性调谐。通过对 *YIG* 材料渗入各种稀土元素，在大功率上利用伪谐振（其他模式）和非线性拓宽了低频工作范围。然而大多数超宽带振荡器已经能够超过 2 GHz。使用纯 *YIG* 已经获得了高达 40 GHz 的频率。还有其他一些材料（如六方晶铁），也能用来把频率扩展到毫米范围。

一个典型的微波 *YIG* 调谐通常封装在一个直径和轴线大约为几厘米的圆柱型磁铁中。由于 *YIG* 小球尺寸过小，磁铁结构中的空气间隙也很小（1 mm 的数量级），这样产生的电磁铁具有很高的电感（典型值大约 1 H），使得在扫过几赫兹频率范围时稳定在某一新频率上的典型调谐速率在 10 ms 的数量级。为了使振荡器具有频率调制能力，使

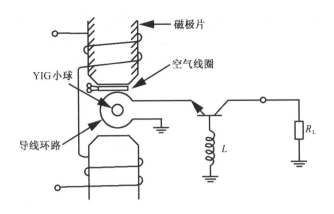

图 5.13 *YIG* 调谐振荡器

相位锁定在满意的高频带上以优化相位噪声的影响，在 *YIG* 球周围的空气缝隙中通常放置一个小线卧典型电路能使频偏达到 ±10 *MHz*，速率高达 10 *MHz* 以上。

5.2.1.4 频率倍增

频率倍增是另一种产生信号的方法，能够把较低频率的信号源延伸到微波范围内，并以足够的功率电平驱动一个非线性器件，有选择地滤出所需的基频的谐波，代替了微波振荡器。这种器件成本低，不复杂。非线性器件可以是一个二极管，通过电流与电压的非线性特性来驱动，或者是一个变容二极管，利用它的电容与电压的非线性特性。另一类型的器件是由一个针脚结构的材料组成的（用内部层把 P 型和 N 型半导体材料分离开），在这个器件里，当电荷作为少数载流子正向导通时被存储下来。反向加驱动信号，当所有电荷突然消失时，电导率变得很低，这时在极短时间间隔里电流减小为零。当这个电流流过一个小驱动电感时，每个驱动周期便产生一个电压脉冲，而这个脉冲则包含着非常丰富的高次谐波，这个步进重复二极管的作用和效果像高阶倍频器。

5.2.1.5 低频扩展

宽带 *YIG* 振荡器的工作频率限制在 2 *GHz* 以上，当要求工作频率小于 2 *GHz* 时，如不需要增加宽带，调谐放大器就可以扩展频率覆盖范围是很有意义的。利用外差系统和分频器是两种行之有效的方法。

5.2.2 信号源的控制和调制

前面描述的各种信号源能够提供宽频带微波频谱信号，但很明显，它们的功率和频率会随时间、负载条件或环境的变化而变化。在大多数实际应用中，需要附加器件和反馈电路来控制和稳定信号的电平和频率。实际应用中同样也需要额外的频率、幅度或脉冲调制。

如图 5.14 所示表示一种普遍采用的控制幅度的方法，当频率和负载变化时，幅度保持恒定。送到负载的信号通过直通耦合器传递到二极管检波器。检波器对于负载产生的反射信号相对不太敏感，这与耦合器的直通性有关。检波电压接到了驱动调制的差分放大器的一个输入端，因而形成反馈环路。参考电压接在放大器的另一端，决定了输出的信号电平，用它来调节输出电平。在这个参考电压输入端上，可以接入对频率、温度等进行修正的直流电压。环路增益和带宽是关键性的设计参数，它们也由所需的开关速度（即放大器恢复时间）、被校正源的总功率变化量、扫频源的扫描率以及信号源 *AM* 噪声频谱等因素决定。应该对它们有效地加以控制，以确保环路的稳定性。

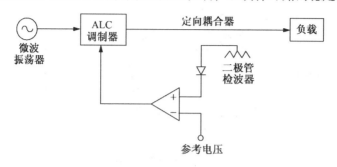

图 5.14　信号源的自动电平控制

因为直通耦合器对背向信号源的负载（与耦合器的直通性有关）反射信号不太敏感，所以入射功率保持为常数。而且，从调制器重新反射回的功率被检波和修正，使得有效的源匹配显得更完美（在实际应用中，耦合器的直通性与其他输出通道的缺陷将限制信号源的性能）。

5.2.3　频率综合

前面有关频率控制的内容以例子说明了这样一些概念，一个微波信号源如何才能稳定，如何产生相位锁定在一个基准源上的有限数量的输出频率信号。对参考源频率进行加、减、乘、除来产生输出频率的方法称为频率综合技术，所生成的每个频率的精度等同于参考源的精度，用百分比表示。目前普遍采用的频率合成技术是：间接合成、直接合成和直接数合成（DDS）。这些技术的基本原理可以用下面几个有代表性的例子加以说明。

5.2.3.1　间接合成

间接合成是指把输出频率信号进行取样，与参考源的一个频率信号相比较，再经过反馈形成一个锁相环路，如图 5.13、图 5.14 所示。输出采样信号的频率可以变换，或者经过分频或倍频后与一个偏离参考标准的某个参考频率进行比较（通常用一个相位检波器）。频率综合器可以由几个单独的锁相环或综合器组成。在如图 5.15 所示的例子中，输出频率被分离后作为参考频率加到了相位检波器上。

如图 5.16 所示提供了一个产生小频率步长的方法，在原理上使用大分频比而没有降低内在噪声。第一个分频器为双模分频器，意思是通过一控制线调整整数 P 和 P+1（如 10 和 11）使其能够动态地改变分频比。因此，M 个周期数分频比可能是 P+I，对于 N−M 个周期数可能是 P，而这个过程以每 N 个周期重复一次时，输出频率能以参考频率的小数倍方式变化，这就是人们熟知的"小数−n 技术"。双模分频器从 P+1 开始工作，并在 P+1 一直持续到频率控制单元脉冲计数为 M 时才改变（即 VCO 振荡 M 个周期后）。然后控制单元改变分频数为户，VCO 过了（N−M）户个振荡周期后，这个过程再次重复下去。结果在 P 和 P+1 之间是一个分数分频数（等于 P+M/N）。这种方法能够把参考频率减小到足够低,从而获得需要的频率步长,同时又没有额外的相位噪声。另外,这一方法在主要输出信号的附近引入伪信号,频率值为频率分辨率的倍数。这些都能够通过选择合适的环路带宽和相位误差校正电路来加以控制。

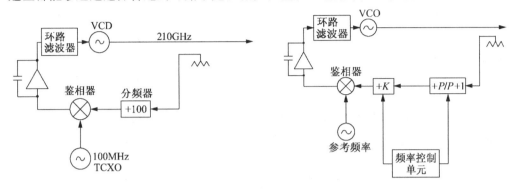

图 5.15　使用分频器的锁相环　　　　　　　图 5.16　带有小数 N 分频的锁相环

5.2.3.2　直接合成

直接合成技术是从一个公共参考源同步产生多种频率。这个公共参考源可以多种方式组合、选择和搭配,在输出端产生一种期望的频率信号。由于不需要等待环路锁定就能立刻输出各种频率信号,因而具有很高的频率切换速度,这是它的基本特点。决定频率切换的因素主要是开关速度和产生适当的命令驱动开关所需的时间。这种方法的另一个优点是具有相位记忆能力,即当合成器从一个频率切换到另一个频率然后又回到原来的那个频率上时,相位一直保持为它没有切换前的值。应当注意的是:如果涉及到分频器输入切换,则不会产生这种结果。

从系统设计观点看,混频器的乘法特性将会产生许多伪信号(不管是谐波还是非谐波的),在设计时有必要加以说明。要精心选择频率,并采用适当的滤波方法来减少输出伪信号的数量和电平。一般情况下,直接频率合成比间接合成体积更大,这是由于采用了大量的器件,需要更多的滤波和隔离要求。

5.2.3.3　直接数字合成(DDS)

这种方法克服了前面介绍的几种技术的缺点。在许多应用场合中,它有效地取代了锁相环,而且当 DDS 和前面介绍的方法一起使用时,若再加上高品质的相位和频率调制,就能够设计出更紧凑的高性能信号源。

随着 CMOS、砷化镓 NCOS 和 DACS 技术的不断改进和发展,用 DDS 代替 PLLS 和直接合成技术,朝着更高的频率发展。

5.2.4　微波信号发生器

5.2.4.1　简　介

对纯净、精确的电信号的需求是随接收机的广泛应用而发展起来的。这些信号可用于测试和确定各种接收机的性能,以进行必要的调试,如调试其中频时钟、本地振荡等。由于微波信号接收机的技术和性能越来越复杂,因此所需信号发生器的性能已远非

20 世纪 50 年代那种笨重的手工操作信号发生器所能满足的。

5.2.4.2 信号发生器的类型

本节描述了几种类型的微波信号发生器。每一种都在一定的应用范围内作了优化。

（1）CW 信号发生器。在某些情况下，可能只需要没有调制能力的连续波信号即 CW 发生器，只要价格便宜，而不需要很复杂的模块。在通常应用中，输出功率是很重要的。例如当信号发生器作为 LO 在向上或向下转换器中驱动一个混合器时，信号幅度要足够大，使混合器饱和，从而保证良好的幅度稳定和低噪声。若转换后的信号相位噪声没有降低，那么信号发生器的相位噪声就必须进一步降低。

CW 源的其他应用包括在传输测试中作为激励器、源驱动放大器或调制模块。在这些应用中，高的幅度精度、低的寄生和谐波信号以及良好的频率分辨率都是非常重要的特性。

（2）扫频信号发生器。扫频信号发生器通常用作测试和确定元件、子系统的特性。它可与标量、矢量网络分析仪或功率计或其他探测仪结合使用。扫描可以是连续的，也可以是离散的。能够连续扫描的锁相技术已应用在该类仪器中，从而可以得到高精度的频率。阶梯扫描技术是在扫描过程中，信号源在每个离散频率点被锁相，纳入计算机控制的自动测试系统中去。

测试系统常常要求扫频信号源有快速的切换速度，特别在小步进频率以避免错过窄带扰动的测量情况下更有必要。在网络分析仪的实时显示中，每次扫描有几百个频率点被刷新，而扫描速率至少不低于每秒 10 次，这也要求切换时间必须是毫秒量级或者更低。在天线测试中，在每一个巨大的空间范围内需要测试许多频率数据点，要求具有高测量速度，因此也需要快速的信号发生器切换速度。扫描信号源装上适当的接口，可以与标量和矢量网络分析仪一同工作。在很多情况下，它已被装入网络分析仪中。详见第六章中网络分析仪部分。

（3）具调制能力的信号发生器。随着各种接收机技术的复杂化，常常要求微波信号发生器能够产生各种调制信号，并具有经过精确校准的信号电平、大的动态范围，并且能抑制寄生信号和谐波。在信号发生器的最初应用中，提供了一些调制格式组合。其范围从简单的幅度、频率调制到变化极多的数字调制格式，这里，离散信号通过对载波的相位、幅度的调制组合后进行传输。

（4）具有频率灵活性和高性能调制的信号发生器。模拟复杂的多目标或多发射器去测试雷达或 EW 接收器，或对卫星影响和通信接收机进行某种测试，这些都需要高性能的信号发生器，它具有极快的频率切换能力和产生复杂调制的能力。在 VHF（超高频）段，可通过采用 DDS 技术和直接合成向上变频到微波频率范围，从而得到这些额外的性能。这些信号源具有各种软件接口，能为各种接收机测试提供专用的信号，允许以相似的形式输入参数，允许产生具有许多数字信号序列的复杂模拟信号。

5.2.4.3 调制类型

下面描述一些通用的调制格式及应用，给出具有这些调制能力的信号发生器的主要特征。

（1）脉冲调制。脉冲调制可用做模拟对雷达接收机的目标回送，模拟活动雷达发送器以测试 EW（电子战）监视或威胁告警接收机，或者为某种通信或遥控接收机模拟脉冲码调制。微波信号发生器可用被测系统的外部脉冲为其调制输入。输入阻抗一般为 50Ω，以避免在通用电缆上产生不必要的反射。

一些微波信号发生器具有内部脉冲源，使其在可选择的速率内能够自行控制运行，另外，也用可选脉冲宽度和延迟信号进行外触发，后者可用做模拟对雷达目标的距离变化。在内部脉冲源的各种操作模式中，包括由外部源选通内部源的模式，或双字节模式，即外部脉冲调制信号发生器，紧跟一个可选宽度和延迟的内部发生脉冲。

当测试宽带 EW 接收机时，对微波基频的谐波进行足够的衰减以避免信号判别失误是非常重要的。这需要良好的内部滤波器，不能降低微波脉冲的前后沿，不会造成可能对初始脉冲进行延迟复制的反射。

（2）幅度调制（AM）。微波信号发生器除了具有对 AM 微波信号进行模拟和对 AM ~ PM（调幅到调相）的变换进行测量的能力之外，同时也可以模拟在传输过程中不断衰减的远地发射机送来的信号或从旋转的雷达天线上送来的信号。AM 具有很宽的调制频率范围，在这些范围内，都可采用外部或内部调制，而不应产生多余的相位变化。

在某些情况下，可能更需要用 logAM 信号输入信号发生器，如 – 10 dB/V。这些应用包括对幅度变化大的信号的模拟，如雷达目标回送的旋转天线模式或闪烁影响。

（3）频率调制（FM）。在实际应用中，当需要提供 FM 信号时，需要信号发生器具有外部输入或内部源。调制度 β 定义为

$$\beta = \frac{\Delta f}{f_m} \tag{5.3}$$

式中：Δf——峰值频率差；

　　　f_m——调制频率。

对于采用锁相环（PLLS）稳定微波振荡器的信号发生器，若是要提高最大的 β 值，则会受到限制，因为鉴相器允许输入的范围被限制，这意味着最小的调制频率（对于某个特定的频偏）等于 $\Delta f/\beta_{max}$。由于直接将 FM 应用于相位锁定 VCO 将与环路相冲突，因此需要采用一些方法来避免这种影响，某些标明 DC FM（FM 频率接近 DC）的信号发生器通过对振荡器解锁可以实现这种操作模式，但却失去了稳定性并引入了高电平的相位噪声。这种限制对采用 DDS（见下面有关内容）的系统是不存在的。

5.2.4.4 微波信号发生器的结构

本节讨论了上述各种信号发生器的实现方框图。这些实现方法并不一定适用于一些特殊要求的应用场合，这里只是作为概念性的阐述，其目的在于定义和区分基本的信号发生器类别以及可能由此派生的信号源的功能类型。

（1）无调制能力的基本信号发生器。图 5.17 给出了一个微波信号源的简化方框图，包括一个可调的微波电压控制振荡器（VCO），由一个频率控制电路进行稳定，该电路一般包括 10 个锁相环和 1 个稳定的参考振荡器，参考振荡器（一般为 100 MHz）决定信号发生器的频率稳定度和带度。它通常包括一个温控晶振，或一个廉价的振荡器也能满足这类仪器的性能要求。有时，可能需要用一个普通的 10 MHz 参考频率去驱动几台仪器（如与其他信号发生器或一台频谱分析仪合用），这可通过大多数信号发生器

后面板的输入端实现。

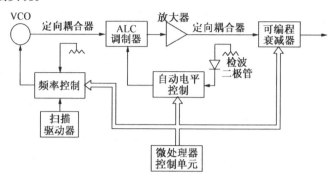

图 5.17　带有微波振荡器的信号发生器的原理框图

如果信号发生器具有扫频能力，则必须为 VCO 提供线性斜坡电压或阶梯扫描，由此在典型的扫频过程中，锁相环可以在数百个频率点上获得相位锁定。在连续扫频过程中，当需要一个高精度的频率时，通过宽带扫频的一些直接合成方法也有应用。

输出电平由自动电平控制环路稳定和控制。该环路由一个直接耦合和一个探测器组成。探测器对输出信号取样，并与参考电压比较，从而控制输出电平。使用不同的信号驱动 ALC 调制和关闭环路。位于 ALC 环路内的放大器的主要作用是提高从振荡器（一般为 YIG 调谐的基本振荡器）输出的信号功率，补偿在耦合器中的损耗。ALC 调制器和微波环路中其他器件的作用主要是环路控制、滤波与调制。输出端的可程控衰减器通常是一个步进衰减器。输出功率典型的动态范围 + 10 ～ – 100 dBm，由衰减器 10 dB 步进的粗调和微调（如 0.1 dB 的步进）组合而成，微调由 DAC 驱动。DAC 从 ALC 获取参考电压。后者可能包含频率和温度的校正因子，存储于仪器存储器表中。该校正数据一般是由制造厂通过校准过程而得到的，该校准过程通常是用一标准功率计测试信号发生器的输出功率。

有些仪器允许用户生成存储的校准表。校准所用的数据可从外部微波网络中的远地功率传感器获得，这样，用户可在所选的输出口获得一个不变的功率。

（2）附加 AM、FM 和脉冲调制。如图 5.18 所示的仪器性能与图 5.17 相类似，只不过增加了各种调制功能。为信号源提供 FM 的方法有很多种，一种技术是频率控制电路中的锁相环宽带要降到足够低的值，并在开环方式下，FM 信号在大于该带宽值的频率点上直接作用于 VCO。VCO 保持相位锁定因此稳定，但是最低的 FM 速率可能受到限制，如 1 kHz。通过对 PLL 带宽的优选项。工作在这种 FM 模式下的相位噪声可以大大减小。其他技术包括在低于优选 PLL 带宽的频率点对 FM 信号进行积分，并把相位调制元件加入 PLL 中，这样扩展的速率可能抵达 10 Hz。为优化相位噪声（微波 YIG 振荡器一般大约为 10 kHz），对高于"交越"点频率的处理方法与第一种技术相同，某些信号发生器与基于 PLL 电路的累加器相结合可以允许具有受限速率和偏差的 DC FM 调制。某些发生器提供 DC FM 操作模式，但这时环路不处于锁定状态，因此会多少降低频率稳定性和相位噪声性能。

线性 AM 调制如图 5.18 所示。它与 A 比参考电压一同加入 ALC 电路，实现 AM 调

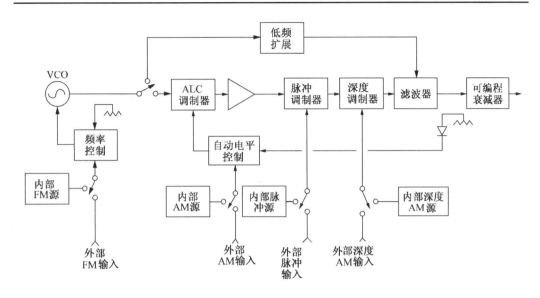

图 5.18   带调制的微波信号发生器

制。如前面所提到的，最大调制度受 *ALC* 动态范围的限制。而动态范围取决于在最小的微波信号电平输入时，测试器对噪声的测试能力。这反过来将依赖于直接耦合器的耦合因素和测试器的灵敏度。由于对 *ALC* 动态范围还有许多其他要求，包括微调范围和频率校正因子，对这样的线性 *AM* 系统，典型的最大 *AM* 调制度大约为 90%，典型的最大速率为 100 *kHz*，图 5.18 示出用户可选择内部源或外部信号驱动 *AM* 调制，如 *FM* 调制一样。

如果需要深度 *AM* 调制，可通过一个开环的二极管或 *FET*（场效应管）调制器来完成线性或对数 *AM* 调制。在图 5.18 中，*ALC* 环路包括深度 *AM* 调制器及脉冲调制器。当它们作用时，*ALC* 环路在应用调制模式之前先切换到保持模式，这时环路打开，*ALC* 调制器保持在环路闭合时的同一电平。于是脉冲和深度 *AM* 调制能够同时运用，这在进行远程雷达传输器的典型模拟时是十分必要的。

宽带信号发生器在带宽覆盖范围内，需要在频率点的谐波滤波器。可用可切换的低通滤波器，或者用可调的带限或带通滤波器。脉冲保真度（上升时间、过冲或平坦度）在载波频率太靠近滤波器边缘时可能被削弱，因此要精心选择切换点。

对低于典型 *YIG* 振荡器频率 2 *GHz* 以下频率的扩展，可利用外差技术或分频器。如图 5.18 所示的 *ALC*，*AM* 和脉冲调制技术是用于 2 *GHz* 以上的频率，对低频段则与此类似。

（3）向量调制的信号发生器。图 5.19 示出了对振荡器产生的载波进行向量调制的方法。载波分为两条通路，一条通路（*Q* 通道）相对于另一条通路（*I* 通道）有 90°的相移。*I* 和 *Q* 通道的调制信号由混频器加入，信号最终在输出端合成（相加）。

如图 5.19 所示为应用广泛的高频相位和幅度调制提供了一种方法。调制的精度依赖于 90°相移的精度、混频器的线性度和跟踪性、合成器及两个通道的平衡程度。而它在一个载波频率上进行优化和调整过程中，更难以达到向量信号发生器所要求的载波频

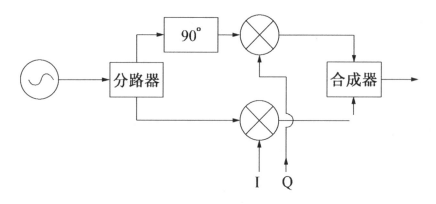

图 5.19　*I/Q* 调制器原理图

率范围。

（4）具有捷变频能力的信号发生器。利用直接合成技术，可获得宽带微波频率覆盖范围，并具有快速频率切换能力。频率分辨率（步进大小）为 1 *Hz* 的信号发生器可使切换时间在 100 *ns* ~ 1 *μs* 内。

（5）具有捷变频率和高性能调制的信号发生器。为了满足对具有复杂相位、频率、脉冲和幅度变化的多个信号的模拟需要，产生了把直接合成技术和直接数字合成结合起来的系统。*DDS* 部分在 *VHF* 段产生一个宽带调制载波，直接合成则利用灵活的向上转换把频率转换到微波波段。

图 5.20 示出了 *DDS* 部分，它在大约 15 ~ 60 *MHz* 的范围产生调制载波频率。复杂的频率和调制预没值通过计算机输入，计算机装载 4 个随机存储器（*RAMS*）以提供所需数据。相位累加器和数模转换器（*DAC*）以二进制 227 频率为时钟，大约为 134 *MHz*，存储于 *RAM* 中的数据决定了加入累加器的每个相位增量的大小，从而确定了瞬时频率。*FM* 加法器加入任何所需的 *FM* 调制。相位调制在正弦计算器之前加入。脉冲调制通过截取 *DAC* 的数据来提供。

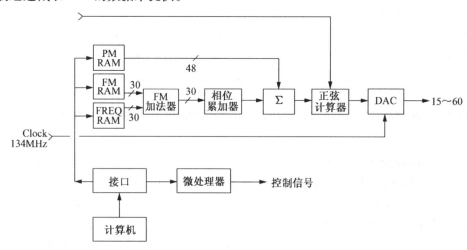

图 5.20　*DDS* 载波和调制合成器原理框图

5.2.4.5 微波信号发生器的基本指标

下面讨论微波信号发生器的主要指标规范。

1）频率

（1）稳定度。以上所讨论的各种信号发生器的频率稳定度依赖于时间或参考振荡器（一般为 10 MHz TCXO）的稳定度。影响漂移的主要因素是温度的变化、电压的线性和晶体的老化率，这些因素通常分别标定。这些数字一般是按温度每变化 1 ℃、每一个 10% 的线性电压变化或每 24 小时加热老化日，以 10^{-9} 的指数形式给出。

（2）频率分辨率。指能得到的最小步进频率。如果利用频率乘法器进行频率扩展，当在高频段工作时，分辨率可能增加。

（3）频率切换速度。指一个新频率在频率容限内稳定下来所需的时间，这明显与所标定的频率分辨率相关，在编程手册中也应该有清楚的描述。

2）微波输出

（1）最大输出功率。这可在各种情况下标明。对具有动态电平（ALC）的发生器，应标明最大的电子功率。这可以分 SIj 标在不同频段内。通常，在某个频率上可能需要输出许多不同功率，产品手册应以最大可用功率曲线给出该指标。

（2）最小输出功率。通常以最小电平功率表示，由步进衰减器（如果有的话）的范围和 ALC 的微调范围确定。

（3）电平精度。这应在相应的频率范围和功率电平上确定。存储于 ROM 的校准因素和对频率进行修正的有效算法一般在产品手册上会说明具有的精确度。实际的精确度受功率测量的不确定性限制，在低功率电平（低于 -90 dBm），这些不确定性较高，需要防止电流泄漏和辐射的现象。

（4）平坦度。这是功率通过一个频带的全部峰-峰变化值，它与绝对功率无关。

（5）电子切换速度。分为两种情况，一种是电平的变化不要求步进衰减器改变范围，因此主要由 ALC 环路带宽决定；另一种是衰减器要进行切换，对机电器件一般要加上 20~50 ms。

3）谱纯度

（1）相位噪声。通常表示为单边带噪声，常常用距载波一定偏移范围处（通常在 10 Hz~1 MHz 范围内）1 Hz 内的噪声表示。许多微波输出频率应标定。数据手册通常只标明了工作于优化模式下的相位噪声。

（2）剩余调频。表示一段频偏内的全部相位噪声，它来自于对载波的一个特定偏置频率范围内（如 0.05~15 kHz）的积分，表示为一个等效的频率偏差。一个合成微波源应具有的剩余调频值在通过 10 GHz 时为几十赫兹到 100 Hz。

（3）谐波。第二、第三及更高的谐波通常用 dBc 标定，如低于基波的分贝。它们应在某些微调输出功率电平上标定，因为信号发生器中的放大器通常在较高信号电平上加入畸变，进行宽带接收器测量时，低谐波非常重要。如果一频率乘法器用在信号源或频率扩展中，那么子谐波也应标定。

（4）非谐波杂散。这包括在载波特定的偏置范围内所有的寄生信号，包括线性电压序列及其谐波以及任何与频率合成处理相关的可能频率。

4）幅度调制

（1）速率。指应用的调制频率范围。通常用 $-3\,dB$ 响应值代表。对于对数 AM，带宽或转向时间可由响应步进应用的特定上升或下降时间算出。

（2）深度。表示线性 AM 可以达到的最大调制度，常用百分数表示。对于对数 AM，则可用分贝表示。

（3）灵敏度。是指产生一个特定的调制电平所需的外部信号电平。对于满刻度，用电压表示；对于对数 AM，用"分贝/电压"代替。

（4）畸变。这通常标定为一个百分数，作为整个谐波畸变（THD）值。

（5）附属 FM 或 PM。这是对产生于 AM 过程中不需要的 FM 或 PM 的一个度量。它可标识为在特定 AM 调制度下的相位偏差的弧度。

5）频率调制

（1）速率。指调制频率的范围，通常以 $-3\,dB$ 响应频率方式表示。

（2）最大偏移。微波源能驱动并且不产生多余失真的最大频率范围。在一个操作频率范围内可标定这个值，使用分频器进行低频扩展时，这个值可能减小。

（3）调制度。通常，最大的调制度受产生 PM 的方法限制，使用分频器会使其降低

（4）灵敏度。指达到一个特定频偏所需的外部驱动电平，通常表示为每伏多少 kHz 或 MHz，在一个特定速率和偏移值上有精确定义。

（5）畸变。在特定速率和偏移值上可表示为 THD 的百分数。

（6）附属 AM。指产生 FM 时，生成的不必要的 AM 电平，表示为调制度百分数。

6）脉冲调制

（1）开关比。指脉冲高电平与低电平用 dB 表示的比率。雷达应用中，该数值至少为 $80\,dB$。

（2）电平精度。指脉冲期间的电平幅度精度，通常用相对于 CW 的方式来表示。

7）向量调制

（1）频率响应。指应用于 I/Q 输入的最大调制率，通常在 $-3\,dB$ 点表示。

（2）灵敏度。指达到 I 或 Q 的满刻度值所需的电压。

（3）精度。指在特定输出频率、DC 调制率时，相对于满刻度的百分比。

（4）串扰。指 I 和 Q 之间的耦合量，表示为各种速率下的一个百分数。

5.3   频谱分析仪

5.3.1   概   述

一个电信号的特性可以用一个随时间变化的函数 f(t) 来表示,同时也可用一个频率 f 或角频率 $\omega = 2\pi f$ 的函数 S(w) 来表示，这两种表示之间的关系在数学上可表示为一对傅里叶变换关系：

$$S(\omega) \;=\; \int f(t)\,\mathrm{e}^{-j\omega t}\mathrm{d}t \tag{5.4}$$

$$f(t) = \frac{1}{2\pi}\int S(\omega)e^{j\omega t}d\omega \tag{5.5}$$

上述关系形象上可以定性地由图 5.21 表示出来。

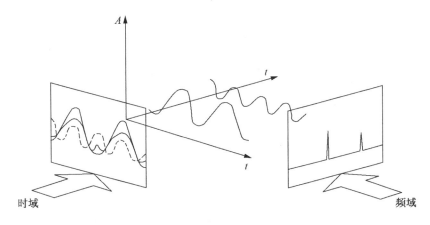

图 5.21 时域观测与频域观测之间的关系

从时域，方向描述的电信号就是我们在示波器上看到的波形只 f(t)。从频率 f 方向看到的这个信号可表示为一组沿频率轴步进的正弦信号的集合，即 S(w)，每一个正弦信号代表这个电信号在该频率点具有的分量值，也称为信号的频谱分量。而频谱分析仪要测量和显示一个电信号在频率轴各点频谱分量的分布情况。实际的频谱仪通常只给出振幅谱或功率谱，不直接给出相位信息。

5.3.1.1　频谱分析的特点及主要应用

图 5.22 和图 5.23 分别示出了某个放大器在大信号和小信号时输出的波形图及其对应的频谱图。

由图 5.22（a）可见，在示波器上显示出的波形图明显地示出正弦波被歪曲的情况，但却很难对失真程度做出定量分析。相反，从图 5.22（b）中，我们难以看出正弦波被歪曲成什么样子，但可以通过对信号基波和各次谐波分量的观察，直接给出定量的结果。在如图 5.23（a）所示波形图中，正弦波失真极小，目视无法观察出来；但在如图 5.23（b）所示频谱图中，则看得十分明显：二次谱波为 − 40 dB，三次谐波为 − 32 dB，四次谐波为 − 50 dB。由此不难看出示波器和频谱仪这两类仪器各自的特点以及它们互为补充的情况。

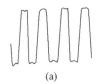
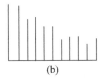
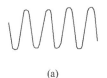
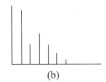

(a)　　　　　　　(b)　　　　　　　(a)　　　　　　　(b)

图 5.22　放大器在大信号时的输出信号系统　　　图 5.23　放大器在小信号时的输出信号

另外，现代频谱分析仪还有着极宽的测量范围，其最大跨度超过 140 dB。这些特性使得频谱分析仪有着相当广泛的应用场合，特别是在现代通信领域内，频谱仪已成为一种基本的测量工具。

目前，频谱仪的主要应用有如下一些方面：

（1）正弦波信号频谱纯度。如前例所示，包括可控信号幅度、频率和各种寄生频谱的谐波分量。

（2）调制信号的频谱。主要有调幅波的调幅系数、调频波的频偏和调频系数以及它们的寄生调制参量。

（3）非正弦量的频谱。如脉冲波参数的频域测量等。

（4）通信系统的发射机质量。如载频频率、频率稳定度、寄生调制以及频率牵引等。

（5）激励源响应的测量。如滤波器的传输特性、放大器的幅频特性、混频器与倍频器的变换损耗等。

（6）放大器的性能测试。如幅频特性、寄生振荡、谐波与互调失真等。

（7）噪声频谱的分析。

（8）电磁干扰的测量。可测定辐射干扰和传导干扰，以解决通信设备中遇到的电磁兼容性和电磁干扰问题。

以上是频谱测量应用的大体分类，要完成某项测量，有时需要附加其他辅助测量装尽以扩展仪器的使用范围。

5.3.1.2 频谱分析仪的工作原理和基本组成方案

频谱分析仪从工作原理上可分为数字式与模拟式两大类。数字式频谱分析仪是以数字式滤波器或快速傅里叶变换为基础的而模拟式频谱分析仪是以模拟滤波器为基础的。目前较常见的是模拟频谱仪，现代频谱分析仪多为数字与模拟混合型，纯数字式频谱仪多用于低频段。但随着数字电路工作速度的提高，数字式频谱仪的发展十分迅速。

1）模拟式频谱分析仪

测量仪器的基本组成方案来自于测量的基本原理和方法。如果要获取如图 5.22（b）和图 5.23（b）所示的频谱图，最基本的方法显然是用一系列通带极窄的滤波器分别滤出被测频谱分量。而这种以适当的模拟式滤波器选出所需的频率分量的思想，是各种模拟式频谱仪的基础。根据滤波器的不同形式，模拟式频谱分析方法有如下几种：

（1）并行滤波法。图 5.24 是并行滤波法的原理方框图。输入信号经放大后送入一组滤波器，这些滤波器的中心频率是固定的，并按分辨率的要求依次增大，在这些滤波器的输出端分别接有检波器，最后将检波结果送往显示器。

并行滤波法的优点是能作实时分析，缺点是需要大量的硬件。

（2）顺序滤波法。顺序滤波方法如图 5.25 所示，它与并行滤波法的区别仅在于将各滤波器的输出通过电子开关轮流输出到一个公共的检波器、放大器，然后送往显示器。该方法无疑可以节省许多检波器和放大器，但由于频谱分量的测量实际上不是同时进行的，因此原则上不能作实时分析。

（3）扫描滤波器法。以上两种方法都需要采用大量的滤波器，因此仪器庞大而笨重，若采用中心频率可调的滤波器来代替中心频率固定的滤波器，则可消除这一缺陷。该方法称为扫描滤波法，其原理如图 5.26 所示，该方法使得顺序分析方案达到了极度

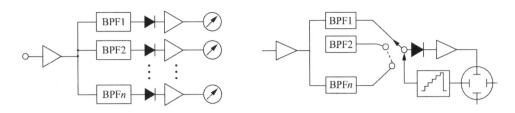

图 5.24 并行滤波式频谱仪方案   图 5.25 顺序式频谱仪方案

的简化。然而可调滤波器的通带以做得很窄，其调谐范围也难以做得很宽，而且在调谐范围内难以保持恒定不变的滤波特性，因此一般只适用于窄带频谱分析。

2）外差法

外差法继承了扫描法中的扫描设计思想，只不过窄带滤波器的中心频率 f_{IF} 是固定不变的，而且通过仪器本身产生的扫频信号与被测信号进行混频后送入滤波器，从而相当于把被测信号的频谱在频率轴上从低到高移动一遍，并使每个谱分量能在移动中通过中心频率固定的滤波器，最后顺序地得到信号的各频谱分量。这种按外差原理构成的频谱仪称为外差式频谱仪，其基本方案如图 5.27 所示。

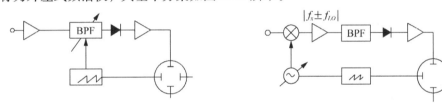

图 5.26 扫描式频谱仪方案   图 5.27 外差式频谱仪方案

频率为 f_x 的输入信号在混频器中与频率为八的本机振荡信号进行差频，如果所得差频（或和频）恰巧等于中间频率 f_{IF}，即：

$$| f_x \pm f_{LO} | = f_{IF} \tag{5.6}$$

亦即当

$$f_x = | f_{LO} \pm f_{IF} | \tag{5.7}$$

时，那么中频窄带滤波器的输出端就能得到一个幅度正比于该频谱分量幅度的信号。换言之，这里不是调节窄带滤波器通带中心频率去适应 f_x，而是通过调节 f_{LO} 在频率轴上移动 f_x 的差频去适应固定的滤波器中心频率 f_{IF}，如公式（5.6）所示。但从公式（5.7）看来，这完全等效于调节一个滤波器的通带中心频率去适应 f_x，因此扫描法与外差法在实质上是等效的。然而，实际上，后一种方案却优越得多。由于外差接收机中的中频滤波器是固定的，易于做到具有很窄的通带宽度，从而可得到高的频谱分辨力。

此外中频放大器只需工作于一固定的窄频带，而放大器的带宽与增益的乘积基本上为常数，所以窄带中频放大器可获得很高的增益，从而可得到很高的测量灵敏度。

另一方面，可调振荡器的频率调节范围比可调滤波器更宽；此外，变频不仅可利用差频，也可利用和频，还可以进一步利用谐波变频，即是利用

$$| f_x \pm n f_{LO} | = f_{IF} \tag{5.8}$$

的关系，其中 n = 1，2，3，…为本振的谐波次数。实际上，有可能利用到高达 n = 200 ~400 次谐波（利用梳齿滤波器）。因此，利用外差接收方式，可以测量极宽的频率。

由于上述外差接收系统的优点很多，而结构简单，因而使之成为通信、测量以及许多其他方面广泛使用的手段。在频谱分析仪中，这也是最普通、最常见的构造方式。一般，若不加以申明，频谱仪就是指这一类扫频外差式频谱仪。

外差法也是一种顺序分析法，因此它不能获得实时频谱。另外，因为输入信号中的各个频率分量是依次送到中频滤波器中的，所以滤波器的过渡特性及频率的扫描速度不能太高。

3）数字式频谱分析仪

现在实现数字频谱分析主要有两种方法：一是仿照模拟频谱分析的数字滤波法，另一个是基于快速傅里叶变换的快速傅里叶分析法，尤以后者的发展最为迅速。

（1）数字滤波法。一种数字滤波式频谱仪的实现方案。和模拟式频谱仪相比，它用数字滤波器代替模拟滤波器，与此相应，在滤波器前加入了取样保持电路和模数变换器。数字滤波器的中心频率由控制/时基电路使割顷序改变。

数字滤波法的核心是数字滤波器，其主要功能是数字信号处理，目的是对信号进行过滤。由于输入/输出都是数字序列，所以数字滤波器实际上是一个序列运算加工过程。它由存储单元、相加器、乘法器等数字硬件构成。与模拟滤波器相比，数字滤波器有以下一些突出的优点：

✦频响特性可做成接近于理想特性。

✦具有线性相位特性。

✦由于输入是经过 A/D 的数字信号，因此滤波器可设计成需要的数字字长，从而可精确地设计滤波器的精度。例如在模拟网络中，器件精度最高达 10^{-3}，难度极大，而数字系统的二进制 17 位字长可达 10^{-5} 精度。

✦可靠性高，不易受环境、温度、感应、杂散效应和振荡等影响，而且频率精度高，工作无漂移。

✦灵活性好，可与微处理器、计算机等连用，可以分时处理几路独立的信号，只要处理器的运算速度越高，同时处理的信道就越多，功能就越强。

✦数字部件体积小，重量轻，便于大规模生产。数字滤波器在目前阶段还存在使用上的局限性，这是由于数字系统的速度不能太高的缘故。

（2）快速傅里叶分析法。如果已经知道被测信号 f(t) 的取样值 f_k，则用计算机按快速傅里叶变换的计算求出 f(t) 的频谱。现在已经造出专门进行快速傅里叶计算的计算器，这种计算器与数据采集和显示电路相配合，可组成频谱分析仪。这种频谱仪的基本组成情况如图 5.28 所示。

其中，低通滤波器、取样电路、模数转换器和存储器等组成数据采集系统，它将被测信号转换成数字量，这些数据在 FFT 计算器中按快速傅里叶计算法计算出被测信号的频谱，并显示在显示器上。快速傅里叶频谱分析仪常常做成多通道的，这样不但可以同时分析多个信号的频谱，而且可测量各个信号之间的相互关系，例如，可测量信号之间的相关函数、交叉频谱等。

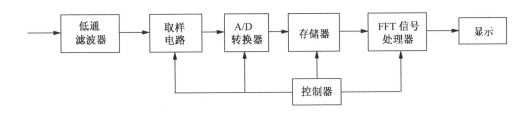

图 5.28 快速傅里叶频谱仪方案

5.3.2 频谱仪的工作特性

在论述频谱仪的具体设计之前，首先应了解一些决定频谱仪性能的工作特性和技术指标，并从理论上进一步探讨实际应用中这些指标与特性之间的关系，从而对频谱仪设计中的关键问题有一个基本了解。

5.3.2.1 频谱仪的分辨力

对任何类型的频谱分析仪，分辨力都是最重要的一个性能指标。频谱仪的分辨力，是指它能把靠得最近的相邻两个频谱分量（两条相邻谱线）分辨出来的能力。在实际应用中，频谱仪的分辨力主要是由两个因素决定的：一个是分析滤波器本身的设计带宽，它决定了频谱仪的静态分辨力，也就是当滤波器输入端为静态谱分析信号时，滤波器表现出的通带特性；另一个是滤波器的动态特性，也就是当输入为变化的动态信号时，滤波器表现的动态通带特性，该特性与输入信号的变化也就是频谱仪的扫频速率直接相关，它决定了频谱仪的动态分辨力。在频谱仪的设计和使用中，这两种分辨力扫频速率之间存在着密切的关系，是决定频谱仪性能的关键问题之一。

（1）频谱仪的静态分辨力。

（2）频谱分析仪的动态分辨率。

滤波器静态分辨率，即是当扫频速度非常缓慢时的情况。当扫频速度非常快时，由于不可避免的瞬变现象，分析滤波器的动态响应不同于它的静态响应。

（3）分析滤波器通带的最佳选择。从静态分辨力的定义来看，似乎应采用通带足够窄而滤波特性曲线近于矩形的滤波器来作为分析滤波器，以便获得良好的分辨力和分辨力，但事实上并非如此。考虑到滤波器的动态响应，最佳的分析滤波应具有钟形高斯曲线响应特性。

要想获得高分辨力，滤波器的动态通频带宽应尽可能窄。但这并不意味着要求静态通频带 B 愈小愈好。事实上，在一定扫频速度 γ 之下，存在一个最佳的静态带窄 Bopt，它能使动态通频带 Bd 达到一最小值 Bdmin。

5.3.2.2 动态范围特性的考虑

动态范围特性是选择频谱仪的一个重要指标，这个重要指标常常被描述为仪器能同时测量最大和最小信号的能力，而小信号往往是被测信号的谐波分量，它受到噪声和仪器本振的影响，在这个过程中，噪声二次谐波失真和三阶失真是关键因素。

（1）噪声电平。频谱分析仪测试小信号的能力常常被描述为所显示的平均噪声电平。这种噪声电平的测量是通过使频谱仪工作在最大的增益状态和最细的分辨带宽情况下得到的。噪声电平是带宽的函数，其定义如下：

$$\text{噪声电平的变化}（dB）=10lg（\text{分辨带宽2/分辨带宽1}） \tag{5.9}$$

由此可见，分辨带宽从 10 Hz 变为 1 Hz，会导致所显示的噪声下降 10 dB，即

$$\text{噪声电平变化}（dB）=10lg（1\ kHz/10\ kHz）=-10dB$$

（2）失真量的影响。在频谱仪中，很多部件存在着非线性，这些非线性部件在工作中将产生失真。最典型的失真是二次谐波失真和三次谐波失真。实际上也存在更高阶次的失真，但通常情况下二次和三次谐波失真的影响最明显。下面举一个例子来说明失真对频谱仪的影响。其中比较关键的问题是要能够区分所观察到的失真来源，这种失真可能来自两个方面：一是被测件所造成的失真；二是频谱仪内部产生的失真。在利用频谱仪进行测量时常常需要从被测件产生的失真中确认或分离出频谱仪本身的失真信号。在该过程中，输入衰减器可以起重要的作用。为了测试频谱仪是否过载，常常需要减少衰减器的衰减量，如果信号读数的增加倍数与衰减器的减少倍数一致，说明增益没有出现饱和（放大失真），返回原衰减电平进行测量将是安全的但是，如果这时信号读数的增加倍数与衰减器的减少倍数不一致，说明出现了失真。这时继续减少衰减器的衰减量造成仪器测量结果低于实际值，说明增益出现了饱和或过载。这种情况下的失真最明显，其原因就在于这时内部产生的失真远远高于输入信号电平的变化量。

5.3.3　现代频谱分析仪的设计

最初，频谱仪的设计主要是针对雷达脉冲测量的需要，而现代频谱仪是作为一种多用途的通用仪器而设计的，其性能特性在各方面都力求达到当代技术水平所容许的高度。这里我们给出现代频谱仪的一个简化原理框图（如图 5.29 所示）。它的基本构成与如图 5.27 所示的原理图无异，但在具体实现上则做了许多工作。

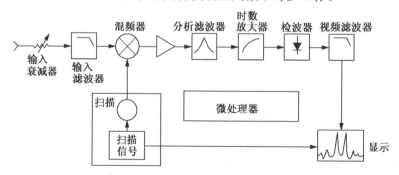

图 5.29　一种现代频谱仪简化框图

5.3.3.1　输入衰减器

图 5.29 中第一个框图是输入衰减器。它的作用主要是限制输入信号的功率，以确保后级电路不会受到功率输入信号的破坏。大多数频谱仪的混频电路能够正常处理 0 ~ -10 dBm 的输入信号（dBm 是指相对于 1 mW 功率的分贝值）。输入衰减器即可控制输入信号的门限值，也可用来优化频谱仪的动态测量范围。通常，频谱仪输入衰减器的最大输入功率为 0.5 ~ 1.0 W，这是频谱仪所能承受的最大输入功率。

5.3.3.2 输入滤波器

频谱仪第二级框图是一个镜像抑制或称为预选滤波器，它的作用主要是为了防止输入信号的高频部分在混频过程中出现的镜像干扰。例如，被测信号频谱中含有一个频率为 f 的分量，则本地振荡频率 f_{LO} 应满足下列条件：

$$f_{LO} - f = f_{IF} \tag{5.10}$$

这时，如被测信号有另一频率较高的分量 f，以致有：

$$f - f_{LO} = f_{IF} \tag{5.11}$$

那么它同样也能通过中频放大器。这就造成两条谱线的混叠，称为镜像干扰。克服镜像干扰的方法一般有两种：一是使滤波器的中频频率/F 尽可能的高，从而避免输入信号高频部分的影响；二是在频谱仪工作频率范围内，选择低通滤波器，滤除被测信号中的高频部分。但这种方法往往用在射频 RF 频段以下的频谱仪，在大多数现代微波频谱仪中，常常使用跟踪滤波器来完成这一功能。所谓跟踪滤波器是一些中心频率可调的窄带滤波器，它们可连续调节以跟踪频谱仪的调谐频率。但在毫米波段（大于 50 GHz），这样的滤波器是非常难实现的，从而不得不采用没有预选器的混频电路。这意味着由于镜像干扰作用，会使一个输入信号产生多个输出响应，所以使用者必须仔细区分哪一个是你所要测量的信号。大多数频谱仪提供了信号识别的功能，可帮助用户完成这一过程，用户只需把光标移到被观测的谱线上，频谱线将自动显示该谱线是否为"真的"信号谱线。

5.3.3.3 中频级（IF）

在频谱仪中，中频级是分析信号频谱分量的部分，它主要包括混频器、步进增益放大器以及最为关键的分析滤波器。分析滤波器的分辨带宽是一个频谱仪分辨能力的标志。分辨带宽越窄，表明频谱仪区分信号相邻频谱分量的能力越强。分析滤波器常用 LC 滤波器、晶体滤波器和数字滤波器相组合而成，形状因子和滤波器类型是表征滤波器特性的重要参数。

形状因子实际上表明了频谱仪能够分辨出与大信号相邻的小频谱分量（相差 100 万倍）的能力。形状因子越小，频谱仪酌这种分辨能力越强。

滤波器的类型对频谱仪的性能有很大的影响，像巴特沃尔兹滤波器和切比雪夫滤波器具有非常好的通带选择性，也就是对信号频谱的分辨能力很强。而高斯滤波器和同步调谐滤波器具有更好的时域性能，也就是说有更好的幅度精确性。滤波器类型的选择主要取决于频谱仪的应用领域。优良的形状因子性能可以得到好的信号频谱分辨能力，而好的时域性能可以使频谱在高速扫频（测量速度快）时能获得较好的幅度精确度。

此外，本振频率的稳定性也直接影响频谱仪的分辨力，在现代频谱仪中，本地振荡都采用频率合成和锁相技术。

步进增益放大器主要是用来保证频谱仪具有精确的灵敏度和测量范围的调节能力，这些放大器常常具有非常精细的增益步进，在 50 dB 范围内，其调节精度至少可达到 1 dB 或更小。

5.3.3.4 对数放大器

对数放大器用对数函数处理输入信号，它的作用是增大频谱仪幅度测量和比较的范围。一种实现这种压缩的技术是构造一个增益随输入信号幅度变化的放大器。在小的信号电平下，该放大器的增益可能是 10 dB；对大幅度信号，其增益可能降到 0 dB。为了获得所期望的对数范围，常常需要级联若干个这类放大器。对数放大器的增益范围常常在 70 ~ 100 dB 之间。对数函数的一致性是对数放大器重要的性能参数，因为这种不一致性将直接导致测量的幅度误差。

5.3.3.5　检波器与视频滤波器

对大多数常规频谱仪来说，检波器一般采用线性包络检波器，它与我们在调幅收音机中使用的检波器非常类似。由于信号在对数放大器中已经得到很好的压缩，所以这种线性检波器一般已能满足大动态范围的需要。但在某些频谱仪中，也采用具有大动态范围的线性检波器，像同步检波器等，它往往伴有直流对数放大器，以提供更大的测量显示范围。在包络检波器后面是一个视频低通滤波器，它对检波器输入进行低通滤波或平滑。它的主要作用是去掉随机噪声的影响，一般视频滤波器的通带可选择为 1 Hz ~ 3 MHz，常以 1、3、10 序列步进，可根据需要设定以滤除噪声。

5.3.3.6　A/D 转换器与视频处理系统

在数字式频谱仪中，视频信号经采样/保持（S/H）电路，由 A/D 变换器变成数字信息以存储和进一步处理。扫描信号也同样经过 A/D 变换，经微处理器处理后送 CRT 显示。

在 μP 控制的频谱仪中，由于采用数字式波形存储和显示，因而有必要对检波后的视频信号作一些额外的处理。

前面已指出，在一次扫频中对视频信号要采样并存储 1 000 个数据点。然而简单地采集并存储一条光迹的 1 000 个数据点，对于各种不同的情况，未必一定都能给出足够满意的结果。例如，在频率总跨度为 F 的频谱图中，1 000 个数据点只能使频谱读数准确到 $F/1 000$。在满跨度为 1.5 GHz 时，频率读数只能精确到 1.5 MHz。若要求频率读数的精确度与分辨力相当，则频谱仪显示的形貌比（$Aspect\ Ratio$，其定义为 $AR = F/B$）不应超过 1 000∶1 ~ 500∶1。例如，当使用 $B = 10\ Hz$ 时，F 超过 10 kHz 就没有多大意义了。

另一方面，频谱仪的扫速最高为 20 ms，因此扫过一个数据点需 20 $ms/1\ 000 = 20$ μs，也就是说，实际的采样速率不超过 $1/20\ s = 50\ kHz$。这样低的采样速率不能适应快速的信号。为了保证能捕获谱线（视步脉冲）的峰值，就必须使用峰值检波器，然而这又产生下面的一个问题：

视频信号同时加于正、负峰值检波器。扫频开始前，两个峰值检波器中的开关均闭合，两个电容器都充电达到视频信号之值。扫频开始时，微处理器令两个开关断开，于是正峰值检波跟踪视频信号的上升，负峰值检波器则跟踪视频信号的下降。在每一数据点位置（采样间隔），处理器轮流取二检波器输出给 A/D 变换器。在选正峰值检波输出时，处理器令正峰值检波器的开关闭合，令电容器恢复到当前的视频电压值；在选负峰值检波输出时，则断开正峰值检波器的开关，使正峰值电容器保持先前值，以供下一数据点位置之用。但是，负峰值检波器则在每一数据点之末都被恢复。两个检波器的不同复位原理将在后面阐述。

当显示的形貌比很大时，在一个数据点间隔时间内，视频信号上升到峰值又再回降到噪声电平，因此必须令正峰检波值保持一个间隔时间，否则就很可能显示不出谱线。当显示形貌比较小时，视频脉冲显示为明显的相当宽的钟形曲线。在经过峰点时，升、降检波可能在一个数据点位置时，这是无所谓的。但是如果恰好取负峰值检波输出时，电容器仍保留先前的负峰值，那么显示就失误了；如果负峰检波器电容恢复到当前视频信号值，那么它与前一间隔正峰检波输出值相差不多，从而保证了显示曲线的光滑而不致有突降。

5.3.3.7 扫频本地振荡器

扫频本地振荡器是整个频谱仪中的关键部分，扫频本振的频率稳定性和谱线纯度往往决定着仪器的很多性能指标。残余频率调制是本振稳定性的一个标志。理想的本振是完全稳定的，不存在频率调制。在通常具有非常窄的分辨带宽的频谱仪中，几赫兹的频率调制都会引起如图 5.30（a）所示的现象。由于本振的不稳定会造成测量波形的抖动，所以本振的稳定性常常决定着频谱仪的可用分辨带宽。为了达到所要求的频率稳定性，可采用多种技术，如鉴别器（discriminator）环、锁频环或锁相环，它们都有各自的优点，而且在使用中应与仪器的其他部分相匹配。

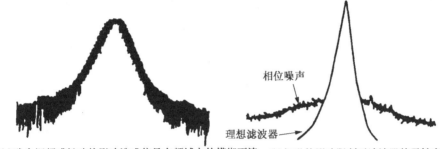

(a)残余调频或抖动的影响造成信号在频域上的模糊不清   (b)相噪的影响限制了滤波器的灵敏度

图 5.30 本振对分辨带宽的影响

即使是非常稳定的本振源，也存在不稳定性，常称为相位噪声或边带相噪。相位噪声会影响对正常大信号附近的小信号的观测，这时即使仪器的分辨带宽和形状因子做得再好，也不起作用，如图 5.30（b）所示。现代信号分析仪非常有价值的进展就是可以对任何器件直接作相噪测量，这一点对频谱仪本振源的设计也具有重要意义。

5.3.3.8 微处理器

对任何现代仪器来说，微处理器及其软件都是重要的核心内容。它控制仪器的所有硬件准确地完成各种测量功能。老的频谱仪要求操作者通过调整分辨带宽、扫描时间以及扫描频率跨度来保持测量的完整性。为了获得完整的信号频谱特性，往往要求扫描速度足够慢，以确保信号能正确地通过中频滤波器。如果扫描速度太快，则信号通过滤波器的响应会出现延时和幅度衰减失真。

本振扫描过快，由于滤波器响应特性跟不上扫描速度，出现幅度下降和响应延时（特性右移）对仪器各部分校准或校正是微处理器另一项重要任务。校准数据存在仪器 ROM 中，它主要用来修正仪器硬件不理想而造成的系统误差。例如，由于输入滤波器和混频不理想而造成的频响误差等。这种校准的前提是要对各部分硬件性能进行准确测量，并把误差结果存入仪器的存储器，在实际测量时，再取出这些数据对该部分硬件的响应结果进行校正。输入衰减器和对数放大器的精度也可由微处理器进行补偿和校正。另外，用户显示界面和程控接口管理也由微处理器完成，由于测量结果是以数字化形式存放的，因此微处理器可以方便地根据操作者的要求以各种方式显示测量波形的特征与细节。

5.4　相位噪声测量

5.4.1　为什么需要测量相位噪声

在许多射频和微波系统，例如移动通信、微波通信网、太空观测系统和多普勒雷达中相位噪声是一种非常重要的特性指标。在这些系统应用中，有一个共同的特征，那就是要在强干扰信号下处理微弱信号，往往是干扰信号与需处理的信号在频域上非常接近。例如在移动通信中，一个接收机需要接收一个微弱的小信号，而与此同时，其相邻频道却存在阶很强的大信号，这时接收机首先要将所需小信号下变频到中频频段，在这个过程中就有可能混入相位噪声，即不需要的噪声信号。这种相位噪声的来源可能有两种：一种是相邻信道上的强信号通过下变频混入接收信号；另一种则是来自接收机本振信号的相位噪声，而本振信号是接收机下变频所需的标准信号。类似的情况在相干多普勒雷达中也存在。在这里大的静态物体的反射也会产生很强的干扰信号，这些干扰信号有可能覆盖到微弱的多普勒信号。

由于相位噪声会影响这些系统的性能，所以有必要对它进行测量，并对一些信号源给出相噪比，这些信号源包括振荡器、频率综合器和某些器件如放大器、分频器、乘法器和鉴细器等。

5.4.2　相位噪声的定义和表示

一个正弦信号的相位通常可以分为两部分：第一部分是随时间线性增加的相位部分，可表示为 $2\pi f_0 t$，其中 f_0 是正弦波的频率，这部分相位是精确的、不含噪声的；另一部分是随时间随机起伏的相位部分，可表示为 $\varphi(t)$，这个随机起伏部分我们通常称为相位噪声。

这种正弦信号 $V(t)$ 可表示如下：

$$V(t) = V_s \sin[2\pi f_0 t + \varphi(t)] \qquad (5.12)$$

式中：V_s——信号的幅度；

　　　　t——时间；

　　　　φ——时间而变的相位起伏，也就是相位噪声。

为了便于理解，我们将随时间变化的正弦波信号比做一个钟表的秒针，秒针随时间周而复始地运动。那什么是相位呢？我们知道，一个钟表在不同的时刻其秒针总应走到其相应的位置，我们可以把秒针的位置称为相位。那么什么是它的相位噪声呢？作为一个精确的时钟，其秒针在指定的时刻应指向某一固定的位置（或称为相位），然而由于各种干扰或其本身的不精密性，有可能稍快或慢一点到达该位置，我们把造成秒针随机抖动的干扰统称为相位噪声。但应该强调的是：造成秒针固定慢或快数秒的误差因素，不属于相位噪声的范畴，相位噪声一定是使秒针出现随机的或者说事先不能确定其误差和方向的误差因素。

　　一个正弦波的相位噪声如图5.31（b）所示，其中实线部分表示无噪声的信号，虚线部分表示由于噪声干扰产生的左右随机抖动。

　　应该指出：相位和频率是一对联系非常紧密的量，从数学上讲，频率就是相位对时间求导数或微分，因此，只要知道了其中一个，另一个可以通过推导求出。在实际测量中，常常是哪个方便就测量哪个参数。相位噪声如何测量呢？一般有两种方法：一种是时域测量，即根据相位噪声表现为相位在时间轴上的抖动，用测时间的方法求得，这种方法较为直观，而且对频率较低的信号是相当简便有效的；但对高频信号，我们更常用的是另外一种方法，即频域测量方法，它把一个信号的相位噪声归结为一个噪声源对信号的相位调制，也就是从频域上看，信号的频谱周围存在一些杂波分量，这些杂波分量就是相位噪声，这样相位噪声的测量就成为对这些杂波分量的测量。下面我们分别就这两种方法作一概述。

5.4.3　相位噪声的时域测量方法

　　如图5.31所示是一个利用示波器来观察相位噪声的示意图。

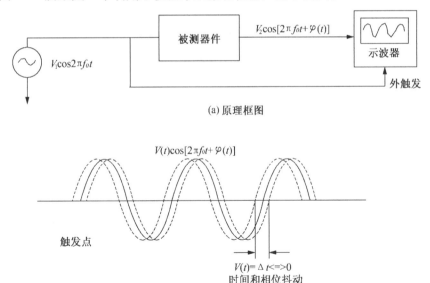

(a) 原理框图

图 5.31　示波器观察时间抖动的示意

　　利用信号 $V_1 cos 2\pi f_0 t$ 作为被测器件的输入，同时也作为示波器的外触发输入，这时在示波器上可以看到 $V_2 cos [2\pi f_0 t + \varphi(t)]$ 信号，其中 $\varphi(t)$ 为该器件的相位噪声。如果这时内含有影响相位随机变化的噪声，则能够在示波器屏幕上看到正弦波的左右移动或抖动，这种左右抖动的最大范围，可以通过示波器屏幕上的刻度与水平扫描速度确定，设为 Δt，从而根据下式得到相位噪声定义：

$$\varphi(t) = \Delta t^* 2\pi t（弧度） \tag{5.13}$$

式中：T——信号周期。

如图 5.31 所示的测量称为相位噪声的残差测量，在这种情况下，相位噪声只是由被测器件产生。如果用于触发的信号源是一个非常标准的参考源，那么，任何器件所产生的相位噪声都能在示波器上观察到。

示波器提供了一种最直接的观察被测信号时间（相位）抖动的方法。对含有较大过零点噪声调制的脉冲（这种噪声一般来自于连线噪声或其他的信号耦合），这种方法相当有效和直观，但是示波器毕竟在准确度特别是灵敏度方面的性能较差，因此难以测试射频源的相位噪声。

5.4.4　相位噪声的频域测量法

相位噪声测量更常见的方法是频域分析方法，它实际上是把信号相位的波动 $\varphi(t)$ 变成频域信号加以描述，即将 $\varphi(t)$ 通过傅里叶变换为谱函数 $S_{\Phi(f)}$：

$$S_{\varphi}(f) = \varphi^2 \, \mathrm{rms}(f) \tag{5.14}$$

式中：$S_{\Phi(f)}$——相位波动的频谱分布，dB/Hz；

　　　　f——代表频率；

　　　　φ_{rms} (f) ——在频率 f 处相差的均方根值。

图 5.32 以 dB 形式给出了最终的 $S_{\Phi}(f)$ 结果，f 为傅里叶频率，有时也称为"偏置频率"、"基带频率"或"边带频率。图中，分布函数用专门的分布斜率如 f^{-3}、f^{-2} 等作了折线近似，它代表了典型的对振荡器相噪测量的渐进近似曲线。

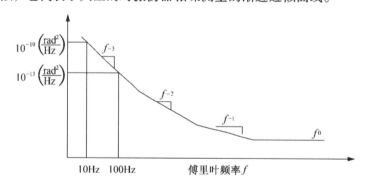

图 5.32　以特定分布斜率线段给出的相位变化谱密度分布

如果将被测源接一鉴频器，利用频谱仪可在鉴频器输出端观测到频率变化的谱密度分布 S_v (f)：

$$S_v(f) = \Delta V^2_{rms}(f) \quad （Hz^2/Hz） \tag{5.15}$$

式中：$\Delta V rms$ (f) = 频移$/\sqrt{Hz}$。

由于频率是相位对时间的一阶导数，所以相位波动的频谱密度分布可以简单地转换成频率波动的频谱密度分布，即 $S_v(f) = f^2 \cdot S_{\Phi(f)}$。

例如在 10 Hz 处的 $S_{\Phi(10)} = 10^{10}$（rad^2/Hz），可将其转换成 S_v（10 Hz）：

$$S_v \, 10 \text{ Hz} = 10^2(Hz^2) \cdot 10^{-10}(\text{rad}^2/\text{Hz}) = 10^{-8} \tag{5.16}$$

5.4.5 相位噪声的测量与分析

如果不考虑用示波器测量相位噪声，那么除了频谱仪以外，任何单台仪器都不可测量相位噪声，典型的相位噪声测量包含一系列组件，如一些标准信号源、一个鉴相器或鉴频器。如果将鉴相器或鉴频器的输出端接一示波器，可以作相位噪声的时域测量；而如果接一个计数器或基带频谱仪，也可以作上述定义的相位噪声测量。测量方法的选择主要取决于被测器件的相位稳定程度。在测量中，采用自动测试可以极大地提高测量和校准的效率，但并不是说就可以不考虑选择何种测量方法，随便选一种测量方案组建自动测试系统往往达不到预期效果。实际上在相噪测量中，必须对各种测量方法的特点有深入理解，才能根据不同情况确定最佳测量方案。

本节给出了如何根据不同的灵敏度要求来选择测量方案与技巧，这些方案覆盖了很宽的测试器件，可以从高稳定的晶振到有很高相位噪声的微波信号源。

5.4.5.1 利用计数器对频率波动的测量

利用周期计数器可以对信号周期的波动或信号相对频差的波动进行测量。如图5.33 所示，在这种测量方法中，如要保证必要的测量分辨率，就必须利用下变频技术，即利用一稳定的标准频率为 $f_0 \pm f_D$ 信号对被测信号进行下变频，得到频率为 f_D 的信号，这样做的目的主要是降低被测信号频率，以减小周期计数器测量的量化误差。如图5.33 所示，混频后的信号经过低通滤波器和低噪声放大器送入周期计数器。利用计算机可以把得到的周期波动数据转变成相对频差波动或以采样时间为函数的阿伦方差，或者作傅里叶变换将时域结果变成频谱分布函数。

在这种方法中，混频输出的频率越低，相对频差测量的分辨率就越好，其关系是

$$\frac{\Delta f_-}{f_0} = \frac{f_D^2 \Delta \tau}{f_0} \tag{5.17}$$

式中：$\dfrac{\Delta f}{f}$——最小的相对频差；

$\quad\quad \tau$——采样时间；

$\quad\quad \Delta\tau$——周期计数器的量化误差。

在这里，标准信号源的相位噪声必须远远小于被测信号噪声。信号源的稳定性一般决定了其最小的频率步进。这种测量方法特别适合于表征晶振的频率稳定度。

例如，在偏置频率 $f_D = 10$ Hz 时，系统可以测量到 -153 dBc/Hz 的相位噪声。这个例子表明了这种外差频率测量方法的优点，即它可以测量非常靠近载波频率且幅度很小的相位噪声信号，而对较高的傅里叶频率处的相噪测量，这种方法是不适合的，因为在较高的傅里叶频率处的测量，要求有较高的 f_D，从而使测量误差变得较大。

5.4.5.2 利用频谱仪进行射频功率谱的测量

利用射频频谱仪测量的频谱分布是以载波频率为中心完全对称的边带噪声波形，当超过 300 kHz 偏置范围时，由于频谱仪动态范围的限制，使其难以测量该压控振荡器的

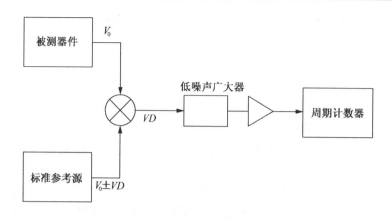

图5.33　利用周期计数器测量信号周期波动

远端噪声。

利用频谱仪方法测量相噪的另一个限制是被测源的潜在调幅 *AM* 噪声。与相位噪声一样，调幅噪声也会在压控振荡器上产生对称的噪声边带。利用低噪信号源对被测信号进行下变频，可以有效抑制被测源中的调幅噪声。利用被测信号源作为混频器的本振输入，信号对 *LO* 端口的驱动能力越强，对其调幅噪声的抑制效果越好。

5.4.5.3　用鉴相器方法测量

相位噪声不仅仅是在晶振和信号源中才出现，在射频放大器、分频器、倍频器和滤波器中同样存在。实际上，任何处理射频信号的器件都可能增加相位噪声。与晶振和信号源这种只有单端口即输出口的器件不同，这些器件都有双端口即输入、输出口。这种由双端口器件引起的相位噪声常常称为残留相位噪声。相位噪声最直接的测量方法是加被测信号到一个鉴相器。该鉴相器是一个能够比较被测信号与标准信号相位差的器件，并且它把这种相位差转成与其成正比的电压输出。然而，由于噪声信号的非相关性，实际上是输出电压的均方根值与参考源和被测信号相位波动之和的均方根值成正比。如果有可能的话，应尽量选用高稳定性的信号源以减小其噪声对测量的影响。

5.4.5.4　利用振荡器和信号源进行相位测量

图5.34给出一种利用鉴相器、参考源、振荡器及频谱仪测量单端口器件（如 *VCO*）相噪的方法，该测量设备与校准方法与前述的双端口器件非常类似。信号源是一已知低噪声参考源，假设其噪声可忽略不计。两个信号分别加在混频/鉴相器的两个输入端。

为了使混频器具有鉴相功能，两个输入信号应该频率相等，相差90°，即使对一极稳定的被测量和参考源来说，要想在完成一次测量的时间内保持上述关系稳定也是非常困难的。因此需要在被测源或参考源上增加一锁相环，以强迫两个信号源之间满足正交关系。两个信号都经过一放大器，主要是起隔离作用，以避免不需要的相互误锁。

如图5.35所示的锁相环使参考源在环路带宽内跟踪被测件的相位变化。由此，鉴相器的输出电压受到环路增益的抑制。但在环路带宽以外，鉴相器的输出则保留有两个信号源之间原有的相位变化。因此频谱分析仪仅能观测到锁相环带宽的各偏置频率点上的相位变化谱密度函数，对于锁相环带宽内的各偏置频率点，其相位噪声谱受到环路增益的抑制。为了能得到尽可能接近载波频率的相噪数据，应使锁相环带宽尽可能的窄。

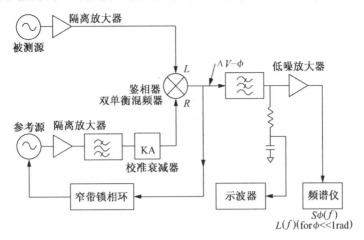

图5.34 用两个信号源接入鉴相器完成相噪测量

减小环路带宽的限制主要由于低频相位噪声或杂散对被测信号的调制，它会使混频/鉴相器的工作超出其线性范围并受到环路增益的限制。

5.4.5.5 用鉴频器的方法测量相位噪声

被测信号源可以直接加到射频或微波鉴频器，也可以先下变频到中频段再利用中频鉴频器。无论哪种情况，鉴频器的输出都与信号频率的变化成正比，利用灟谱仪可以测量到频谱密度分布 $S_v(f)$，利用计算得到射频功率谱密度函数 $L(f)$。其公式如下：

$$L(f) = \frac{1}{2f^2}S_v(f) \tag{5.18}$$

5.4.5.6 利用延迟线和射频混频器实现频率测试

利用一延迟线作为鉴相器的混频器可以实现鉴频器的功能延迟线将被测源的频率变化 $\Delta v(t)$ 转变成混频器两输入之间的相位变化 $\Phi(f)\varphi(t)$，这种频率到相位的转换关系如下：

$$\Phi(f) = 2\pi\tau\frac{\sin\pi f\tau}{\pi f\tau}\Delta v(f) \tag{5.19}$$

式中：Φ（f）——相位变化的频谱密度；

τ——通过延迟线的延迟时间；

f——傅里叶变换频率；

$\Delta v(f)$——频率变化的谱密度。

最终混频器的输出与被测源的频移 $\Delta v(f)$ 成正比，延迟线—混频器的频率灵敏度（V/Hz）为 $2\pi\tau k$。延迟线越长，则鉴频器的频率灵敏度越高。另一方面，过大的延迟时间会限制鉴频器的频率响应范围 [延迟线的 $sin(x)/x$ 响应在 $f = 1/\tau$ 点为 0]。

鉴频器方法显著的特点是不需要参考源。其不足是它在频谱仪上显示的被测信号频率波动的谱分布密度，这些数据要通过乘以 $1/f_2$ 才能变换为相噪数据。该系统对小的偏置频率具有较好的灵敏度。

5.4.6 微波信号源相位噪声的测量

在微波信号源相噪测量中，比较困难的一点是不容易建立低噪声的参号源，由于微波鉴频器往往具有固定的频率分辨，如空腔谐振器，而延迟线方法又会带来难以接受的损耗，因此使用鉴频器的方法难以达到好的测量效果。

图5.35给出了一种实际应用的微波相噪测量方法。它利用一个低噪声微波下变频器将被测微波信号下变频至中频段进行测试，然后再与一低噪声射频信号源作相位比较，或者将其接至一具有低损耗的延线成鉴频器。

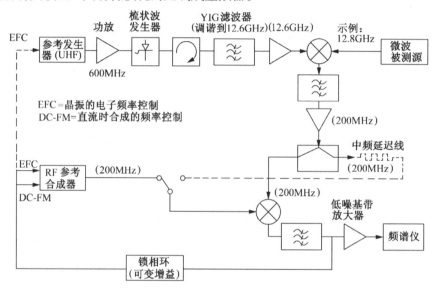

图5.35 利用一低噪声微波下变频器将被测微波信号转换成中频信号，
然后用相位测试器或延迟线鉴频器的方法对其进行相噪测量

决定整个系统噪声平台的最关键部分是参考信号产生框图部分，它负责产生具有非常低噪声的$600\,MHz$参考信号。该部分由$10\,MHz$和$100\,MHz$晶振以及一个$600\,MHz$声表面波SAW振荡器来构成。利用混频器和锁相环将几个振荡器之间的相位相互锁定。其结果使输出的$600\,MHz$信号具有三个振荡源相组合的最佳相位噪声边带。然后该信号通过一功率放大器驱动一步进恢复二极管乘法器，并产生一高达$26\,GHz$、间隔为$600\,MHz$的梳状信号。而YIG滤波器则从该梳状信号中选出接近于被测信号频率的谱线，用它作为下变频信号。

如前所述，系统的噪声平台，特别是对更高的微波频率来说，其主要由超高频VFH参考信号发生器决定。一个较好的相噪测量系统在$10\,GHz$处能够测量的相位噪声达$-130\,dB/Hz$。

5.4.7 各种相位噪声测试系统测试灵敏度的对比

图5.36给出了一个基于不同噪声测试方案的灵敏度对比。在这里，我们假设所有

的标准信号源和其他系统元件都是低相噪的。

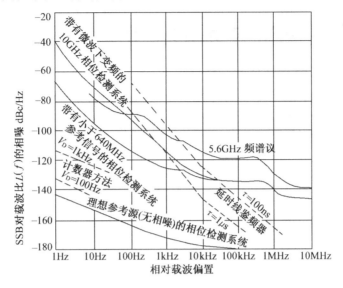

图 5.36 不同测量方法的噪声平台曲线

图中，对计数器方法给出了两个差分频率（$f_D = 100\ Hz$ 和 $f_D = l\ kHz$）下的理想系统噪声曲线，在实际中，可以应用的偏置频率范围一般在 $10 \sim 100\ Hz$ 之间，该系统直接测到的数据是周期量，因此需要通过计算变成相位噪声。

如何利用频谱仪作相噪测量主要取决于它自身本振 LO 的相噪性能。在图 5.36 的相噪测试系统中，要求频谱仪具有低相噪的综合本振信号源。对频谱仪附加很多限制条件是由于较高的系统相噪，因而导致其典型的噪声平台在 $-130 \sim -140\ dBc/Hz$。

图中对相位测试的方法给出了三个不同限制条件下的噪声曲线。具有最低相噪电平的曲线是完全忽略标准参考源本身相噪情况下得出的。

第二条曲线（小于 $640\ MH$ 参考源曲线）则描绘了在同样的鉴相器系统中考虑了标准源的相噪情况。该系统性能主要取决于标准参考源的相噪，该参考源是一上限频率为 $640\ MHz$ 低噪声综合信号源。

第三条曲线（$10\ GHz$ 相位测试系统曲线）则给出了上述鉴相器系统被扩展到 $10\ GHz$ 微波段时的相噪平台。这里，利用了一个低噪声的下变频器将被测信号变到中频范围，使射频综合器能够产生所需的参考信号。

总之，系统灵敏度的比较表明了这样一点，即对一个给定的被测件测量相噪，必须保证所用的测试系统本身的相噪远远小于被测件的相噪，而实际测量结果将是这两个相噪之和。

6 计算机测试技术的应用

计算机测试技术的应用就是通过把测试仪表输出的信号转换成计算机能够接收的数字量，并按一定的方式输入计算机。由多路模拟开关、采样保持电路、A/D 转换器等技术等构成的数据采集系统。

6.1 计算机应用部件

数据采集系统常用的计算机接口部件主要包括放大器和滤波器在内的信号调理电路、多路模拟开关、采样保持电路、A/D 转换器以及接口控制逻辑电路等。图 6.1 给出了数据采集系统的典型构成方式。

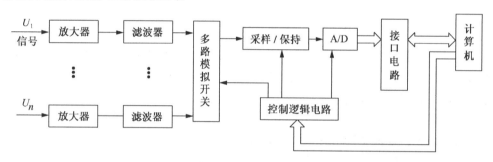

图 6.1　一种典型的数据采集系统

6.1.1 信号调理电路

传感器输出的模拟信号往往因其幅值较小，可能还含有不需要的高频分量或其阻抗不能与后续电路匹配等原因，因此不能直接送给 A/D 转换器，需对其进行必要的处理，这些处理电路就叫信号调理电路。信号调理电路是内容极为丰富的各种电路的综合名称。对于一个具体的数据采集系统而言，所采用的信号调理技术及其电路，由传感器输出信号的特性和后续采样/保持电路 S/H（或 A/D）的要求所决定。这就要求把信号调整到符合 A/D 工作所需要的数值（如放大、衰减、偏移等），或要滤除信号中不需要的成分（如低通滤波、高通滤波带阻滤波等），还可能要把信号调整到进一步处理的需要（如线性修正电路，为了改善信噪比的相加平均电路等）。

6.1.2 多路模拟开关

如果有许多独立的模拟信号源都需要转换成数字量，在可能的条件下，为了简化电路结构、降低成本、提高可靠性等，常常采用多路模拟开关，让这些信号共享采样/保

持电路和 A/D 等器件。多路模拟开关在控制信号的作用下，按指定的次序把各路模拟信号分时地送至 ADC，并转换成数字信号。由于 A/D 对模拟信号的转换要花费一定时间，因此必须等到对某路输入的模拟信号转换结束后，才能切换至下一路模拟输入。这样，A/D 转换结果才有确切的含义。

多路模拟开关有继电器型、集成模块型（即将各种型号的多路模拟开关集成在一个芯片上）等多种。多路模拟开关的主要技术指标如下：

（1）导通电阻小，断开电阻大。多路模拟开关是与模拟信号源相串联的器件，它的质量对模拟信号的传输有很大影响。故在理想情况下，要求开关"导通"状态的电阻等于零（一般小于 100Ω），即在开关处于"断开"状态时，要求断开电阻为无穷大（一般大于 $10^9\ \Omega$）。

（2）通道数目。模拟输入的路数对信号传输精度、切换速度有直接影响。标准通道数是 4 路、8 路、16 路。

（3）最大输入电压。即保证多路模拟开关能正常工作的情况下，加在输入端与地之间的最大输入电压。标准值为 $\pm 15\ V$、$\pm 10V$、$\pm 5\ V$。

（4）通道串扰。指在多路模拟开关导通通道的输出中，包含有其他断开通道的泄漏信号。主要是各通道间的断路绝缘电阻不够大，以及开关的极间电容、分布电容等的影响。

（5）切换速度。一般导通或关断时间在 $1\mu s$ 左右。切换速度应与被传输信号的变化率相适应，变化率越高，要求切换速度越高。

6.1.3 采样/保持电路（S/H）

如前所述，A/D 转换过程要花费一定时间。因此，如在转换过程中输入信号电平有了改变，则转化结果与指定瞬间的模拟信号就会有较大的误差，甚至已是面目全非。这样，为了保证转换精度，需要在模拟信号源与 ADC（$Analog Digital\ Converter$）之间接入采样/保持电路。在 A/D 转换模拟信号之前，首先应使采样/保持电路处于采样模式，其输出跟踪输入；然后再使其处于保持模式，其输出在采样模式转换至保持模式的瞬间保持不变；接下来才对这个输出信号进行 A/D 转换。显然，为了提高系统的测量速度，采样时间越短越好；为了有良好的转换精度，保持时间越长越好。

S/H 的采样（S）与保持（H）两种运行模式由逻辑控制端来选择。通常 S/H 由保持电容 C、模拟开关 K 和运算放大器 A 等组成，如图 6.2 所示。

在采样模式中，K 闭合，输出 U_2 随输入 U_1 而变化，并经放大器 A 对电容 C 快速充电；在保持模式中，K 断开，由于放大器 A 的输入阻抗很高，电容 C 的放电过程可忽略，故能保持充电时的最终值。S/H 的主要技术参数如下：

（1）孔径时间 t_p。在保持命令发出后直到逻辑输入控制开关 K 断开所需要的时间称为 t_p。实际上，因 t_p 的存在，使采样时间延长，A/D 转换的值将不是恒定值，而是在 t_p 内随输入信号的变化值，这将影响转换精度。

（2）捕捉时间 t_c。采样命令发出后，S/H 的输出从所保持的值达到当前输入信号值所需要的时间称为 t_c。t_c 虽影响采样频率的提高，但对转换精度无影响。t_c 包括逻辑输

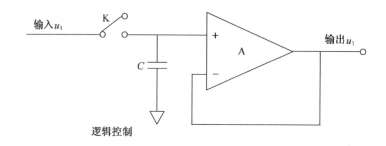

图 6.2　S/H 原理图

入控制开关的延时时间、达到稳定值的建立时间、保持值到终值的跟踪时间等。

（3）保持电压下降率。在保持模式时，保持电容 C 的漏电会使保持电压值有所下降，下降率为

$$\frac{\Delta V}{\Delta T} = \frac{I}{C} \qquad (6.1)$$

式中：I——下降电流。

6.1.4　A/D 转换器

A/D 转换器是数据采集系统的核心器件，它把模拟输入转化成数字输出。其实现的技术手段很多，相应地派生出许多不同类型的 A/D 转换器，并各有其特点。目前，在测试与控制系统中最常用的 A/D 转换器是逐次逼近型 A/D 转换器和双斜积分型 A/D 转换器。具体选择 A/D 转换器时，最重要的指标是 A/D 的精度和转换速度。

6.1.4.1　A/D 转换器的基本性能指标

1）模拟信号输入部分

（1）模拟输入通道数。该参数表明 A/D 转换器所能采集的最多信号路数。

（2）信号的输入方式。一般待采集信号的输入方式有：

单端输入，即信号的其中一个端子接地。

差动输入，即信号的两端均浮地。

单极性，信号幅值范围为 [0, A]，A 为信号最大幅值。

双极性，信号幅值范围为 [−A, A]。

一般地，A/D 转换器都设有信号输入方式选择设置，设计者可根据实际需要进行选择。

（3）模拟信号的输入范围（量程），一般根据信号输入特性的不同（单极性输入还是双极性输入）而有不同的输入范围。如对单极性输入，典型值为 $0 \sim 10V$；对双极性输入，典型值为 $-5 \sim 5\ V$。

（4）放大器增益。A/D 转换器对信号的放大倍数。

（5）模拟输入阻抗。A/D 转换器的固有参数，一般不由用户设置。

2）A/D 转换部分

（1）采样速率。它是指在单位时间内 A/D 转换器对模拟信号的采集次数。采样速率是 A/D 转换器的重要技术指标。根据采样定理，为了使采样后输出的离散时间序列

信号能无失真地复现原输入信号，必须使采样频率 f_s 至少为输入信号最高有效频率 f_{max} 的两倍，否则会出现频率混淆误差。一般可按式（6.2）选取采样频率：

$$f_s = (5 \sim 10)f_{max}N \tag{6.2}$$

式中：N——采集数据通道数。

（2）位数 b。指 *A/D* 转换器输出二进制的位数。当输入电压由 V = 0 增至满量程值 V = V_H 时，一个 8 位（b = 8）*A/D* 转换器的数字输出由 8 个"0"变为 8 个"1"，共计变化 2^b 个状态。故 *A/D* 转换器产生一个最低有效位数字量，可由下式计算：

$$1LSB = q = \frac{V_H}{2^b} \tag{6.3}$$

式中：q——量化值；

V_H——满量程输入电压，$V_H \geq A$，通常等于 *A/D* 转换器的电源电压。

（3）分辨率与分辨力。分辨率指 *A/D* 器可分辨输入信号的最小变化量。例如输入满量程 模拟电压 V 的 b 位 *ADC* 的分辨率为 $V_H/2^b$，即 1 *LSB* 对应的权。分辨率一般以 *A/D* 转换器输出的二进制位数或 *BCD* 码位数表示。而分辨力则为 1 *LSB*（最低有效位数）。

（4）精度：一般用量化误差表示，量化误差 e 为 $\frac{1}{2}LSB$，则

$$||e| = \frac{1}{2}LSB = q = \frac{V_H}{2^{b+1}} \tag{6.4}$$

3）*D/A* 转换部分

（1）分辨率。指当输入数字发生单位数码变化（即 1*LSB*）时所对应输出模拟量的变化量。通常用 *D/A* 转换器的转换位数 b 表示。

（2）标称满量程。指相当于数字量标称值 2b 的模拟输出量。

（3）响应时间。指数字量变化后，输出模拟量稳定到相应数值范围内（*LSB*）所经历的 时间。

6.1.4.2 A/D 转换器驱动前的参数设置

要使 *A/D* 转换器正确地实现数据采集功能，必须根据实际测量的需要对一些参数进行正确设置，这就是 *A/D* 转换器的软件驱动问题。待设置的参数主要有 *A/D* 转换器的设备号、地址码，此外还有如下的设置项。

1）模拟信号输入部分

（1）设置信号的输入方式。选择是单端输入还是双端输入，是单极性信号还是双极性信号等。

（2）选择增益。根据输入信号幅值范围和分辨率的要求进行增益选择。

（3）选择量程。一般根据输入信号是单极性还是双极性，选择相应的合适量程。

2）*A/D* 转换部分

（1）设定信号输入通道号。

（2）设定采样点数。

（3）设定采样速率。

（4）采样结果的输出方式：采样结果既可放在一个数组中，也可放在某一缓冲区中。

（5）采样触发方式：一般分外触发、定时触发、软件触发等。

3）*D/A* 转换部分

（1）模拟信号的输出通道号。

（2）模拟信号的输出幅值：此参数应设置在标称满量程范围内。

（3）刷新速率：该参数决定所产生的模拟信号波形的"光滑度"，最快刷新速率的倒数即为响应时间。

6.1.5 接口电路及其控制逻辑

由于 *A/D* 所给出的数字信号无论在逻辑电平还是时序要求、驱动能力等方面与计算机的总线信号都可能会有差别，因此把 *A/D* 的输出直接送至计算机总线通常是不行的，所以必须在两者之间加入接口电路以实行电路参数匹配。当然，对于一些为某类计算机设计的 *A/D* 来说，这种接口电路已与 *A/D* 芯片集成为一体，无需增加额外的接口电路。

从以上所述已经知道，一个数据采集系统的工作必须按照规定的动作次序进行。例如必须首先让多路模拟开关接通被测的某路模拟输入；其次让采样/保持电路进入采样模式，等输出跟踪输入到达某一指定误差带内之后再进入保持模式，然后才开始 *A/D* 转换（此时模拟开关可切换至另一路模拟输入）；直到 *A/D* 转换结束后，才允许计算机读取数据。这样，必须有一些电路受控于计算机来产生一定时序要求的逻辑控制信号。逻辑控制电路便是完成这一功能的电路系统。

6.2 模拟连续信号的数字化

模拟信号变换为数字信号需要经过三步来实现。

（1）采样：采样就是对连续变化的模拟信号进行离散化，它是将模拟信号 x(t) 按一定的时间间隔 T_s 取其采样值，形成一系列在时间上离散而幅值上连续的脉冲序列 $x^*(t)$，如图 6.3 所示。

采样可以以固定频率进行，也可以以变化频率或随机进行，它是通过采样开关来实现。采样开关被接通的时间间隔 τ 称为采样时间，采样开关重新闭合的周期 T_s 称为采样周期。

（2）量化：采样信号不能直接进入计算机，而必须变成数字信号才能被计算机接收。采样信号经量化后成为数字信号的过程称为量化。量化的最小单位 q 称为量化单位，它决定量化信号的精度，q 越小则精度越高。

（3）编码：编码就是利用二进制脉冲的两个状态（有脉冲用"1"表示，无脉冲用"0"表示）所编成的码来代替量化电平。这些码组与量化电平具有一一对应的关系，如用 000 代表 0 *V*，001 代表 1 *V*，010 代表 2 *V*，100 代表 4 *V* 等。如量化电平数目为 1 024 时，则至少需采用 10 位数码的码组；若码组的数目只有 8 位，则最多只能代表 256 个量化电平。

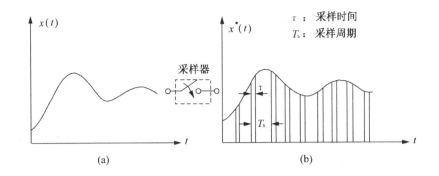

图 6.3　模拟信号离散化

（*a*）模拟信号　　（*b*）离散化模拟信号

模拟信号在采样、量化、编码的过程中，信息均可能发生丢失、畸变或携带进外来干扰噪声，以致经数字处理后不能再重现原来的信息。将采样开关的输出信号 x（t）与输入信号 x（t）进行比较可以看出，当 x（t）随时间变化很快，而采样周期 T_s 较长时，采样过程中某些信息可能被丢失。采样定理就是要阐明，在理论上能恢复原来信号全部信息应满足的条件。

采样定理即香农（*Shannon*）定理指出，连续信号（$0 \sim f_s$）必须以一定的频率采样，为了保证采样得到的信号能无失真地恢复原来信号，采样频率应不小于连续信号频谱中所含最高频率分量的两倍，即

$$f_s \geqslant f_{\max} \tag{6.5}$$

关于采样定理的证明和采样频率的选择，可参阅有关文献。

6.3　模拟量输入采集通道设计

6.3.1　单模拟量输入采集通道的设计

单传感器模拟量输入采集通道如图 6.4 所示。传感器通过屏蔽电缆与测试系统相连，或经预处理（虚线框所示）之后与测试系统相连。其中滤波环节根据系统存在干扰及信号频谱的情况，做频带宽度的压缩，以便于采样频率的选取。系统中的放大器用于传感器到 *A/D* 之间的电平匹配。滤波器处于放大器之前，可以更好地抑制噪声，提高信噪比。采样保持和模数转换则用于完成采样和量化功能。

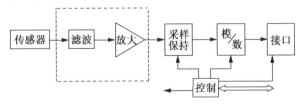

图 6.4　单模拟量输入采集通道框图

6.3.2　多模拟量输入采集通道的设计

实际的数据采集和过程控制系统，常要求同时完成多个物理参数的测试，早在20世纪50年代就提出巡回测试的概念。巡回测试是用一台测试装置轮流完成多点测量任务，从而可以大量节省二次仪表的费用和集中测试许多参数以便进行相关处理。过去是使用分立元件中、小规模集成电路，实现起来并不十分容易，实际效果也不太令人满意。近年来，由于大规模集成电路及计算机技术的发展，为大量集中参数测试或动态参数测试提供了许多有利条件，并已逐渐形成了许多模块化的结构。

巡回测试，也就是分时地逐点完成测试。使用多路模拟开关，定时扫描接通各测试点，形成多路模拟输入分路器。多路模拟开关可以插到各路信号预处理与采样之间，以共享采样保持、ADC及计算机测试系统，如图6.5所示。有时也可根据处理信号的不同情况，插到数据采集通道的其他部位，如放大之前（此时放大采用可变增益的程控放大器）、采样保持之前或ADC之前。多路模拟开关处在系统比较前面的部位，各种信号可能共享的测试电路较多，自然比较经济。但有时从提高某些质量指标出发，或各种电平差别较大无法实现共享，则可放在通道后方。

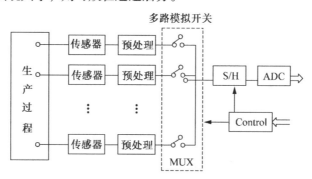

图6.5　多模拟量输入采集通道框图

多路模拟转换集成电路芯片，可以转接的路数是有限的，通常是8路。若需要转接更多的路数，可以采用多片。多片模拟多路转换器的连接，可以采用分级分组的连接方法，以便扩展路数（如图6.6所示）。

采集路数受限于数据采集的实时性、高速性以及各种信号之间交叉干扰等问题。在有些场合可采取多通道接口方法（如图6.7所示）。但多个采集通道的造价是昂贵的，因为ADC芯片通常较其他芯片价格高。

包含所有环节在内的模板结构数据采集系统，已有产品出售，但尚难以满足各式各样采集系统的全面要求。对于某些实际应用，还经常要根据具体情况设计比较理想而造价又不太高的数据采集系统，特别是当追求高质量系统或某些指标有独特要求时，更要精心设计系统的各个环节。

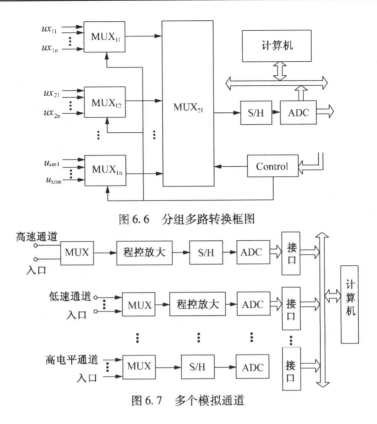

图 6.6 分组多路转换框图

图 6.7 多个模拟通道

6.3.3 基于 PC 机数据采集通道设计应注意的问题

6.3.3.1 确定信号调理方案

一般很少把传感器或来自被测对象的信号直接接入数据采集板。因为数据采集板可能会对信号产生干扰，从而影响系统操作；同时还需把信号范围控制在数据采集板的量程内，并要避免噪声。系统中有许多噪声源，包括传感器、电缆声音及 A/D 转换等，都会严重影响信号质量。总之，传感器的电信号必须符合数据采集板所能接受的格式，否则就必须转换调理。调理方式包括放大、隔离、滤波、激励、线性化等。例如，信号调理能够将低压信号放大，并加以隔离和滤波，以便进行更加精确的测量。有些传感器需要有电压或电流的激励才能产生电压输出。信号调理装置须为这些传感器提供电压或电流的激励信号。有时还需要增置高速多路转换模块来为采集系统增加采集通道。

6.3.3.2 选择最佳数据采集 I/O 设备

数据采集硬件设备的选择取决于它的精度、采样速率、通道数、灵活性、可靠性、可扩展性以及计算机平台等条件。对于某些数据采集系统要求它具有仪器级的性能、较高的精度、快速的稳定时间和采集速率，还可能要求具有多板同步通信能力以及屏蔽的 I/O 连接器。

采用 PCI 总线控制技术的数据采集产品的出现，大大提高了数据采集控制方案的性能。PCI 总线理论上能够达到 132Mb/s 的传输速率。由于以这个速率传输数据会严重耗费 CPU 的时间，最终会影响系统性能。基于 PCI 的数据采集传送器设计了 ASIC 芯片，使之利用 DMA（直接存储器存取）就能完成 PCI 的最高传输速率，甚至还能通过非连续的内存缓冲区而无需申请 CPU 时间。

一个数据采集板进行数据采集并与内存进行数据交换是通过编程 I/O，中断或 DMA 三种方式实现。DMA 操作是最快的传送模式。ISA 总线是在计算机主板上使用特别线路执行 DMA，这样 PC 和数据采集板上的 DMA 元件也能够在数据采集板与 RAM 之间传送数据而无需向处理器申请。PCI 与 ISA 的不同之处在于 PCI 在主板上不含有 DMA 线路，而是允许由 PCI 数据采集板进行总线控制。这样，PCI 数据采集板获得 PCI 总线控制权，执行高速数据传送，然后再释放总线给其他外围设置使用。值得注意的是，PCI 数据采集板是否带有含总线控制性能的 ASIC 芯片非常重要。不提供总线控制性能的 PCI 是领先中断传送数据，因而在传输过程中严重占有 CPU 时间，导致系统性能下降。实际上，拥有 DMA 的 ISA 接口板的性能大大高于不提供 ASIC 总线控制的 PCI 接口板。

PCI 总线的高速数据吞吐能力还能够满足图像采集的需要，使之成为实时图像采集的理想方案。由于每帧图像可能包含多达 400 KB 的数据，而高速传送这些数据对于实时显示与分析至关重要。PCI 不仅容易达到这个要求，而且可以充分利用它的带宽来与其他数据采集设备相集成。PCI 图像采集板通过使用 ASIC、DMA 控制芯片，可以充分利用 PCI 总线的带宽而无需占用 CPU 时间，达到最佳实时采集、显示与分析处理的目的。

另外，由于 PCI 支持"Plug & Play"自动配置功能，数据采集板一切资源需求的设置工作在系统初启时交由 BIOS 处理，无需用户进行开关与跳线操作，配置非常方便。

6.3.3.3　选择电缆

电缆是用于数据采集板与信号调理的附件，或 I/O 接线板的连接。电缆的选择在数据采集方案中经常被忽略，然而它可能严重影响采集信号的质量。通常，屏蔽电缆具有较高的精度和噪声隔离，符合仪器级的方案；而带状电缆则比较经济，更具灵活性。

6.3.3.4　选择软件编程方法

软件是数据采集与控制系统的关键。一个没有软件的数据采集硬件是没有用处的，而软件性能不良的数据采集硬件同样可能使系统崩溃。目前应用广泛的测控软件均要求具有层次化的结构，一般分为驱动软件和应用软件两种。

1）驱动软件

功能强大的现代驱动软件是数据采集系统的心脏，它使用户脱离了针对专门硬件的寄存器命令，为用户使用不同的编程环境和语言提供了强有力的应用程序编程接口（API）。驱动软件是这样一个附加软件层：直接对数据采集硬件寄存器编程，管理其操作及它与计算机资源（如处理器中断、DMA、存储器等）的集成。驱动软件在保留高性能的前提下将底层的、复杂的硬件编程隐藏起来，为用户提供了一个便于理解的接口。

不断发展的数据采集硬件、计算机平台及软件，对设备驱动程序提出了更高的要求，优秀的驱动软件不仅可以满足用户的性能要求，而且能够有效地减少应用系统开发时间。但有适用于一个操作系统的驱动程序却不适用于另一个操作系统的情况发生，而有些驱动程序在开发一个特定的仪器或数据采集板的能力方面也可能比其他驱动程序强，因此用户应当像挑选数据采集硬件那样仔细地选择驱动软件。通常用户选择驱动软件时应注意以下几点：

（1）对功能的要求：用于控制数据采集硬件的驱动软件可分为模拟 I/O、数字 I/O 及定时 I/O。虽然大部分驱动软件都具有这些功能，但必须保证驱动软件不仅能够从数据采集板上获取和送出数据，还应具有以下性能：①以标定的采样速率采集数据；②在前台处理数据的同时，能够在后台采集数据；⑧能够利用编程 I/O，中断及 DMA 传输数据；④具有向磁盘读写数据的功能；⑤能够同时执行几个功能；⑥具有多板集成功能；⑦能够保证与信号调理附件无缝结合。

（2）对数据采集实时性的要求：驱动软件如果能够把数据缓冲区建立为循环缓冲区，此缓冲区就可以被反复使用。这样，利用中断或 DMA 把数据从数据采集板传至缓冲区，应用软件则从缓冲区提取数据进行处理；当缓冲区被注满，中断或 DMA 再进行缓冲区初始化，以保证不间断地连续数据采集。在此前提下，只要保证应用程序获取和处理数据的速度快于缓冲区被填满的速度，连续数据采集及处理过程就可永远持续下去。因此，选择合适的驱动软件并结合目前高性能的处理器，如 $Pentium$，$PowerPC$ 等就能够满足大多数数据采集应用方案对实时性能的要求。驱动软件的模出、数字 I/O 和计数器/定时器功能的实现也需满足上述建立循环缓冲区的要求。在应用程序中只有将模拟输出与不间断的连续数据采集技术相结合，才能够实现实时监控。即当数据采集板在后台实时采集数据时，用户可以同时计算数据并生成用于过程控制的模拟输出值。

（3）对软件环境的要求：首先必须保证驱动软件与操作系统相兼容，且能够利用操作系统的不同特点和性能。目前，数据采集和仪器控制的许多市场正在转向 $Windows$ 和 NT。NT 的驱动软件结构与 $Windows$ 不同，它是一种基于内核的系统，不仅可靠性更高，而且可使用户获得更加安全的程序库；此外，完整的 32 位还可提高速度和 I/O 性能。驱动软件还须具有灵活性，以便在不同平台间的移植。其次还要求驱动软件能被用户的编程语言所调用，且在这个开发环境中运行良好。例如像 $Visual\ Basic$ 这样的编程语言具有事件驱动开发环境，它能使用各种控制来开发应用程序，因此需要保证驱动软件具有特定的控制能力，以满足编程语言的需要。

2）应用软件

用户通常使用应用软件完成对数据采集系统的编程。利用应用软件对数据采集硬件进行管理是普遍采用的最有效的方法（即使用户只使用应用软件，也须对驱动软件有一个清楚的了解，因为应用软件是通过驱动软件达到控制数据采集硬件的目的）。通过开发应用软件，用户可以给系统增添驱动软件没有的分析和表达能力，并能够把仪器控制（如 $IEEE$488、$RS-232$ 和 VXI 仪器系统）与数据采集集成在一起。

目前普遍使用的编程语言如（VC^{++}、$VisualBasic$ 等）均可作为应用系统的软件开发工具，而 $HP\ VEE$、$DT\ VEE$、$Lab\ VIEW$ 等则是另一种更为高级的、可视化开发平台，特别适用于数据采集和控制方面的应用。据报道，采用 $Lab\ VIEW$ 图形化语言——G 语言开发数采集控制系统要比 C 语言效率提高 12 倍。因此专家预言，以直观的图形编程语言（如 $Lab\ VIEW$ 和 G 语言）开发应用系统是未来的发展方向。

6.4 高速数据采集及其实现

6.4.1 高精度数据采集系统设计要领

高精度数据采集系统设计指标着重于电路结构参数能否满足精度要求，并需要考虑各级电路的精度分配问题。但精度指标不是孤立的，它与系统对测试量的分辨率、灵敏度及抗干扰性能均有关连，故一般按以下步骤考虑。

6.4.1.1 ADC 分辨率及信号放大倍数的确定

例6.1 有一温度测试系统，被测的温度范围为 0～400 ℃，要求分辨出 0.1 ℃ 温度变化，而测试温度的精度为 ±0.1%（折合成绝对误差为 ±0.4 ℃），用热电偶作测试敏感元件，当温度在 0～400 ℃ 范围内变化时，可测得热电偶的输出电压在 0～20 mV 之间变化。若按照通用数据采集通道的结构，首先需根据温度测量范围及温度分辨率的要求，求出通道中 ADC 芯片的分辨率及信号调理放大倍数 K。

（1）计算采集通道中放大器的放大倍数：

$$K = \frac{ADC\ 满度电压值}{信号最大值} \tag{6.6}$$

因测温范围为 0～400 ℃，对应的最高输入信号 μ_i 为 20 mV，若 ADC 的满度电压值选为 10 V 时，则 K = 500。

（2）计算 ADC 芯片的位数：

$$N \geq \log_2(1 + \frac{U_{max}}{U_{min}}) \tag{6.7}$$

式中：U_{max}——ADC 芯片的满度输入电压，现已定为 10 V；

U_{min}——ADC 芯片最小分辨出的电压，它由温度分辨率决定。

现要求能分辨出 0.1 ℃ 的温度变化，对应于热电偶传感器产生 5 μV 的电压变化，此电压经 500 倍的放大后可求得

$$U_{min} = 5 \times 500 \times 10^{-3} = 2.5\ mV$$

将 U_{max} 与 U_{min} 值代入式（6.7）即可求得

$$N \geq \log_2(1 + 4\,000) \geq 11.9$$

所以选择 N = 12 位的 ADC 芯片即可满足分辨率的要求。此时 ADC 芯片一个数字的当量值是 2.44 mV，小于 2.5 mV，故可以满足分辨率的要求。

6.4.1.2 精度分配

精度分配是指将系统总体精度分配给各个环节。分配时先根据所选各电路环节可能达到的精度范围进行分配，然后再核对合成精度，看其能否达到总体精度的要求。求合成精度，也就是求系统不确定性误差的合成，通常采用均方根合成法：

$$e = \pm \sqrt{|e_1|^2 + |e_2|^2 + \cdots + |e_n|^2} \tag{6.8}$$

式中：e——系统总误差；

$e_1, e_2, \cdots, e_n$——各个环节的分项误差。

在对误差进行分配时，一种简单的办法是先假定各分项误差彼此相同，即 $e_1 = e_2 = \cdots = e_n$。当已知系统总误差时，根据式（6.8）就可以求得平均分项误差值，然后再根据实际电路的情况进行适当调整。

上述多路温度测试系统的例子，要求采集子系统的总误差 e 为 ±0.1%。若采集系统有传感器、放大器、A/D 转换器、S/H、ADC 等环节，它们的误差分配为：传感器分项误差 $e_1 = 0.05\%$，放大器分项误差 $e_2 = 0.01\%$，多路模拟转换器分项误差 $e_3 = 0.02\%$，采样/保持电路分项误差 $e_4 = 0.01\%$，12 位 ADC 芯片分项误差 $e_5 = 0.05\%$。

将上述各项误差均方根合成之后，已小于系统规定的总误差，故是适宜的。由于尚存在一些未计入的误差项，如系统外来干扰等，因此要求所选电路各分项误差均能控制在规定值之下，系统硬件的精度设计才可实现。否则需加适当的软件，或软硬结合的方法进行校正或补偿。

6.4.2 高速数据采集方案及其实现

6.4.2.1 采集速度分析设计

对于某些快速变化的物理量测试、动态瞬变测试或多通道模拟量数据的采集等场合，往往要求系统具有很高的采样频率。采样频率的选择，首先应满足香农采样定理，因而在各路信号中应以频率最高一路中可能出现的最高频率分量 f_{max} 为依据，再乘以模拟信号的路数及安全系数（一般为 5～10）。

要提高采样速度单靠提高电路响应时间或压缩 ADC 电路转换时间显然是不够的。因为使用通常的 8 位机，用程序切换多路转换开关和传送两字节数据到内存占用了相当可观的时间。另外要获得高速数据采集，ADC 所承担的采集路数要受到限制。采集速度提高的方法，可以归纳为以下几个方面：

（1）提高硬件电路的响应时间。选用高速 S/H 电路及高速 A/D 转换器、放大器并加适当的频率校正，以减少响应时间。

（2）多路转换器的切换改用硬件计数电路自动控制，以减少软件执行时间。

（3）提高计算机系统的时钟频率和工作速度。对于 12 位分辨率 ADC，可以配用 16 位机。

（4）改变计算机输入数据方式。采用 DMA（直接存储器存取）方式输入采集数据，或者使用双口 RAM 缩短数据传送途径。

（5）采用多个采集通道或多计算机系统。通道数 m 的计算应先初步估算出每一采集通道可能实现的最高采样频率 f_{max}，然后计算单一 ADC 通道所能承担测试模拟输入电压的路数 n′（上例 n′=2），而实际要求测试的路数为 n（上例要求 n=32），则用 n/n′，就可计算出 ADC 的通道数 m（上例 m=16）。不过要注意，若是使用单一计算机，多路 ADC 的数据虽可同时采集，但是送到计算机 RAM 中存储仍需分时进行。故单计算机负担不了时，可采用多计算机处理。对于多路多通道的数据传送，通常采用 DMA 方式。

6.4.2.2 采用 DMA 技术的数据采集系统

在计算机中，正常的数据传送途径是先由 I/O 口到 CPU，再由 CPU 到 RAM。由 CPU 发出地址码以及读写信号，通过数据总线传送信息。而 DMA 传送方式是由 DMA 控制器控制总线，使数据直接在 I/O 口与 RAM 中取出或送存（还可以直接控制数据在 RAM 与 RAM 之间或 I/O 设备之间交换），这样可大大缩短传送数据时间。DMA 方式主要用于芯片转换速度高于 CPU 数据传送速度的场合。下面介绍 I/O 设备与 RAM 之间的数据传送。

图 6.8 为 DMA 传送示意图。其工作过程大致如下：首先由 CPU 把存储器地址和传送字节数写进 DMA 控制器（简称 DMAC）进行初始化编程，当高速 ADC 转换好一个数据，就向 DMAC 发出请求，于是 DMAC 就向 CPU 发出"保持申请"信号，当 CPU 响应后由 DMAC 占据总线。这样高速 ADC 和数据存储器 RAM 便置于 DMAC 的直接控制下。此时 DMAC 一方面对外设发送响应信号，使高速的 ADC 数据允许读出，并将数据送给数据总线；另一方面则根据 DMAC 初始化程序所设置的地址值，向地址总线送出存储单元的地址信号及存储器写控制信号，完成一次 DMA 周期的写操作。当下一次 ADC 数据转换结束时，再次向 DMAC 发出申请，DMAC 再次进入写操作周期。当 DMAC 完成预定数据写操作周期后，即发出标志信号，表示数据已传送完毕。当要再次传送另一组数据时，要重新给 DMAC 写入初始化程序。

通常完成一次 DMA 操作，仅需 4~6 个时钟周期，显然比 CPU 用程序完成数据传送要快得多。常用的 DMAC 芯片，如 Zilog 公司的 Z80DMA 和 Intel 公司的 8257 芯片。Z80DMA 为单通道传送，但传送方式多样化，可以在任一存储实体（RAM 或 I/O 设备）间传送数据，并有检索功能。它是 Z80CPU 的配套芯片，可与 Z80CPU 直接连

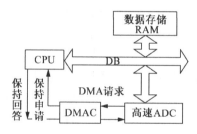

图 6.8　声速数据传送 DMA 示意图

接而不需增添任何硬件，但对使用者来说操作过程比较复杂。而 Intel8257 芯片仅能在存储体与 I/O 设备之间传送信息，不具备信息检索功能，但是它提供了 4 个信息传送通道，即一片 8257 可以允许 4 个输入输出设备向 CPU 申请总线，且在 8257 内部设置了总线申请优先排队电路，这对 I/O（如多路 ADC 通道）传送极为方便。但要与 CPU 连接时，还要增添一些辅助电路。

各种厂家生产的 DMA 芯片的原理相差不大，主要管脚的功能也一样，但是所采用的标记往往不同，应加以注意，方能获得与系统正确连接的目的。表 6.1 列出了 8257 与 Z80DMA 二者主要控制功能管脚符号和含义的对比。其中一对控制信号是 DMAC 向总线提出申请和总线给出的响应信号。8257 称为保持申请 HRQ 和保持回答 HLDA；而 Z80DMA 称为总线申请 BUSRQ 及总线响应 BUSAK。二者的含义是相同的，都要求 CPU 让出总线控制权而提出申请及响应回答信号。另一对控制信号是 I/O 设备向 DMA 申请传送信号和 I/O 设备向 DMA 发出要求延长读写周期的信号。但要注意，有时同一标志符如 RDY 对于两种芯片却有不同的含义：Z80DMA 的 RDY 代表 I/O 设备数据已准备就绪，申请传送；而 8257 的 RDY 信号代表 I/O 设备是否需要延长读写周期的等待信号，$RDY=0$ 要求等待，$RDY=1$ 不需要等待。

表 6.1 8257 与 Z80DMA 部分管脚功能

8257		Z80DMA	
HRQ	保持申请	BUSRQ	总线申请
HLDA	保持回答	BUSAK	总线响应
DRQ	I/O 设备向 DMA 申请传送	RDY	I/O 设备准备好，申请传送
RDY	为 "0"，读写周期，I/O 需要等待 为 "1"，读写周期，I/O 无需等待	WAIT	读写周期，设备要求等待

6.4.2.3 基于 ISA 总线的数据采集卡

ISA（1ndustryStandardArchitecture）是工业标准体系结构的缩写。ISA 是 PC 机上使用最久、最流行的扩展总线系统。

该采集卡的主要原理是：在采集系统电路中加入存储器作为缓存。先采集一组数据并存储在缓存中，再成块向主机内存传送。缓冲器设计一般有两种方法：一种是单缓冲区和双交替使用的缓冲区，另一种是由缓冲区向主机内存传送数据。第一种方法是DMA 方法，将缓冲区当成 I/O 设备，需要缓冲区本身提供存储单元地址。如使用两组计数器供读写地址，并保证读计数小于写计数，当读计数等于写计数时，将计数器清零。第二种方法是直接内存映射（Memory Mapping），使板上内存成为主机内存的一部分，数据采集完成后，使用块传送指令向主机传送数据。

由于传统的 ISA（1egacyISA）接口没有为分配内存、中断、DMA 通道和 I/O 空间等资源定义硬件和软件机制，所以 ISA 总线没有可读写的配置寄存器。PL 户 ISA 规范中定义了分离、配置 P&P 卡的机制，配置软件使用 P/&PISA 规范中定义的一系列命令来访问、配置设备。这些命令通过配置端口 ADDRESS，WRITE，DATA 和 DEADDATA来访问卡上的配置寄存器。

即插即用卡的资源必须完整的描述逻辑设备的配置性。如一个数据采集卡使用128KB 的内存板上的内存，如果没有，可使用 64KB 的内存资源，0 × 300 单元到 0 ×3F0 单元之间的任何位置上的 2 个 I/O 端口，以及 IRQ5、7、10、11、12 中的 1 个中断。

6.4.2.4 基于 PCI 总线的数据采集卡

PCI（PeripheralComponentInterconnect）总线是计算机上的处理器、存储器与外围控制部件、外围扩展卡之间的互连设备。它有 3 个特点：

（1）地址和数据多路复用 32/64 位同步总线。

（2）33 MHz 下，32 位的 PCI 数据传输率可达 33 × 4 = 132MB/s，64 位 PCI 可达264MB/s。

（3）PCI 扩展总线的自动配置功能（Auto Configruation），用户不必再辛苦地调开关或跳线，而将一切资源需求设置工作在系统启动时让 BIOS 处理。

PCI 的基本总线传送是猝发（burst）传送。一个猝发传送由一个地址段和一个或多个数据段组成。PCI 支持对存储器和 I/O 地址空间的发送。所有 PCI 数据传送的主要操作由 3 个信号控制：

（1）FRAME。由总线主控驱动，表示传送的开始和结束。

（2）IRDY。由总线主控驱动，该信号能产生等待周期，表示主控设备已准备进行数据传输。

（3）TRDY。由目标驱动，该信号能产生等待周期，表示目标已准备进行数据传输。在一个地址周期之后，可以跟随多个数据周期，可以访问连续的内存地址，直到FRAME 与 IRDY 均无效，传送终止。

由于 PCI 总级有较高的数据传输率，因此 PCI 的数据采集卡上不必加入缓存，可以使用 FIFO 存储器，能使数据采集和数据传送同时进行。

PCI 数据采集卡无须作修改，其总线规范确保了系统能够有效地识别和配置硬件。在每个 PCI 设备中都有 256B 的配置空间（Configuration Space）来有效地自动配置信息，通过对两个端口 CONFIG ADDRESS 和 CONFIG DATA 的读写访问配置空间，为采集卡分配资源。

配置空间分成预定首区和设备关联区，在每个区中的设备只用必要的和相关的寄存器。预定首区包括 64B（the first 16 double words），每个设备都必须支持其在该区的寄存器。包括：销售商表示符（vendor ID）、设备表示符（device IC）及指令（command register）和状态（status register）区等。设备将任何自己规定的寄存器放于 64 到 255 的 192B 范围内。即插即用设备驱动程序必须支持下述特性：

（1）运行过程中，采集卡的插入或取出能使配置管理器从内存中装载或卸载驱动程序。

（2）在运行过程中，相关采集卡插或取时，驱动程序能在操作系统和应用程序中传递信息。

（3）驱动程序具有系统总线无关性。

设备驱动程序必须含有少量的初始化软件，利用该软件确定此设备的配置。CM（Configuration Manager）接口可提供不依赖于总线的配置信息，CA（Configuration Access）接口具有提供读写特定总线配置结构的能力。

6.4.3 高速数据采集系统设计举例

例 6.2 试设计一个高速数据采集系统，用于 40 路瞬态信号记录，每路信号的最高频率分量为 2.5 kHz，用单计算机及合理的成本造价设计系统方案，使之满足高速采集的要求。

首先试算一下用单通道完成 40 路的采集低限采样速率为多少。根据式（6.2）可得

$$f_{max} = 5 \times 2\,000 \times 32 = 500 \text{ kHz}$$

前已分析这样高的采样速率，单通道是难以实现的。故考虑用单计算机（8088）、多通道并列采集及 DMA 传送的方案。现采用 5 个并行高速 ADC 通道，每一通道由多路转换器切换 8 路瞬态信号以完成 40 路输入，其结构框图如图 6.9 所示。

每一并列的高速采集通道的采样频率为

$$f_N = 5Nf_{max} = 5 \times 8 \times 2.5 = 320 \text{ kHz}$$

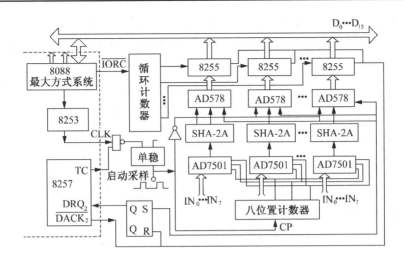

图 6.9   使用 DMA 高速数据采集系统框图

若采用高速 ADC 芯片、DMA 传送技术、16 位 8088 计算机及其他一些硬件措施，预估可以实现 $f_s = 100$ kHz（即 $T_0 = 10$ μs）的采样速率。现进一步说明如下：

把对 40 路采样一次信号所需的时间分为 3 个主要部分，即信号建立采样捕捉时间、ADC 转换时间及 DMA 传送时间。每并列通道 8 路模拟信号的切换改用硬件切换方式，即使用一个 8 进制计数器，自动连续发出切换地址码 000 ~ 111，送给 8 路模拟转换器 AD7501，就可省去软件切换时间。采用高速 S/H 电路 SHA—2A，其采样孔径时间为 500μs，而 ADC 芯片采用高速 12 位分辨率的 A0578，其转换时间为 3μs，这两部分时间相加不会超过 4μs。

5 路并行转换的数据，可使用 DMA 传送方式和选用 DMAC8257 的通道 2，并采用自动装入方式。通道 2 再采用硬件扩展办法，即使用 5 位循环计数器的 5 根输出线，控制 5 路 ADC。输出接口 8255 在 DMA 写周期内与数据总线轮流沟通。而循环计数器的时钟信号则采用 8088 最大方式系统输出控制线 $\overline{\text{IORC}}$ 的有效信号，控制 5 个并行通道顺序切换。

8257 传送一个数据的时间，不超过 CPU 的 4 个时钟周期。设 8088 时钟频率为 5 MHz，每次采样周期中，按 $\overline{\text{IORC}}$ 控制，要从 8255 口逐个送 5 路数据至数据总线，并将数据连续地写入预定地址的内存单元，大致需用 4 ~ 6 μs。由于系统已改用硬件开关切换控制器电路，在完成前一字节数据传送的同时，可以完成多路开关切换及信号的采样跟随动作，故还可以节省一些时间。

根据以上分析，合成时间不会超过 10 μs，相当于 $f_{\max}$ 可高于 100 kHz，故图 6.9 所示的设计方案是可行的。

6.5 数据总线与通信技术

在测试与控制系统中，各台仪表之间需要不断地进行各种信息的交换和传输，这种信息的交换和传输是通过仪表的通信接口进行的。通信接口是各台仪表之间或仪表与计算机之间进行信息交换和传输的联络装置。为了使不同型号的仪表都可用一条无源标准总线电缆连接起来，世界各国都要按统一标准来设计智能化仪器仪表的通信接口。本节主要介绍目前普遍使用的 RS – 232C 标准的串行通信接口和 IEEE – 488 标准的并行通信接口，并对通用串行通信总线 USB 和 VAX 总线作了简要介绍。

6.5.1　串行总线与通信技术

　　串行通信是将数据一位一位地传送，它只需要一根数据线，硬件成本低，而且可使用现有的通信通道（如电话、电报等），所以在智能测量控制仪表与上位机（1BM—PC机等）之间通常采用串行通信来完成数据的传送。

　　电子工业协会（EIA）公布的 RS – 232C 是用得最多的一种串行通信标准，它除了包括物理指标外，还包括按位串行传送的技术指标。

6.5.1.1　串行通信的基本概念

1）异步通信与同步通信

　　异步通信是指甲乙通信双方采用独立的时钟，每个数据均以起始位开始，之后是数据位、奇偶校验位和停止位，从起始位开始到停止位结束组成一帧信息，如图 6.10 所示。

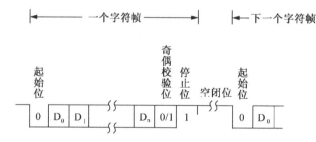

图 6.10　异步传送格式

　　在异步通信时，起始位负责触发甲乙双方同步时钟，每个异步串行帧中的每一位彼此要求严格同步。所谓异步是指帧与帧之间并不要求同步，也不必同步。

　　同步通信是指甲乙通信双方采用同一时钟。同步通信所传输的数据格式是由多个数据构成的，如图 6.11 所示，每帧有一个或两个同步字符作为起始位以触发同步时钟开始发送或接收数据，数据块之后为 CRC（Cyclic Redundancy Check 循环冗余校验码）字符，它用于检验同步传送的数据是否出错。因此，同步是指数据之间严格同步，而不只是位与位之间严格同步。

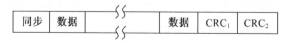

图 6.11　同步传送格式

　　由以上所述可知：异步通信比较灵活，适应于数据的随机发送/接收；而同步通信则是成批数据传送。异步传输一批数据因每个字节均有起始位和停止位控制而使发送/

接收速度有所降低，一般适应于每秒 50～9 600 位；而同步传输速度较快，可达每秒 800 000位。

2）波特率和接收/发送时钟

波特率是指每秒串行发送或接收的二进制位（bit）数，单位为波特率，它是衡量数据传送快慢的指标。1 波特率 = 1 b/s。

二进制数据系列在串行传送过程中以数字信号的形式出现。不论接收还是发送，都必须有时钟信号对传送的数据进行定位。接收/发送时钟就是用来控制通信设备接收/发送数据的速度，该时钟信号通常由外部时钟电路产生。由上面介绍的异步串行通信原理可知，互相通信的甲乙双方必须具有相同的波特率，否则无法成功地完成数据通信。发送和接收数据是由同步时钟触发发送器和接收器来实现。其时序波形如图 6.12 所示。从图中可以看出，在发送数据时，发送器在发送时的下降沿将移位寄存器的数据串行移位输出，在接收数据时，接收器在接收时钟的上升沿对接收数据采样，并接收数据。

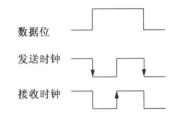

图 6.12　发送/接收触发时序波形图

发送和接收时钟频率与波特率有关，即

$$f = nb \qquad (6.9)$$

式中：f——发送器/接收器的时钟频率；

　　　n——波特率因子；

　　　b——发送器/接收器的波特率。

同步通信 $n = 1$。异步通信 n 可取 1、16 或 64。也就是说，同步通信中数据传输的波特率即为同步时钟频率；而异步通信中，时钟频率可为波特率的整数倍。

接收/发送时钟的周期 T_c 与发送的数据位宽度 T_d 之间的关系为

$$T_c = T_d/n \qquad (n = 1,16,64) \qquad (6.10)$$

异步传送接收数据实现同步的过程如图 6.13 所示，接收器在每一个接收时钟的上升沿采样接收数据线，当发现接收数据线出现低电平时就认为是起始位的开始，以后若在连续的 8 个时钟周期（因 $n = 16$，故 $T_d = 16T_c$）内测试到接收数据线仍保持为低电平，则确定它为起始位（而不是干扰信号）。通过这种方法，不仅能够排除接收线上的噪声干扰，识别假起始位，而且能够相当精确地确定起始位的中间点，从而提供一个准确的时间基准。从这个基准算起，每隔 16 个 T_c 采样一次数据线，作为输入数据控制信号。

3）串行通信操作方式

无论是异步方式还是同步方式，串行通信具有多种操作方式，分别为单工、半双工与全双工，如图 6.13 所示。

（1）单工（Simplex）方式：单工方式是指甲乙双方在通信过程中数据传输是单方向的，系统组成以后，发送方和接收方即被固定。这种通信方式很少应用。但在某些串行 I/O 设备中使用了这种方式，如串行打印机和计算机之间，数据传输只有一个方向，即从计算机至打印机。

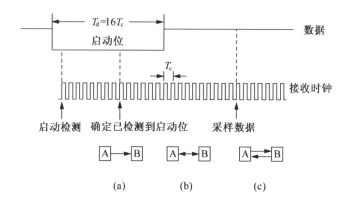

图 6.13　异步传送器接收数据实现同步的时序

（a）单工　（b）半双工　（c）全双工

（2）半双工（Half – Duplex）方式：半双工方式是指通信双方都具备发送器和接收器，发送和接收的数据分时地使用同一条传输线。

（3）全双工（Full – Duplex）方式：全双工方式是指通信双方均设有发送器和接收器，发送和接收的数据各自使用一条传输线。数据的发送和接收可同时进行。

4）串行通信接口电路

串行通信的"串行"实际上只存在于信道之中，任何一种计算机或测试仪器内部总线都是并行方式，如 8 位、16 位、32 位等。因此，在串行通信中，计算机发送数据或接收数据都必须通过发送器和接收器完成数据的并/串和串/并转换。由此看来，实现计算机或测试仪器串行通信的硬件电路发送器/接收器是不可缺少的，也正因为如此，在串行通信技术上已形成了多种通用串行通信接口电路，串行通信接口电路有三种类型：

（1）异步通信 UART（Universal Asynchronous Receiver/Transmitter）。

（2）同步通信 USRT（Universal Synchronous Receiver/Transmitter）。

（3）双功能通信 USART（Universal Synchronous Asynchronous Receiver/Transmitter）。

目前串行数据的传输多使用异步通信方式，异步通信 UART 发送及接收工作原理如图 6.14 所示。从图中可以看出，串行通信接口电路至少包括一个发送器和一个接收器，而发送器和接收器分别包括一个数据寄存器和移位寄存器，以便实现 CUP 输出→数据寄存器→移位寄存器→发送及接收→移位寄存器→数据寄存器→CUP 输入两个操作。

6.5.1.2　RS – 232C 标准数据总线

RS – 232C 是美国电子工业协会 EIA（Electronic Industries Association）公布的串行通信标准，RS 是英文"推荐标准"的字头缩写，232 是标识号，C 表示修改的次数。目前 RS – 232C 已广泛应用于计算机与外围设备的串行异步通信接口中。

（1）机械特性。RS – 232C 的机械特性主要指两个通信装置如何实现机械对接。标准规定，RS – 232C 是 DTE（数据终端设备）和 DCE（数据通信设备）之间的接口，RS – 232C 的机械标准规定 DTE 端应配置 DB25 的插头，即 25 针连接器，DEC 端应配置 DB25 的插座，即 25 孔连接器。

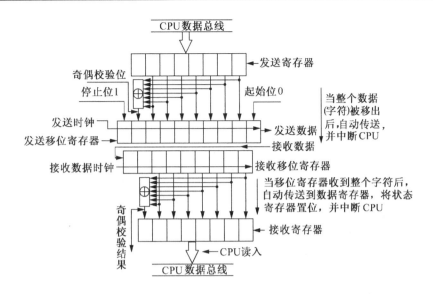

图 6.14 UART 发送及接收工作原理

由于 RS - 232C 的使用已大大超出了初始设计的意图，25 线中的很多信号在许多应用中用不上，因此在设计中已普遍采用了 DB9 插头，即 9 针连接器。RS - 232C 接口定义了 20 条可以同外界连接的信号线，并对它们的功能做了具体规定。

这些信号线并不是在所有的通信过程中都要用到，而是根据不同通信要求选用其中的一些信号线。常用的信号线列于表 6.2 中。

表 6.2　RS - 232C 常用信号线

引脚号	符　号	方　向	功　能
1			保护地
2	TXD	O	发送数据
3	RXD	I	接收数据
4	RTS	O	请求发送
5	CTS	I	为发送清零
6	DSR	I	DCE 就绪
7	GND		信号地
8	DCD	I	载波检测
20	DTR	O	DTE 就绪
22	RI	I	振铃指示

（2）RS - 232C 电气特性。RS - 232C 电气特性的最大特征是采用负逻辑，并且电平范围与 TTL 逻辑不同。

逻辑"0"：+5 ～ +15 V

逻辑"1"：-5 ～ -15 V

RS - 232C 电平与 TTL 逻辑对照如图 6.15 所示。

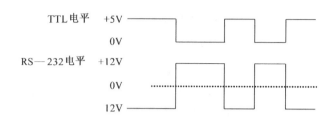

图 6.15 RS-232C 电平逻辑示意图

（3）RS-232C 与 TTL 器件电平转换。在计算机及智能仪器内，通用的信号是正逻辑的 TTL 电子。而 RS-232C 的逻辑电平为负逻辑的 ±12 V 信号，这与 TTL 电平是不兼容的，必须进行电平转换。用于这一目的的集成电路芯片种类很多，例如 RS-232C 总线输出驱动器 MCl488，RS-232C 总线接收器 MCl489。为了把 0~5 V 的 TTL 电平转换为 -12~+12V 的 RS-232C 电平，输出驱动器需要 ±12 V 电源。由于使用 MCl488、MCl489 芯片实现电平转换，需要 ±12V 电源，这对于不具备 ±12V 电源的系统是比较麻烦的，因此近年问世的一些 RS-232C 接口芯片采用单一的 +5 V 电源，其内部已经集成了 DC/DC 电源转换系统，而且输出驱动器与接收器制作在同一芯片中，使用更方便，例如 MAX232、ICL232 等。

（4）RS-232C 接口的常用系统连接。计算机与智能设备通过 RS-232C 标准总线直接互连传送数据是很有实用价值的，一般使用者遇到的首要问题是设备通信时的接线方法。

图 6.16 所示为全双工的标准系统连接。"发送数据"线与"接收数据"线交叉连接，总线两端的每个设备都既可发送又可接收。"请求发送"（RTS）折回与自身的"为发送清零"（CTS）相连，表明无论何时都可以发送。"DTE 就绪"（DTR）与对方的"DCE 就绪"（DSR）交叉互连，作为总线一端的设备测试另一端设备是否就绪的握手信号。"载波测试"（DCD）与对方的"请求发送"（RTS）相连，使一端的设备能够测试对方设备是否在发送，这两条连线较少应用。

如果由 RS-232C 连接在两端的设备随时都可以进行全双工数据交换，那么就不需要进行握手联络，图 6.16 所示的标准连接就可以简化为图 6.17 所示的全双工最简系统连接。

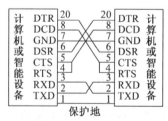

图 6.16 全双工的标准系统连接

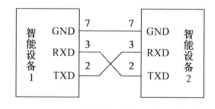

图 6.17 全双工最简单系统连接

RS-232C 发送器驱动电容负载的最大能力为 2 500 pF，这就限制了信号线的最大长度。例如，如果传输线采用每米分布电容约为 150 pF 的双绞线通信电缆，则最大通信距离将限制在 15 m。如果使用分布电容较小的同轴电缆，传输距离可以再增加一些。对于长距离传输，则需要用调制解调器通过电话线连接，如图 6.18 所示。

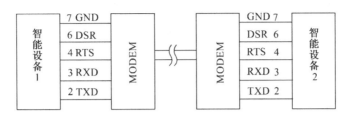

图 6.18　长距离传输的系统连接

6.5.1.3　测试仪表与 PC 机之间的串行数据通信

许多测试与控制仪表都是以单片机为核心进行控制的，这些测试设备经常需要与 PC 机进行数据交换。PC 机是目前应用最广泛的计算机系统，它与以单片机为核心的测试设备连接后，可以方便地构成主从分布式控制系统，从机（单片机）作数据采集或实时控制，主机（PC 机）作数据处理和中央控制。这种主从分布式控制系统在过程控制、生产自动化、仪器仪表等方面都有广泛的应用。

1）PC 机串行通信单元接口电路

在 PC 机系统中，利用异步通信接口电路可实现异步串行通信。该串行接口电路以 8250 通信芯片为核心，并配以电平转换电路及一些控制逻辑电路。

8250 芯片是一种通用异步接收器、发送器，通过编程 8250，可以控制串行数据传送的格式和速度。8250 内部有 10 个 8 位寄存器，表 6.3 列出了这 10 个寄存器的端口地址、名称、操作方法及使用条件。由于这 10 个寄存器是由 8250 的引脚 $A_0 \sim A_2$ 选定的，而三位二进制数只能表示 8 个寄存器，所以其中有两个口地址分别由两对寄存器共用，访问这两对寄存器时需由线路控制寄存器的最高位（DLAB）来识别。

表 6.3　8250 内部寄存器

端口地址	条　件	寄存器名称及作用
3F8H（2F8H）	DLAB = 0	写入发送器保持寄存器
3F8H（2F8H）	DLAB = 0	读出接收器数据寄存器
3F8H（2F8H）	DLAB = 1	写入波特率因子 LSB
3F9H（2F9H）	DLAB = 1	写入波特率因子 MSB
3F9H（2F9H）	DLAB = 0	写入中断允许寄存器
3FAH（2FAH）	—	读出中断标识寄存器
3FBH（2FBH）	—	写入线路控制寄存器
3FCH（2FCH）	—	写入 MODEM 控制寄存器
3FDH（2FDH）	—	读出线路状态寄存器
3FEH（2FEH）	—	读出 MODEM 状态寄存器

由于有关 8250 芯片的详细介绍在其他相关书籍中都有出现，所以下面仅对几个常用寄存器作简要说明。

（1）线路控制寄存器：用来设置串行通信的数据格式及校验方式，各位含义如图 6.19 所示。

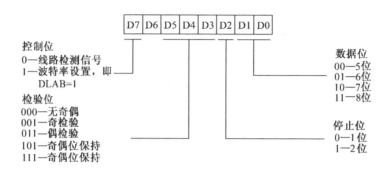

图 6.19　线路控制寄存器

例如，当线路控制寄存器设为 0BH（00001011B），则表示通信线路被设为：8 位数据位，1 位停止位，采用奇校验，设置时只需将此内容写入端口地址为 3FBH 的线路控制寄存器即可。

（2）线路状态寄存器：用来提供串行数据传送和接收时的状态，供 CPU 判断，各位含义如图 6.20 所示。

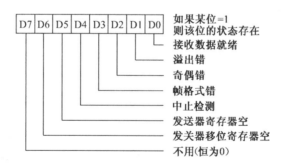

图 6.20　波特率因子与波特率的关系表

例如，PC 机采用查询方式接收与发送串行数据时，在接收或发送数据前，必须首先读线路状态寄存器，判断能否接收或发送数据。

（3）波特率寄存器：用来存放波特率因子常数，该常数决定串行数据的传输效率，向波特率寄存器写入波特率因子常数前必须使线路控制寄存器的最高位 D6（DLAB）="1"。波特率因子与波特率的关系如表 6.4 所示。

表6.4　波特率因子与波特率的关系

波特率 / (b/s)	波特率因子		波特率 / (b/s)	波特率因子	
	MSB	LSB		MSB	LSB
50	09H	00H	1 800	00H	40H
75	06H	00H	2 000	00H	3AH
110	04H	17H	2 400	00H	30H
134.5	03H	59H	3 600	00H	20H
150	03H	00H	4 800	00H	18H
300	01H	80H	7 200	00H	10H
600	00H	C0H	9 600	00H	0CH
1 200	00H	60H	19 200	00H	06H

例如，当把线路控制寄存器设为80H后（设置80H的目的是使DLAB＝"1"，即准备访问两个波特率寄存器），再向高、低波特率寄存器分别写入00H和60H，则此时系统串行通信波特率就被设为1 200 b/s。

2）PC机串行通信编程语言

PC机作为上位机与单片机构成分布式计算机控制系统时，PC机串行通信编程一般采用汇编语言和C语言，用汇编语言编程需对PC机串行单元硬件结构较为清楚，并熟悉DOS、BIOS功能程序及调用方法。而用C语言编程可不必对PC机串行单元硬件结构了解得很清楚，这对于一个只熟悉软件而不太熟悉硬件的编程者来说是很适合的，因此，在这里只介绍C语言编程PC机串行通信方法。

C语言开发环境为用户提供了丰富的库函数，用户在编程时可灵活地调用所需的库函数。C语言编程PC机串行口常用到以下与系统有关的库函数：bioscom（），inportb（）和outportb（）。

（1）bioscom（）：

调用格式：int bioscom（int crud，char byte，int port）

bioscom（）原型在bios.h中，

该函数的第1个整型变量cmd是定义操作命令：

0——初始化串行口；

1——发送1个字节；

2——接收1个字节；

3——读取接口状态。

变量byte定义串口具体工作方式，共8位，其中D_6、D_7、D_5设定波特率，D_4、D_3设定是否进行校验，D_2确定停止位个数，D_1、D_0设定数据位数。具体设定如下：

D_7	D_6	D_5	波特率	D_4	D_3	校验方式	D_2	停止位个数	D_1	D_0	数据位数
0	0	0	100	0	0	无	0	1	9	0	5
0	0	1	150	1	0	无	1	2	0	1	6
0	1	0	300	0	1	奇			1	0	8
0	1	1	600	1	1	偶			1	1	8
1	0	0	1 200								
1	0	1	2 400								
1	1	0	4 800								
1	1	1	9 600								

因此，byte 的内容就是初始化 8250 线路控制寄存器的内容，bioscom（）返回 1 个 16 位数，其中高 8 位字节为串口某些状态标志，低 8 位为读入字节。

Intport 指定串行端口号：0 为 coml，1 为 com2。

Bioscom（）通常用来对串口进行初始化，例如：要把 PC 机串口 1 初始化为 9 600b/s，偶校验，8 个数据位，1 个停止位，byte 的内容应为 251（FBH），函数调用形式为 bioscom（o，251，0）。

（2）inportb（）和 outportb（）：

调用格式：inponb（int port）；void outportb（int port，char byte）。inportb（）和 outponb（）原型在 dos.h 中，inportb（）是由指定端口读入 8 位数据，outportb（）是向指定端口写入 8 位数据。利用 inportb（）读串口时，应先对串口初始化，初始化可由 bioscom（）或 outportb（）来完成。

例如，若要从指定串口 port 读入数据并存入变量 a 中，则用语句：a = inportb（port）。看向指定串口 port 写入 date 数据，则用语句：outportb（port，date）。另外，还有两个对串口操作的函数 report（）和 utport（），用法与上面两个相同，只不过这两个函数输入/输出的是 16 位数据。

3）8031 单片机串行接口

MCS - 51 系列 8031 单片机内有一个可编程全双工串行通信接口，通过引脚 RXD 和 TXD 可与外设电路进行全双工的串行异步通信。

（1）串行接口的基本特点：8031 单片机的串行接口有 4 种基本工作方式，通过编程设置可以使其工作在任一方式，以满足不同应用场合的需要。其中，方式 0 主要用于外接移位寄存器，以扩展单片机的 I/O 电路；方式 1 用于双机通信；方式 2、3 除有方式 1 的功能外，还可用作多机通信，以构成分布多计算机系统。

串行接口有两个控制寄存器，用来设置工作方式、发送或接收的状态、特征位、数据传送的波特率以及作为中断标志等。

串行接口有一个数据寄存器 SBUF，该寄存器为发送和接收数据所共用。发送时，只写不读；接收时，只读不写。在一定条件下，向 SBUF 写入数据就启动了发送过程；读 SBUF 就启动了接收过程。

串行通信的波特率可以由软件设定。在不同工作方式中，由时钟振荡频率的分频值或由定时器 T1 的定时溢出时间确定，使用十分方便灵活。

（2）串行接口的工作方式：

✚方式0：8 位移位寄存器输入/输出方式。串行数据通过 RXD 端输入或输出，TXD 端输出同步移位脉冲；可接收/发送 8 位数据，波特率固定为 fosc/12。其中，fosc 为单片机系统时钟频率。

✚方式1：10 位异步通信方式。可发送（通过 TXD）或接收（通过 RXD）10 位数据，这 10 位数据是：1 个起始位（0），8 个数据位（由低位到高位）和 1 个停止位，波特率由定时器 TI 的定时溢出率和 SMOD 的状态来确定。

✚方式2、方式3：11 位异步通信方式。其中 1 个起始位（0），8 个数据位（由低位到高位），1 个附加的第 9 位和 1 个停止位；方式2、3 除波特率不同外，其他性能完全相同。

$$方式2的波特率 = \frac{2^{SMOD}}{64} \times f_{osc}$$

$$方式3的波特率 = \frac{2^{SMOD}}{32} \times 定时器 T_1 的定时溢出率$$

（3）串行接口的控制寄存器：串行接口共有两个控制寄存器 SCON 和 PCON，用以设定串行接口的工作方式、接收/发送的运行状态、接收/发送数据的特征、波特率的大小，以及作为运行的中断标志等。

✚串行口控制寄存器 SCON 的格式为

D7	D6	D5	D4	D3	D2	D1	D0
SM0	SM1	SM2	REN	TB8	RB8	T1	R1

各位定义如下：

SM0，SM1：串行口工作方式控制位。00——方式0；01——方式1；10——方式2；11——方式3。

SM2：仅用于方式2和方式3的多机通信控制位。当为方式2或方式3时，发送机 SM2 = 1（要求程控设置）。当接收机 SM2 = 1 时，若 RB8 = 1，可引起串行接收中断；若 RB8 = 0，不引起串行接收中断。当接收机 SM2 = 0 时，若 RB8 = 1，可引起串行接收中断；若 RB8 = 0，亦可引起串行接收中断。

REN：允许接收控制位。REN = 0 时，禁止串行口接收；REN = 1 时，则允许串行口接收。

TB8：在方式2、3中，TB8 是发送机要发送的第 9 位数据。

RB8：在方式2、3中，RB8 是接收机接收到的第 9 位数据，该数据正好来自发送机的 TB8。

TI：发送中断标志位。发送前必须用软件清零，发送过程中 TI 保持零电平，发送完一帧数据后，由硬件自动置 1。如要再发送，必须用软件再清零。

RI：接收中断标志位。接收前，必须用软件清零，接收过程中 RI 保持零电平，接收完一帧数据后，由片内硬件自动置 1。如要再接收，必须用软件再清零。

✚电源控制寄存器 PCON 的格式为

D7	D6	D5	D4	D3	D2	D1	D0
SMOD	×	×	×	×	×	×	×

SMOD：波特率加倍位。在计算串行方式 1、2、3 的波特率时：0——不加倍，1——加倍。

4）PC 机与 8031 单片机双机通信

以 8031 单片机为核心的测试与控制设备与 PC 机之间的数据交换通常采用串行通信方式，PC 机内装有异步通信适配器，其主要器件为可编程 8250 芯片，而 8031 单片机本身具有一个全双工的串行口，因此只要配以一些驱动、隔离电路就可组成一个简单的通信接口。

（1）通信接口设计。PC 机与 8031 单片机最简单的连接是零调制三线经济型。这是进行全双工通信所必须的最少数目连线。由于 8031 单片机输入、输出电平为 TTL 电平，而 PC 机配的是 RS－232C 标准串行接口，两者的电气规范不一致，因此要完成 PC 机与 8031 单片机的数据通信，必须进行电平转换。图 6.21 为 PC 机与 8031 单片机串行通信接口连接图，图中，MCl488 将 TTL 电平转换为 RS－232 电平，MCl489 将 RS－232 电平转换为 TTL 电平。

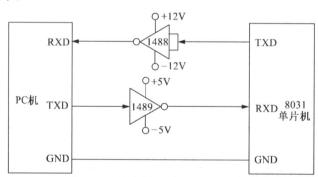

图 6.21 PC 机与 8031 单片机串行通信接口连接图

（2）通信软件设计。举一个实用的通信测试软件例子，以便检查 PC 机与 8031 单片机串行通信线路是否正常。其功能是：从 PC 机键盘输入一个字符，将其发送给单片机，单片机接收到 PC 机发来的字符后，回送同一字符给 PC 机，只要从 PC 机发送的字符与接收的字符相同，即可表明 PC 机与单片机间通信正常。

假定通信双方约定：

✚波特率：2 400 b/s。

✚信息格式：8 个数据位，一个停止，无校验位。

╋传送方式: PC 机采用查询方式接收与发送数据, 8031 单片机采用中断方式接收数据。

a. PC 机通信软件: PC 机通信软件采用 C 语言编写, 程序流程框图如图 6.22 所示。

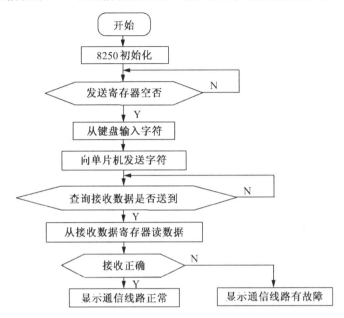

图 6.22 PC 机通信程序框图

程序清单如下:

```
# include"dos.  h"
# include"stdio"
main ( )
{
Unsigned char flag, t, s;
outportb (0x3fb, 0x80) ; / * 通信线路控制寄存器 D7 置 1 (DLAB = 1), 以便设置
波特率 *
outportb (0x3f8, 0x30) ; / * 设置波特率因子低 8 位 */
outportb (0x3f9, 0x00) ; / * 设置波特率因子高 8 位 */
outportb (0x3fb, 0x03) ; / * 设置数据格式, 8 个数据位, 1 个停止位, 无校验位 */
outportb (0x3f9, 0x00) ; / * 禁止中断 */
do {
    flag = inportb (Ox3fd) ; / * 读线路状态寄存器, 判断能否发送数据 */
    } while (flag&Ox20) = =0);
t = getchar () ; / * 从键盘键入一个字符, 存入变量 t */
outportb (0x3f8, t) ; / * 发送键入的字符 */
flag = inportb (0x3fd) ; / * 读线路状态寄存器, 判断接收数据是否送到 */
```

```
} while（（flag&0x01）= =0）；
r = inportb（0x3f8）；/＊从接收数据寄存器读取一个字符，存入变量 r ＊/
if（r = t）gotosuccess；/＊比较发送字符和接收字符是否一致 ＊/
printf（"通信线路有故障!"）；
go to end；
success：printf（"通信线路正常!"）；
end：printf（"测试结束"）；
}
```

由上面函数可以看到，该程序采用了端口直接访问操作方法。先对 PC 机的 8250 芯片进行初始化，在向 8031 单片机发送字符之前，先读取线路状态寄存器（口地址为 3FDH），并判断所读入内容的 D5 位是否为 1，D5 为 1，表明数据发送保持寄存器空，此时可从键盘键入一个字符，并发送出去，否则继续测试线路状态寄存器的 D5 位。

PC 机发出一个字符后，便测试通信线路状态寄存器的 D0 位，当 D0 位为 1 时，表明 8031 单片机回送的数据已存入 PC 机接收数据寄存器，此时 CPU 可从接收数据寄存器（口地址为 3F8H）读取一个字符，并比较发送字符和接收字符是否一致，从而得出通信线路是否正常。

b. 8031 单片机通信软件：8031 单片机通过中断方式接收 PC 机发送过来的字符，并回送给 PC 机。

✚波特率设置：定时器 T1 按方式 2 工作，计数常数为 F3H，SMOD = 1，波特率为 2 400 b/s。

✚串行口初始化：按方式 1 工作，通信数据格式为：1 个起始位，8 个数据位和 1 个停止位，

波特率由定时器 T1 的溢出率和 SMOD 的状态确定。其计算式为

$$波特率 = \frac{2^{SMOD}}{32} \times （定时器 T1 的定时溢出率）$$

✚中断服务程序人口：0023H。

8031 单片机程序流程框图见图 6.23。

程序清单如下：

```
ORG 0000H
UMPINIT；转到初始化程序
ORG 0023H
I - JMPSERVE；串行口中断服务程序入口
ORG 0100H
INIT：MOVTMOD, #20H；定时器 T₁ 初始化
MOV THl, #0F3H
MOV TLl, #0F3H
MOVSCON, #50H；串行口初始化，方式1，允许接收
MOV PCON, #80H；置 SMOD = 1
```

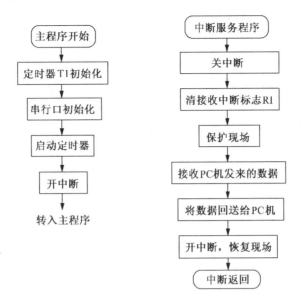

图 6.23　8031 单片机程序流程图

　　SETBTRI；启动定时器 T1

　　SETBES；允许串行口中断

　　SETBEA；开中断

　　LJMPMAIN；转主程序，本例略

SERVE：CLR EA；关中断

　　CLRRI；清除接收中断标志

　　PUSHDPH；保护现场

　　PUSH DPI。

　　PUSH A

　　MOVA，SBUF；接收 PC 机发过来的数据

　　CLRTI；清除发送中断标志

　　MOVSBUF，A；将数据回送给 PC 机

WAIT：JNBTI，WAIT；发送器不空则循环等待

　　POPA；恢复现场

　　POP DPI。

　　POP DPH

　　SETBEA；开中断

　　RETI；返回

　5）PC 机与 8031 单片机多机通信

　　将一台 PC 机和若干台单片机构成小型分散控制或测量系统，是目前计算机测试系统应用的一大趋势。在这个系统中，以 8031 单片机为核心的测试与控制仪表既能独立地完成数据处理和控制任务，又能将数据传送给 PC 机。PC 机将这些数据进行处理，

或显示、打印，同时将各种控制命令传送给各个测试子系统，以实现集中管理和最优控制。显然，要组成这样的分散控制或测量系统，首先要解决的是 PC 机与各单片机之间的数据通信问题。

（1）多机通信接口设计。PC 机与多台 8031 单片机串行通信接口连线如图 6.24 所示。通信采用主从方式，主机为 PC 机，从机为单片机，由 PC 机确定与所指定的单片机进行通信。硬件连接上，PC 机的发送线 SOUT 通过电平转换芯片 MCl489 与各单片机的串口接收线 RXD 相连，所有单片机的串口发送线 TXD 通过各自的电平转换芯片 MCl488 与 PC 机的接收线 SIN 相连。

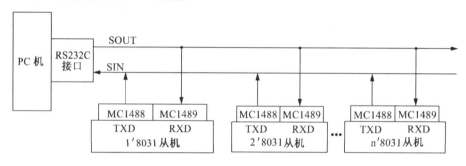

图 6.24　PC 机与多片单片机串行通信接线

（2）多机通信原理。在多机通信中，要保证主机与从机间可靠的通信，必须保证通信接口具有识别功能，而 8031 单片机串行口控制寄存器 SCON 中的控制位 SM2 就是为满足这一要求而设置的。当单片机串行口以方式 2（或方式 3）工作时，其接收的每一帧信息都是 11 位，格式为

起始位	D0	D1	D2	D3	D4	D5	D6	D7	RB8	停止位

其中第 9 位数据 RB8 用来区分 PC 机发送给单片机的是地址帧还是数据帧（规定地址帧的第 9 位为 1，数据帧的第 9 位为 0）。若单片机的控制位 SM2 = 1，则当接收的是地址帧时，数据装入串行接收缓冲器 SBUF，并置接收中断标志位 RI = 1，此时向单片机发出中断请求；若接收的是数据帧，则不产生中断标志。若 SM2 = 0，则无论是地址帧还是数据帧都产生 RI = 1 中断标志，数据装入 SBUF。

PC 机的串行通信接口是以 8250 为核心部件组成的。虽然 8250 本身并不具备单片机的多机通信功能，但通过软件的办法，可使得 8250 满足单片机多机通信的要求。方法是：8250 可发送 11 位数据帧，这 11 位数据帧由 1 位起始位，8 位数据位，1 位奇偶校验位和 1 位停止位组成，其格式如下：

起始位	D0	D1	D2	D3	D4	D5	D6	D7	奇偶校验位	停止位

其中奇偶校验位在通信中被传给单片机的 RB8 位。

比较上面 PC 机发送和单片机接收两种数据格式，可知它们的数据位长度相同，不同的仅在于奇偶校验位和 RB8 位，我们通过软件的方法可以编程 8250 的奇偶校验位，

使得该位在发送地址帧时为"1"，发起数据帧时为"0"。要实现这一功能，只要给 8250 的通信线路控制寄存器写入特定的控制字即可。例如：若要求 8250 发送地址帧，即使奇偶校验位为 1，只须执行 outportb（0x3fb，0x2bh）。若要求 8250 发送数据帧，即使奇偶校验位为 0，只须执行 outportb（0x3fb，0x3bh）。

如果 PC 机要与某一指定地址编号的单片机通信，就必须预先做好联络。具体通信过程管理和最优控制。显然，要组成这样的分散控制或测量系统，首先要解决的是 PC 机与各单片机之间的数据通信问题。

规定如下：①通信前，要求所有单片机串行口控制寄存器 SCON 的 SM2 位置 1，以便使所有单片机处于只接收地址帧的状态。②PC 机发送一帧地址信息，其中包含 8 位地址，第 9 位为 1，以表示发送的是地址。③单片机接收到地址帧后，各自将接收到的地址与其本身地址相比较。④被寻址的单片机，使其 SCON 的 SM2 = 0，未被寻址的其他从机仍维持 SM2 = 1 不变。⑤PC 机发送数据或控制信息（第 9 位为 0）。对于已被寻址的从机，因 SM2 = 0，故可以再次进入中断，并在中断服务程序中接收 PC 机发来的数据。而对于其他从机，因 SM2 维持为 1，就不能进入中断，也就不能接收 PC 机发来的数据。

6.5.1.4　RS – 449、RS – 423、RS – 422 数据总线

RS – 232C 虽然应用很广，但因其推出较早，在现代通讯中已暴露出许多不足之处：

（1）数据传输速率慢，一般低于 20Kb/s。

（2）通信距离短，一般限于 15m。

（3）连接器有多种方案，容易引起混乱。

（4）每个信号只有 1 根导线，两个传输方向共用 1 个信号地，因此抗干扰能力差。

由于这些原因，EIA 于 1977 年制定了新标准 RS – 449，目的在于支持较高的传输速率和较远的传输距离，RS – 449 标准定义了 RS – 232C 所没有的 10 种电路功能，规定了 37 脚的连接器，改善了信号在导线上传输的电气特性。RS – 423 和 RS – 422 是 RS – 449 的子集，其与 RS – 232C 的主要区别在于信号在导线上传输方法不同。图 6.25 给出了 RS – 232C、RS – 423 和 RS – 422 三种接口标准的信号传输方法。

RS – 232C 采用单端驱动单端接收接口电路，传输数据用一根信号线和一根公共地线，这种接法抗干扰能力差。

RS – 423 与 RS – 232C 兼容，它弥补了 RS – 232C 的不足，采用差分接收电路，并且将接收器两根差分信号中的一根与发送端地线连接。这样，发送端相对于发送地的电平即为接收器的差分信号，从而可有效抑制地线干扰和共模干扰。这种电路大大提高了串行通信的正确率，在传输速率和传输距离上优于 RS – 232C。

RS – 422 与 RS – 232C 不兼容，它是在 RS – 423 的基础上彻底消除信号地线的连接，采用平衡驱动，双端差分接收，从而使抵御共模干扰的能力更强，传输速率和传输距离比 RS – 423 更进一步。

RS – 232C 已被广泛应用，尤其在计算机系统中，串行接口一般都采用 RS – 232C。如果采用 RS – 422 通信可提高数据传输速率和距离，但把现行计算机串口进行改换，显然是不现实的，一种有效的办法是将 RS – 232C 接口外接转换器转换成 RS – 422 接口。

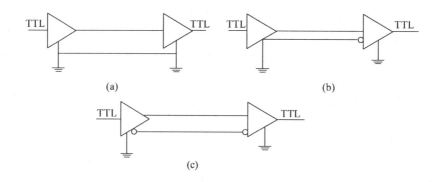

图 6.25　串行通信三种信号传输方法

（a）RS-232 差 C 单端驱动非差分接收电路；（b）RS-423 单端驱动差分接收电路；

（c）RS-422 平衡驱动差分接收电路

6.5.1.5　USB 通用串行数据总线

随着测试与控制技术的不断发展，在测试系统中需要大量新的外设，这些外设对计算机通信接口提出了更高的要求，如高速度、双向传输数据等。传统的计算机接口，如并行打印机接口（LPT）、串行 RS232C 接口已经不能满足用户的需要。为了满足当前计算机的发展需要，Compaq，Intel，Microsoft，NEC 等公司联合制定了一种新的计算机串行通信协议 USB（Universal Serial Bus），即通用串行总线，该标准的 Ver1.1 版本于 1998 年 9 月公布，现已广泛流行。USB 协议将 USB 分为 5 个部分：控制器、控制器驱动程序、USB 芯片驱动程序、USB 设备以及针对不同 USB 设备的客户驱动程序。USB 协议出台后得到各计算机生产商、芯片制造商和计算机外设厂商的广泛支持。如今，计算机主板都带有 USB 接口，Windows 98 也全面支持 USB 标准，很多计算机外设都采用 USB 接口，各种带 USB 接口的设备也在市场上不断涌现。

1）USB 的特点

（1）速度快。USB 有高速和低速两种模式。主模式为高速模式，速率为 12Mb/s，从而使一些要求高速数据的外设，如高速硬盘、摄像头、数据采集器等，都能统一到同一个总线框架下。另外为了适应一些不需要很大吞吐量但有很高实时性要求的设备，如鼠标、键盘、游戏杆等，USB 还提供低速方式，速率为 1.5Mb/s。不管是高速还是低速模式，速度都比 RS232 接口快得多。

（2）易扩展。USB 采用的是一种易于扩展的树状结构，通过使用 USB Hub 扩展，可连接多达 127 个外设。标准 USB 的电线长度为 3 m（5 m，低速）。通过 Hub 可以使外设距离达到 30 m。

（3）支持热插拔和即插即用。在 USB 系统中，所有的 USB 设备可以随时接入和拔离系统，USB 主机能够动态地识别设备的状态，并自动给接入的设备分配地址和配置参数。这样一来，安装 USB 设备不必再打开机箱，也不用关闭计算机。

（4）USB 提供总线供电和自供电两种供电形式。当采用总线供电时，不需要额外的电源。USB 主机和 USBHub 有电源管理系统，对系统的电源进行管理。

（5）使用灵活。针对设备对系统资源需求的不同，在 USB 规范中规定了四种不同的数据传输方式：

✚控制传输方式（Control）：该方式用来处理主机到 USB 设备的数据传输。包括设备控制指令、设备状态查询及确认命令。当 USB 设备收到这些数据和命令后，将依据先进先出的原则处理到达的数据。

✚等时传输方式（Isochronous）：该方式用来联接需要连续传输数据，且对数据的正确性要求不高而对时间极为敏感的外部设备，如麦克风、喇叭以及电话等。等时传输方式以固定的传输速率，连续不断地在主机与 USB 设备之间传输数据。在传送数据发生错误时，USB 并不处理这些错误，而是继续传送新的数据。

✚中断传输方式（Interrupt）：该方式传送的数据量很小，但这些数据需要及时处理，以达到实时效果，此方式主要用在键盘、鼠标以及操纵杆等设备上。

✚批量传输方式（Bulk）：该方式传送的数据量大并且要求传输的数据正确无误。此方式主要用在打印机、扫描仪、数码相机和数码摄像机等设备上。

（6）支持多个外设同时工作。在主机和外设之间可以同时传输多个数据和信息流。总之，USB 是一种方便、灵活、简单、高速的总线结构。

2）USB 的拓扑结构

USB 硬件系统由主控制器、USB Hub 和 USB 设备组成，系统拓扑结构如图 6.26 所示。主控制器由硬件、系统软件、应用软件构成。主控制器提供一个根结点（Root Hub），它可以直接与 USB 设备相连，也可以连接 USB Hub，通过 USB Hub 来扩展接口。主控制器的功能主要有：动态测试外设的接入和拔离，给新接入的设备分配地址和配置参数，管理系统中的数据通信，对系统的电源进行管理等。

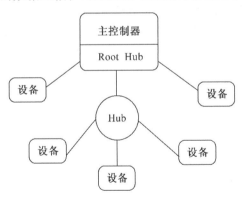

图 6.26 USB 的拓扑结构

USB Hub 用来扩展接口，以便系统连接更多的外设（不超过 127 个）。Hub 也能动态识别 USB 外设的接入，处理属于自己的信号，并将其他的信号放大传输给外设或主机，它还能进行电源的管理和分配。每一个 USB Hub 接入时，主机都分配其一个独立的地址。USB Hub 下端可以接 USB 设备，也可以继续接 USB Hub。

USB 设备是指带有 USB 接口的外部设备，如鼠标、扫描仪、数码相机、MIC 等。它们使用标准的 USB 数据结构与计算机进行通信，能识别计算机发出的各种命令，并对其做出响应。

　　虽然说 USB 系统的拓扑结构是树状结构，一个计算机可能要通过几个 USB Hub 才和一个 USB 设备相连接。但对计算机来说，它对每个外设的管理和通信都是一样的，好像主机同外设直接连接起来一样。USB Hub 也当做一个 USB 设备来进行管理。

　　3）USB 的物理连接

　　USB 设备通过四线电缆与计算机或 USB Hub 相连接。这四根线分别是 Vbus、GND、D^+、D^-，其中 Vbus 为总线的电源线，GND 为地线，D^+ 和 D^- 为数据线。USB 利用 D^+ 和 D^- 线，采用差分信号的传输方式传输串行数据。

　　USB 设备与主机的连接有两种方式。图 6.27 是与高速设备的连接。

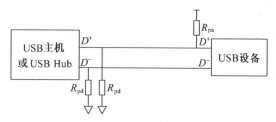

图 6.27　USB 物理连接（接高速设备）

　　USB 主机和 USBHub 同时支持高速和低速两种传输模式，但 USB 设备只支持其中的一种传输模式。所以在总线的连接上，USB 高速和低速设备是有区别的，如果接的是 USB 高速设备，则在该设备的上行端口处，数据线 D^+ 接上拉电阻 R_{pu}，如图 6.22 所示，若是 USB 低速设备，则上拉电阻 R_{pu} 接在 D^- 上。在 USB 主机或 USBHub 的下行端口，D^+ 和 D^- 都接有下拉电阻 R_{pd}，R_{pd} 的阻值是 R_{pu} 的 10 倍。

　　当 USB 设备没有接入时，总线上 D^+ 和 D^- 都为低电平（此时主机或 Hub 的输出为高阻），称之为 SE0 状态（Single – ended 0）。当 USB 设备接入时，由于 Rpd > Rpu 所以 D^+（高速设备）或 D^-（低速设备）被拉成高电平，这时总线的状态为 J 状态。主机若测试到总线状态从 SE0 到 J 的变化，并且 J 状态持续一定的时间，就认为有 USB 设备接入系统。在 USB 设备与主机不通信时，总线处于 J 状态。

　　4）USB 的应用

　　到目前为止，USB 已经在包括扫描仪、数码相机、数码摄像机、外置硬盘、音频系统、显示器、输入设备等在内的多种外设上得到应用。

　　扫描仪和数码相机、数码摄像机是从 USB 中最早获益也是获益最多的产品。使用 USB 扫描仪的用户只需放好要扫描的图文，按一下扫描仪的按钮，屏幕上会自动弹出扫描仪驱动软件和图像处理软件，并实时监视扫描的过程。

　　USB 数码相机、摄像机和扫描仪类似，也是"一触即发"的，但它们更得益于 USB 的高速数据传输能力，使大容量的图像在短时间内即可完成。

　　USB 在音频系统的应用，其代表产品是微软推出的 Microsoft Digital Sound System8.0（微软数字声音系统 8.0）。使用这个系统，可以把数字音频信号传送到数字音箱，不再需要声卡进行数/模转换，音质也较以前有一定的提高。

　　实际上，USB 技术在输入设备上的应用也是很成功的。USB 键盘、鼠标器以及游戏杆都表现得极为稳定。

随着 USB2.0 标准的推出，USB 接口得到更广泛的应用。如今所有的计算机主板都带有一个或两个 USB 接口，Windows 98 全面支持 USB 标准，各厂商都纷纷将其产品的接口改为 USB 接口；有关 USB 的芯片也层出不穷，如带 USB 接口的单片机、RS422 - USB 转换器、RS232 - USB 转换器等。

总之，USB 由于速度快、使用方便灵活、易于扩展、支持即插即用、成本较低等一系列优良的特性，正逐步取代传统的接口总线而应用于计算机的各种外设中。

6.5.2 并行总线与通信技术

6.5.2.1 并行数据 IEEE488 总线

IEEE488 是一种并行的外总线，它是 20 世纪 70 年代由 HP 公司制定的。HP 公司为了解决各种仪器仪表与计算机进行通信时，由于互相不兼容而带来的连接麻烦，研制了通用接口总线 GPIB 总线。1975 年 IEEE 以 IEEE 488 标准总线予以推荐，1977 年国际电工委员会（1EC）也对该总线进行认可与推荐，定名为 IEC—IB。所以这种总线同时使用了 IEEE488，IEC—IB，HPIB（HP 接口总线）或 GPIB（通用接口总线）多种名称。由于 IEEE 488 总线的推出。当用 IEEE 488 标准建立一个由计算机控制的智能测试系统时，不要再加一大堆复杂的控制电路。IEEE 488 系统以机架层叠式智能仪器为主要器件，构成开放式的积木测试系统。因此 IEEE 488 总线是当前工业上应用最广泛的通信总线之一。

1）IEEE 488 总线的基本性能

（1）数据传输速率不大于 1 Mb/s。

（2）连接在总线上的设备（包括作为主控器的计算机）最多不超过 15 台。

（3）总线上任意两个设备间的最大距离不超过 20 m。

（4）整个系统的电缆总长度不超过 220 m，若电缆长度超过 220 m，则会因延时而改变定时关系，从而造成工作不可靠。

（5）所有数据交换都必须是数字化的。数据传输采用位并行（8 位）、字节串行、双向异步传输方式。

（6）总线规定使用 24 线的组合插头座，并且采用负逻辑，即用小于 +0.8 V 的电平表示逻辑"1"；用大于 2V 的电平表示逻辑"0"。

2）IEEE488 总线的接口结构与设备的工作方式

IEEE 488 总线接口结构如图 6.28 所示。利用 IEEE 488 总线将计算机和其他若干设备连接在一起。可以采用串行连接，也可以采用星形连接。

在 IEEE 488 系统中的每一个设备可按如下三种方式工作：

（1）"听者"方式。这是一种接收器，它从数据总线上接收数据，一个系统在同一时刻，可以有两个以上的"听者"在工作。可以充当"听者"功能的设备有计算机、打印机、绘图仪、数字示波器等。

（2）"讲者"方式。这是一种发送器，它向数据总线发送数据，一个系统可以有两个以上的"讲者"，但任一时刻只能有一个讲者在工作。具有"讲者"功能的设备有计

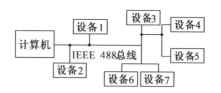

图 6.28　1EEE488 总线接口结构图

算机、数字电压表、数据采集器等。

（3）"控者"方式。这是一种向其他设备发布命令的设备，例如对其他设备寻址，或允许"讲者"使用总线。控者通常由计算机担任。一个系统可以有不止一个控制者，但每一时刻只能有一个控制者在工作。

在 IEEE 488 总线上的各种设备可以具备不同的功能。有的设备（如计算机）可以具有控者、听者、讲者三种功能。有的设备只具有听者、讲者功能，如数据采集器。而有的设备只具有听者功能，如打印机。在某一时刻系统只能有一个控者，而当进行数据传送时，某一时刻只能有一个讲者发送数据，允许多个听者接收数据。

一般应用中，如在一个测试与控制系统中，通过 IEEE 488 将计算机和各种测试仪器连接起来。则只有计算机具备控者、讲者、听者三种功能，而总线上的其他设备都没有控者功能。当总线工作时，由控者发布命令，规定哪个设备为讲者、哪个设备为听者，然后讲者可以利用总线发送数据，听者从总线上接收数据。

3）IEEE 488 总线信号定义说明

IEEE488 总线使用 24 线组合插头座（8 条地线和 16 条信号线），图 6.29 所示为 IEEE488 总线插座的引脚与信号线关系。

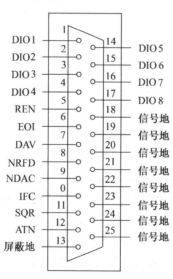

图 6.29　总线插座引脚与信号关系

IEEE488 的信号线除 8 条地线外，有以下三类信号线：

（1）数据总线 D101～D108。这是 8 条双向数据线，除了用于传送数据外，还用于

"听"、"讲"方式的设置，以及设备地址和设备控制信息的传送。

即在 D101 — D108 上可以传送数据、设备地址和命令。这是因为该总线没有设置地址线和命令线，这些信息要通过数据线上的编码来产生。

（2）字节传送控制总线。在 IEEE 488 总线上数据传送采用异步握手（挂钩）联络方式。即用 DAV、NRFD 和 NDAC 3 根线进行握手联络。

➕DAV（Data Available）数据有效线。当由讲者控制的数据总线上的数据有效时，讲者置 DAV 为低电平，指示听者可以从总线上接收数据。

➕NRFD（Not Ready For Data）未准备好接收数据线。当 NRFD 为低电平时，表示系统中至少有一个听者设备未准备好接收数据；当 NRFD 为高电平时，表示系统中所有听者设备已全部作好接收数据准备，示意讲者可发送数据。

➕NDAC（Not Data Accepted）未接收完数据。当总线上被指定为听者的设备有任何一个尚未接收完数据，它就置 NDAC 线为低电平，示意讲者不要撤销当前数据。只有当所有听者设备都接收完数据后，此信号才变为高电平。

（3）接口管理线。IFC、SRQ、ATN、EOI 和 REN 接口管理线用来控制系统的有关状态。

➕IFC（Interface Clear）接口清零线。该线的状态由控者建立，并作用于所有设备。当它为低电平时，整个 IEEE 488 总线停止工作，讲者停止发送，听者停止接收。置系统为已知的初始状态，它类似于复位信号 RESET，可用计算机的复位键来产生 IFC 信号。

➕SRQ（Service Request）服务请求线。它用来指出某个设备请求控者的服务。所有设备的请求线是"线或"在一起的，因此任何一个设备都可以使这条线有效，来向控者请求服务。但请求能否得到控者的响应，则完全由程序来安排，在一个测试与控制系统中，SRQ 是发向计算机的中断请求线。

➕ATN（Attention）注意线。它由控者控制，用来指明数据线上传送的是设备地址、命令还是数据。

当 ATN 为低电平时，即逻辑"1"，表示数据线上传送的是地址或命令，这时只有控者能发送信息，其他设备都只能接收信息。当 ATN 为高电平时，即逻辑"0"，表示数据总线上传送的是数据。

➕EOI（End Orldentify）结束或识别线。该线与 ATN 线一起指示是数据传送结束还是用来识别一个具体设备。

当 EOI 为低电平、ATN 为高电平时，表示讲者已传送完一组字节的信息。

当 EOI 为低电平、ATN 为低电平时，表示数据总线上是设备识别信息，即可得到请求服务的设备编码。

➕REN（Remote Enable）远程控制线。该信号为低电平时，系统处于远程控制状态，设备面板开关、按键均不起作用；若该信号为高电平，则远程控制不起作用，本地设备面板控制开关、按键起作用。

4）IEEE 488 总线传送数据时序

IEEE 488 总线上数据传送采用异步方式，即每传送一个字节数据都要利用 DAV、NRFD 和 NDAC 三条信号线进行握手联络。数据传送的时序图如图 6.30 所示。

从时序图可见，总线上每传送一个字节数据，就有一次 DAV、NRFD 和 NDAC 三

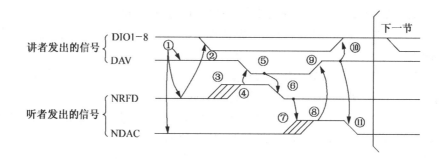

图 6.30　数据传送的时序图

线握手过程。以下根据三线握手时序图来分析数据传送过程（（1）～（11））：

（1）原始状态讲者置 DAV 为高电平；听者置 NRFD 和 NDAC 两线为低电平。

（2）讲者检查 NRFD 和 NDAC 两线状态，若它们同时为低电平时，则讲者将数据送上数据线。

（3）图中虚线表示一个听者设备接着一个听者设备陆续做好了接收数据准备（如打印机"不忙"）。

（4）所有听者设备都已准备就绪，此时 NRFD 变为高电平。

（5）当 NRFD 为高电平，而且数据总线上的数据已稳定后。讲者使 DAV 线变为低电平，告诉听者数据总线上的数据有效。

（6）听者一旦识别到 DAV 线变为低电平，便立即将 NRFD 拉回低电平，表示此时听者开始接收数据。

（7）最早接收完数据的听者欲使 NDAC 变高。但其他听者尚未接收完数据，故 NDAC 线仍保持低电平。

（8）只有当所有的听者都接收完毕此字节数据后，NDAC 线变为高电平。

（9）讲者确认 NDAC 线变为高电平后，就升高 DAV 线。

（10）讲者撤销数据总线上的数据。

（11）听者确认 DAV 线为高后就置 NDAC 为低，以便开始传送另一数据字节，至此完成传送一个数据字节的三线握手联络全过程。从数据传送的过程可见，IEEE 488 总线上数据传送是按异步方式进行的，总线上若是快速设备，则数据传送就快，若是慢速设备，则数据传送就慢。也就是说数据传送的定时是很灵活的。这意味着可以将不同速度的设备同时挂在 IEEE488 总线上。

5）并行通信接口芯片

为了简化 IEEE488 接口设计，许多厂家研制开发了可供选用的大规模集成电路接口芯片，如 Motorola 公司生产的 MC68488、MC3447、Intel 公司生产的 8291A、8292 及 8293 等。下面对 Intel8291A 芯片作一简单介绍。

8291A 是美国 Intel 公司生产的符合 IEEE488 标准的接口芯片，它可用来将计算机接到 IEEE488 总线上，实现 IEEE488 标准中除了控者功能以外的全部接口功能。

6.5.2.2　VXI 并行数据总线

目前在自动测试系统中 IEEE 488 总线虽仍然广泛使用，但由于它的数据总线只有

8 位宽，系统的最高传送速率只有 1Mb/s，体积也较大，因此往往不能适应现代科技和生产对测试系统的需要。1987 年，Racaldana、HP、Tektronix 和 Wavetek 等公司的工程技术代表组成一个特别委员会，制定了开放性仪器总线结构所必需的附加标准。1987 年 7 月这个委员会宣布了 VXI 总线标准。VXI 是 VMEbus extension for instrumentation 的缩写，即 VME 总线在仪器领域的扩展。VME 总线（Versabus Module European）是美国 Motorola 公司 1981 年开发成功的计算机总线，VME 总线的计算机已在工业控制领域得到广泛的应用，被公认为性能良好的计算机总线，但 VME 总线不完全适用仪器系统在电气、机械方面的要求，为此，在 VME 总线的基础上作了进一步扩展而形成了 VXI 总线。VXI 的问世是测量和仪器领域中发生的重大事件。它是一种模块化仪器总线，是一种在世界范围内完全开放的，适合于多供货厂商的标准总线，它不仅吸取了 VME 总线的高速通信和 IEEE 488 总线易于组成测试系统的优点，而且集中了智能仪器、个人仪器和自动测试仪器的很多特长。具有小型便携、高速数据传输、模块化结构、软件标准化高、兼容性强和器件可重复使用等优点。组建系统灵活方便，能充分利用计算机构成虚拟仪器，并便于接入计算机网络构成信息采集，传输和处理的一体化网络。VXI 技术把计算机技术、数字接口技术和仪器测量技术有机的结合起来。这种总线推出后，在世界上得到迅速的推广。VXI 总线主要有以下特点：

（1）系统最多可以包含 256 个器件（或称装置），每个器件都具有惟一的逻辑地址单元。

（2）VXI 总线仪器系统中的仪器模块插板尺寸被严格定为 A、B、C 和 D 四种。A 级最小（高 10cm × 深 16 cm），D 级最大（高 36.7 cm × 深 34 cm），其中 C 级（高 23.335 cm × 深 34 cm）应用最多。C 级的宽度为 3 cm 或其整数倍，即大体上相当于一本大型书籍的尺寸。组建系统时，可以像插放或更换书架上的书籍一样灵活方便地插放或更换模块。为了增强系统对各种尺寸插件的适应性，系统允许在较大模块插件的主机架中插入较小模块插件，例如按 C 型模块设计的主机架，也可插放 A、B 型的模块。

（3）一个模块是一个 VXI 器件，但也允许灵活处理。系统中以每一个主机箱为单位构成一个子系统。一般一个主机箱可以放置 5～13 块模块，主机箱的背板为高质量的多层印制电路板，其上印制着 VXI 总线。模块通过连接器与总线连接。有 P1、P2 和 P3 三种连接器。每种连接器是 3 排，共 96 个引脚。其中 P1 是必需的，而 P2 和 P3 是可选择的。在主机箱的背板上安装着连接器的插座，模块上安装着连接器的插头，由主机箱向模块提供模拟和数字电路所需的 7 种电源和冷却能力。

（4）VXI 系统是一种计算机控制的多功能系统，在很广的范围内允许不同厂家生产的仪器接口卡和计算机以模块的形式共存于同一主机箱内。VXI 系统的组建按照主控计算机放置在机架内部或外部，分为内控方式和外控方式。

（5）VXI 总线中地址线有 16 位、24 位、32 位三种，数据线 32 位，在数据线上数据的传输速率可达 40 Mb/s，当在相邻模块间用本地总线传输时，速率可提高到 100 Mb/s。此外 VXI 总线中还定义了多种控制线、中断线、时钟线、触发线、识别线和模拟线等。

（6）在 VXI 总线规范文本中，对主机箱及模块的机械规程、供电、冷却、电磁兼容、系统控制、资源管理和通信规程等都做了明确规定。

7　工业测控中的干扰抑制技术

在测试与控制系统中，有用信号以外的一切无用信号统称为干扰，例如声、光、电、振动、化学腐蚀、高温、高压等都可能对有用信号产生影响。这些干扰，轻则影响测量和控制精度，重则使测量和控制失灵，以致降低产品质量，甚至使生产设备损坏，或发生灾难事故。为了有效地抑制干扰，必须清楚地了解干扰的来源、传输途径及作用方式，以便采取有效措施，减小或消除干扰的影响。

7.1　干扰来源

众所周知，干扰来自干扰源。在工业现场和环境中，干扰源是各种各样的，概括起来可分为外部干扰和内部干扰两大类。

外部干扰是指由装置外部窜入到装置内的各种干扰。它主要来源于自然界和周围电气设备。来源于自然界的干扰有闪电、雷击、宇宙射线、太阳黑子活动等，它对广播、通信、导航等电子设备影响较大，而对一般工业用测试仪表和电子设备影响不大。但对于具有光敏作用的元器件，应注意采用光屏蔽措施。

来源于各种电气设备的干扰有各类用电设备的启停、电火花加工、电弧焊接、脉冲电蚀、高频加热、可控硅整流、大电流输电线周围产生的交变磁场等，它是外部干扰的关键。

内部干扰是指由装置本身引起的各种干扰。它包括固定干扰和过渡干扰两种。过渡干扰是电路在动态过程中产生的干扰。固定干扰包括信号线间的相互串扰、长线传输阻抗失配时的反射噪声、负载突变噪声、寄生振荡噪声、热骚动噪声等。

根据干扰产生的物理原因，通常将干扰分为下列几种类型。

7.1.1　机械干扰

机械干扰是指由于机械的振动或冲击，使仪表或装置中的电气元件发生振动、变形，使连接导线发生位移，使指针发生抖动等。这些都将影响仪表和装置的正常工作。声波的干扰类似于机械振动，从效果上看，也可被列入到这一类中。对于机械干扰主要是采取减震措施来解决，例如应用减震弹簧或减震橡皮垫等。

7.1.2　热干扰

设备和元器件在工作时产生的热量所引起的温度波动和环境温度的变化等，都会引起仪表和装置的电路元件参数发生变化，或产生附加热电势，从而影响仪表或装置的正常工作。

对于热干扰，工程上通常采取下列几种方法进行抑制：

（1）采用热屏蔽。将某些对温度变化敏感的元器件或电路中的关键元器件和组件，用导热性能良好的金属材料做成的屏蔽罩包围起来，使罩内温度场趋于均匀和恒定。

（2）采用恒温措施。例如将石英振荡晶体和基准稳压管等与精确度有密切关系的元器件置于恒温槽中。

（3）采用对称平衡结构。如采用差分放大电路、电桥电路等，使两个与温度有关的元器件处于平衡结构的两侧对称位置，这样温度对二者的影响在输出端可互相抵消。

（4）采用温度补偿元件。以补偿环境温度变化对仪表和装置的影响。

7.1.3 光干扰

在测试仪表中广泛地使用着各种半导体元器件，但是半导体材料在光线的作用下会激发出电子—空穴对，使半导体元器件产生电势或引起阻值的变化，从而影响测试仪表的正常工作。因此，半导体元器件应封装在不透光的壳体内。对于具有光敏作用的元件，尤其应该注意光的屏蔽问题。

7.1.4 湿度干扰

湿度增加，会使绝缘体的绝缘电阻下降，漏电流增加；会使高值电阻的阻值下降；会使电介质的介电常数值增加；会使吸潮的线圈骨架膨胀等。这样必然会影响测试仪表的正常工作。在设计测试仪表时，应当考虑对潮湿的防护。尤其是在南方潮湿地带，用于船舶及锅炉房等地方的仪表更应注意密封防潮措施。例如，电气元件和印刷电路板的浸漆、环氧树脂封灌和硅橡胶封灌等。

7.1.5 化学干扰

化学物品，如酸、碱、盐及腐蚀性气体等，一方面会通过化学腐蚀损坏仪表元件和部件，另一方面会与金属导体形成化学电势。例如应用检流计时，手指上的脏物（含有酸、碱、盐等）被弄湿后，与导线形成化学电势，使检流计偏转。因此，良好的密封和注意清洁对仪表是十分必要的防护化学干扰措施。

7.1.6 电和磁干扰

电和磁可以通过电路和磁路对测试仪表产生干扰作用，电场和磁场的变化也会在测试仪表的有关电路中感应出电势，从而影响测试仪表的正常工作。这种电和磁的干扰对于测试仪表来说是最普遍和影响最严重的干扰，因此必须认真地对待这种干扰。

7.1.7 射线辐射干扰

射线会使气体电离、半导体激发出电子—空穴对、金属逸出电子等，从而影响测试仪表的正常工作。射线防护是一门专门技术，主要用于原子能工业、核武器生产等方面。

7.1.8 电源干扰

计算机测试系统的电源一般都接自电网,与工业系统共用一个交流电源。工业系统中的大功率设备的启停、负载电流的快速变化、电焊等都会产生干扰,使电网电压波形发生畸变,并由电网窜入计算机系统,干扰其正常工作。据统计分析,计算机系统的干扰有 70% 是从电源耦合进来的。

7.1.9 信道干扰

来自信号传输通道的干扰主要有杂散电磁场通过感应和辐射方式进入的干扰(包括多路传输线之间产生的串扰,由传输线的衰减、延迟和阻抗失配等因素引起的反射干扰等)。

7.1.10 地线干扰

由于接地的方法、地点选择不当或者接地不良,均可造成干扰。这种干扰通过地线窜入计算机系统,会影响系统的正常工作。

7.2 干扰的传输途径

7.2.1 噪声与噪声源

7.2.1.1 噪声

(1)噪声的概念。测试仪表在工作时,往往除了有用信号之外,还附带着一些无用的信号。这种无用的、变化不规则的信号会影响测量结果;有时甚至会完全将有用信号淹没掉,使测量工作无法进行。这种在测试仪表中出现的无用的信号被称之为噪声。通常所说的干扰就是噪声造成的不良效应。当噪声电压使电路不能正常工作时,该噪声电压就被称为干扰电压。噪声与有用信号不同,有用信号可以用确定的时间函数来描述,而噪声则不能够用一个预先确定的时间函数来描述。噪声属于随机过程,必须用描述随机过程的方法来描述。

(2)信噪比。在测量过程中,人们不希望有噪声,但是人们也无法完全排除噪声,实际上只能要求噪声尽可能小一些。究竟允许多大的噪声存在,则必须与有用信号联系在一起考虑。显然,有用信号很强,则允许有较大的噪声;当有用信号很微弱时,则允许的噪声必须很小。于是产生了信噪比这一概念。信噪比是指在信号通道中,有用信号功率与伴随的噪声功率之比。它表示噪声对有用信号影响的大小。

7.2.1.2 噪声源

噪声来源于噪声源。噪声源是多种多样的,常见的噪声源主要可归纳为 3 类,即放电噪声源、电气设备噪声源和固有噪声源。

1)放电噪声源

由各种放电现象产生的噪声被称为放电噪声。在放电过程中,放电噪声会向周围辐射出从低频到超高频的电磁波，而且还会传播到很远的距离。它是对电子仪表影响最严重的一种噪声干扰。在放电现象中属于持续放电的有电晕放电、辉光放电和弧光放电；属于过渡现象的有火花放电。

（1）电晕放电噪声。电晕放电具有间歇性质，并产生脉冲电流，而且随着电晕放电过程还会出现高频振荡，这些都是产生噪声的原因。电晕放电噪声主要来自高压输电线。电晕放电噪声随距离的衰减特性大致与距离的平方成反比。因此，对于一般的测试仪表来说，电晕放电噪声对其影响不大。

（2）火花放电噪声。自然界的雷电，电机整流子炭刷上的火花，接触器、断路器、继电器接点在闭合和断开时的火花，电蚀加工过程中产生的电火花，汽车发动机的点火装置以及高电压器件由于绝缘不良等引起的闪烁放电等都是火花放电噪声。火花放电噪声可以通过直接辐射和电源电路向外传播，它可以在低频甚至高频造成干扰。

（3）放电管噪声。放电管放电属于辉光放电或弧光放电。通常放电管具有负阻特性，所以与外电路连接时很容易引起振荡，此振荡有时可达超高频段。对于交流供电的荧光灯，在半个周期内，由于其起始和终了时放电电流的变小，所以也会产生再点火振荡和灭火振荡。近年来大量使用的荧光灯和霓虹灯也成为一种较严重的噪声源。

2）电气设备噪声源

（1）工频干扰。大功率输电线是典型的工频噪声源。低电平的信号线只要有一段距离与输电线相平行，就会受到明显的干扰。即使是室内的一般交流电源线，对于输入阻抗和灵敏度很高的测试仪表来说也是很强的干扰源。另外，在电子装置内部，由于工频感应也会产生交流噪声。如果工频电源的电压波形失真较大（如供电系统接有大容量的可控硅设备），由于高次谐波分量的增多，它产生的干扰更大。

（2）射频干扰。高频感应加热、高频焊接等工业电子设备以及广播机、雷达等通过辐射或通过电源线会给附近的电子测量仪表带来干扰。

（3）电子开关。电子开关虽然在通断时并不产生火花，但由于通断的速度极快，使电路中电压和电流发生急剧变化，形成冲击脉冲，从而成为噪声干扰源。在一定电路参数条件下，电子开关的通断还会带来相应的阻尼振荡，从而构成高频干扰源。使用可控硅的电压调整电路对其他电子装置的干扰就是典型例子。这种电路在可控硅的控制下周期性地通断，形成前沿陡峭的电压和电流波形，并且使电源波形畸变，从而干扰由该电源系统供电的其他电子设备。

3）固有噪声源

固有噪声是由于物理性的无规则波动所造成的噪声。它具有随机性质，只能用概率论的方法进行估计，确定其有效值。固有噪声包括下列三种噪声：

（1）热噪声。任何电阻即使不与电源相接，在它的两端也存在着极微弱的电压。此电压是由于电阻中电子的热运动所形成的噪声电压。因电子的热运动具有随机性质，所以电阻两端的热噪声电压也具有随机性，而且它几乎覆盖整个频谱。这种因电子热运动而出现在电阻两端的噪声电压被称为热噪声。它决定了电路中的噪声下限。

因此减小电阻值、带宽和降低温度有利于降低热噪声。无源元件任意连接时所产生的热噪声等于其等效阻抗中实数部分的电阻所产生的热噪声。此结论对于复杂无源网路的热噪声计算是很有用的。热噪声功率的频率分布是均匀的，即在频谱中任何一处，在一定的带宽下，有效噪声功率是常数，且与电阻大小无关，因此热噪声属于白噪声。热噪声的瞬时幅值服从正态分布，其均值为零。

（2）散粒噪声。散粒噪声存在于电子管和半导体元件中。在电子管里，散粒噪声来自阴极电子的随机发射；在半导体元件内，散粒噪声是通过晶体管基区载流子的随机扩散以及电子—空穴对的随机发生及其复合形成的。

（3）接触噪声。接触噪声是由于两种材料之间的不完全接触，从而形成电导率的起伏而产生的噪声。它发生在两个导体相连接的地方，如继电器的接点、电位器的滑动触点等。接触噪声正比于直流电流的大小，其功率密度正比于频率的倒数，其大小服从正态分布。接触噪声通常是低频电路中最主要的噪声源。

7.2.1.3　噪声电压的叠加

噪声电压或噪声电流的产生若是彼此独立的，即互不相关的，则总噪声功率等于各个噪声功率之和。把几个噪声电压 U_1，U_2，…，U_n 按功率相加时，得

$$U_{总}^2 = U_1^2 + U_2^2 + \cdots + U_n^2 \tag{7.1}$$

总噪声电压可表示为

$$U_{总} = \sqrt{U_1^2 + U_2^2 + \cdots + U_n^2} \tag{7.2}$$

两个相关噪声电压可用下式叠加

$$U_{总} = \sqrt{U_1^2 + U_2^2 + \cdots + 2\gamma U_1 U_2} \tag{7.3}$$

式中：γ——相关系数，它的取值范围在 0 与 1 之间。

7.2.2　噪声形成干扰的要素

噪声对测试装置和测试系统形成干扰，须同时具备以下三要素：

（1）噪声源。产生噪声。

（2）噪声接收电路。接收噪声，通常指测试系统中对噪声敏感的电路。

（3）噪声传输通道。传递噪声，即把噪声源产生的噪声传递到噪声接收电路中。

研究和分析噪声干扰时，首先应该搞清楚噪声源是什么，被干扰对象的哪些电路对干扰敏感，然后了解噪声是如何传输和通过哪些途径传输的。

为了消除和抑制干扰，除了消除和抑制噪声源外，还要使接收电路对干扰不敏感，同时抑制和切断噪声的传输途径。

7.2.3　传输途径

干扰的传输途径有"路"和"场"两种形式。

7.2.3.1　通过"路"的干扰

（1）泄漏电流干扰。元件支架、探头、接线柱、印刷电路以及电容器内部介质或外壳等绝缘不良，都可产生漏电流，引起干扰。

（2）共阻抗耦合干扰。两个以上电路共有一部分阻抗，一个电路的电流流经共阻抗产生的电压降就成为其他电路的干扰源。在电路中的共阻抗主要有电源内阻（包括

引线寄生电感和电路）和接地线阻抗。对多级放大器来说，共阻抗耦合实际上是一种寄生反馈。当满足正反馈条件时，轻则造成电子设备工作不稳定，重则引起自激振荡，因此不可掉以轻心。

（3）经电源线引入干扰。交流供电线路在现场的分布很自然地构成了吸收各种干扰的网络，而且十分方便地以电路传导的形式传遍各处，并通过电源引线进入各种电子设备中造成干扰。

7.2.3.2　通过"场"的干扰

（1）通过电场耦合的干扰。电场耦合是由于两条支路（或元件）之间存在着寄生电容，使一条支路上的电荷通过寄生电容传送到另一条支路上去，因此又称之为电容性耦合。

（2）通过磁场耦合的干扰。当两个电路之间有互感存在时，一个电路中的电流变化，就会通过磁场耦合到另一个电路中。例如变压器及线圈的漏磁就是一种常见的干扰源。另外，两根平行导线间也会产生这样的干扰。因此，这种干扰又被称之为互感性干扰。

（3）通过辐射电磁场耦合的干扰。辐射电磁场通常来自大功率高频用电设备、广播发射台、电视发射台等。例如当中波广播发射的垂直极化波的强度为 $100\ \mathrm{mV/m}$ 时，长度为 10cm 的垂直导体可以产生 5 mV 的感应电势。

7.3　干扰的作用方式

各种噪声源对测量装置的干扰一般都作用在输入端，并通过多种耦合方式进入仪表。根据干扰的作用方式及其与有用信号的关系，可将干扰分为串模干扰和共模干扰两种形态。

7.3.1　串模干扰

凡干扰信号与有用信号按电势源的形式串联（或按电流源的形式并联）起来作用在输入端的干扰被称为串模干扰。串模干扰又被称为差模干扰或常态干扰。因为它和有用信号叠加起来直接作用于输入端，所以会直接影响测量结果。串模干扰的等效电路如图 7.1 所示。

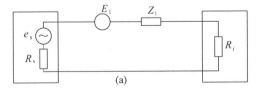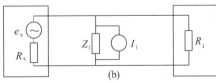

图 7.1　串模干扰等效电路

（a）串联电压源形工；（b）串模干扰等效电路

其中，E_1 表示等效干扰电压，I_1 表示等效干扰电流，Z_1 表示干扰等效阻抗。当干扰源的等效内阻抗较小时，宜用串联电压源形式；当干扰源等效内阻抗较大时，宜用并联电流源形式。

7.3.2　共模干扰

共模干扰又被称为纵向干扰、对地干扰、同相干扰、共态干扰等。它是相对于公共的电位基准点（通常为接地点），在测试仪表的两个输入端子上同时出现的干扰。虽然它不直接影响测量结果，但是当信号输入电路参数不对称时，它会转化为串模干扰，对测量产生影响。在实际测量过程中由于共模干扰的电压数值一般都比较大，而且它的耦合机理和耦合电路不易搞清楚，排除也比较困难，所以共模干扰对测量的影响更为严重。

7.3.3　共模干扰抑制比

根据共模干扰只有转换成串模干扰才能对测试仪表产生干扰作用的原理可知，共模干扰对测试仪表的影响大小取决于共模干扰转换成串模干扰的大小。为了衡量测试仪表对共模干扰的抑制能力，就自然形成了"共模干扰抑制比"这一重要概念。共模干扰抑制比的定义为：作用于测试仪表的共模干扰信号与使仪表产生同样输出所需的串模信号之比。通常以对数形式表示如下：

$$CMRR = 20\lg\frac{U_{cm}}{U_{cd}} \tag{7.4}$$

式中：U_{cm}——作用于仪表的实际共模干扰信号；

U_{cd}——使仪表产生同样输出所需的串模信号。

共模干扰抑制比也可以定义为测试仪表的串模增益 K_d 与共模增益 K_c 之比，其数学表达式为

$$CMRR = 20\lg\frac{K_d}{K_c} \tag{7.5}$$

此式特别适用于放大器的共模抑制比计算。

以上两种定义都说明，共模抑制比是测试仪表对共模干扰抑制能力的量度。$CMRR$ 值越高，说明仪表对共模干扰的抑制能力越强。

7.4　干扰抑制技术

从上面的分析可知，干扰的形成必须同时具备干扰源、干扰传输通道、对干扰敏感的接收电路三个条件。因此，抑制干扰可以分别采取如下相应的方法：

（1）消除或抑制干扰源。如使产生干扰的电气设备远离测试装置；对继电器、接触器、断路器等采取触点灭弧措施或改用无触点开关；消除虚焊、假焊等。

（2）切断干扰传递途径。提高绝缘性能，采用变压器、光电耦合器等隔离以切断路径；利用退耦、滤波、选频等电路手段，将干扰信号转换；改变接地形式，消除共阻抗耦合干扰途径；对数字信号可采用甄别、限幅、整流等信号处理方法或采取控制方法

切断干扰途径。

（3）削弱接收电路对干扰的敏感性。如电路中的选频措施可以削弱对全频带噪声的敏感性；负反馈可以有效地削弱内部噪声源；采用绞线传输或差动输入电路等。干扰抑制方法除硬件措施外，还可采用软件措施，或将两者结合使用。在软件方面，如数字滤波、选频和相关技术及数据处理等，都可将淹波于噪声中的有用信号巧妙地测量出来。

下面对工程中常用的一些干扰抑制技术和措施进行详细介绍。

7.4.1　屏蔽技术

7.4.1.1　屏蔽的目的及种类

1）屏蔽的目的

在电子仪表或电子装置中，有时需要将电力线或磁力线的影响限定在某个范围，如限定在线圈的周围；有时需要阻止电力线或磁力线进入某个范围，例如阻止其进入仪表外壳内，这时可以用低电阻材料铜或铝制成的容器将需要防护的部分包起来，或者用导磁性良好的铁磁材料制成的容器将需要防抗的部分包起来。人们将防止静电或电磁的相互感应所采用的上述技术措施称之为屏蔽。屏蔽的目的就是隔断场的耦合，也就是说，屏蔽主要是抑制各种场的干扰。

2）屏蔽的种类

屏蔽可以分为下列三类：

（1）静电屏蔽。防止静电耦合干扰。

（2）电磁屏蔽。利用良导体在电磁场内的涡流效应，以防止高频电磁场的干扰。

（3）磁屏蔽。采用高导磁材料制作屏蔽层，防止低频磁通干扰。

7.4.1.2　屏蔽方法

1）静电屏蔽

（1）静电屏蔽原理。由静电学知道，处于静电平衡状态下的导体内部各点为等电位，即导体内部无电力线。利用金属导体的这一性质，并加上接地措施，则静电场的电力线应在接地金属导体处中断，从而起到隔离电场的作用。

图7.2（a）表示空间孤立存在的导体A上带有电荷+Q时的电力线分布，这时电荷−Q可以认为在无穷远处。图7.2（b）表示用导体B将导体A包围起来后的电力线分布。这时在导体B的内侧有感应电荷−Q，在外侧有感应电荷+Q。在导体B的内部无电力线，即电力线在导体B处中断，这时从外部看导体B和导体A所组成的整体，对外仍呈现由A导体所带电荷+Q和B导体几何形状所决定的电场作用，所以单用导体B将导体A包围起来还是没有静电屏蔽作用。图7.2（c）是导体B接大地时的情况。这时导体B外侧的电荷+Q被引到大地，因此导体B与大地等电位，导体B外部的电力线消失。也就是说，由导体A产生的电力线被封闭在导体B的内侧空间，导体B起到了静电屏蔽作用。如果导体A上的电荷是随时间变化的，那么在接地线上就必定有对应于电荷变化的电流流过。由于导体B外侧还有剩余电荷，于是在导体B的外部空间将出现静电场和感应电磁场。因此，所谓完全屏蔽是不可能的。

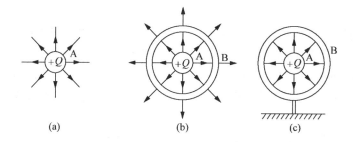

图 7.2   静电屏蔽原理

（a）A 带 $+Q$；（b）B 包围 A；（c）B 接大地

（2）静电屏蔽效果估算。下面举例说明静电屏蔽效果的估算方法。

例 7.1   在接收电路周围加屏蔽后的电容耦合。如图 7.3 所示，导线 2 被屏蔽体全部包围。在图中标出了有关的寄生分布电容，导线 1 带有噪声干扰电压 U_1。由等效电

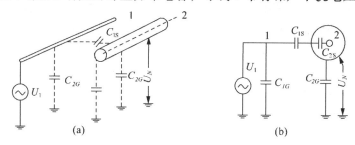

图 7.3   在导线周围加屏蔽后的电容性耦合

（a）示意图   （b）等效电路

路可以求出屏蔽导体上的干扰电压 U_S，

$$U_S = \frac{C_{1S}}{C_{1S} + C_{2G}} U_1 \tag{7.6}$$

由于 C_{2S} 中无电流通过，因此导线 2 上的干扰电压 U_N 与 U_S 相等，即

$$U_N = U_S = \frac{C_{1S}}{C_{1S} + C_{2G}} U_1 \tag{7.7}$$

如果将屏蔽体接地，即 $U_S = 0$，则 U_N 也等于零。

例 7.2   被屏蔽导线伸出屏蔽体时的电容耦合。导体全部被屏蔽而不伸出屏蔽体的情况是较少见的，大多有一部分导体伸出屏蔽体外，如图 7.4 所示。伸出屏蔽体外的这部分导线与导线 1 必然存在寄生电容 C_{12}，并且与地之间存在寄生电容 C_{2G}。在屏蔽体接地的情况下，导线 2 上的干扰电压 U_N 可根据等效电路求出。

$$U_N = \frac{C_{12}}{C_{12} + C_{2G} + C_{2S}} U_1 \tag{7.8}$$

式中，C_{12} 取决于导线 2 伸出屏蔽体外的长度，而干扰电压 U_N 与寄生电容 C_{12} 的大小有关。

如果导线 2 对地电阻为有限值，并且有 $R \ll \dfrac{1}{\omega \left(C_{12} + C_{20} + C_{2S} \right)}$，则根据图 7.5 所示

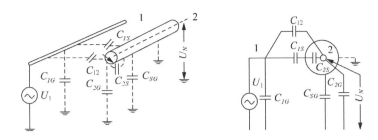

图 7.4   导线伸出屏蔽体时的电容性耦合

(a) 示意图   (b) 等效电路

的等效电路，可得出导线 2 上的干扰电压 U_N，

$$U_N \approx \omega R C_{12} U_1 \tag{7.19}$$

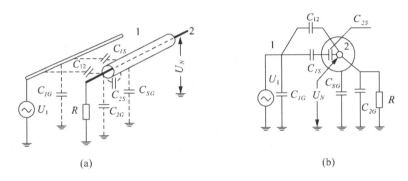

(a)   (b)

图 7.5   被屏蔽电路对地有电阻时的电容性耦合

(a) 示意图；(b) 等效电路

这说明，干扰电压 U_N 正比于 C_{12}，因此，在采用屏蔽时只有尽量减少伸出屏蔽导线体的长度，才能有效地抑制静电耦合干扰。

　　2）电磁屏蔽

　　（1）电磁屏蔽原理。电磁屏蔽是采用导电良好的金属材料做成屏蔽层，利用高频电磁场在屏蔽金属内部产生电涡流，由涡流产生的磁场抵消或减弱干扰磁场的影响，从而达到屏蔽的效果。一般所说的屏蔽多数是指电磁屏蔽。电磁屏蔽主要用来防止高频电磁场的影响，而对于低频磁场干扰的屏蔽效果是非常小的。基于涡流磁场反作用的电磁屏蔽在原理上与屏蔽体是否接地无关，但一般应用时屏蔽体都是接地，这样又可同时起到静电屏蔽作用。电磁屏蔽依靠涡流产生作用，因此必须用良导体（如铜、铝等）作屏蔽层。考虑到高频集肤效应，高频涡流仅流过屏蔽层的表面一层，因此屏蔽层的厚度只需考虑机械强度就可以了。当必须在屏蔽层上开孔或开槽时，应注意孔和槽的位置与方向以不影响或尽量少影响涡流的形式和涡流途径，以免影响屏蔽效果。

　　（2）电磁屏蔽效果的估算。图 7.6 表示了屏蔽盒的电磁屏蔽作用。屏蔽导体中的电流方向与线圈的电流方向相反。因此，在屏蔽盒的外部屏蔽导体涡流产生的磁场与线圈产生的磁场相抵消，从而抑制了泄漏到屏蔽盒外部的磁力线，起到了电磁屏蔽作用。

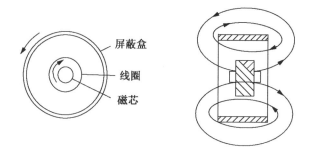

图 7.6　屏蔽盒的电磁屏蔽作用

　　3）低频磁屏蔽

　　电磁屏蔽对低频磁通干扰的屏蔽效果很差，因此在低频磁通干扰时要采用高导磁材料作屏蔽层，以便将干扰磁通限制在磁阻很小的磁屏蔽体内部，防止其干扰作用。为了有效地进行低频磁屏蔽，屏蔽层材料要选用诸如坡莫合金之类对低磁通密度有高导磁率的铁磁材料，同时要有一定的厚度以减小磁阻。由铁氧体压制成的罐形磁心可作为磁屏蔽使用，并可以把它和电磁屏蔽导体一同使用。为提高屏蔽效果可采用多层屏蔽。第一层用低导磁率的铁磁材料，作用是使场强降低；第二层用高导磁率铁磁材料，以充分发挥其屏蔽作用。某些高导磁材料（如坡莫合金）经机械加工后，其导磁性能会降低。因此用这类材料制成的屏蔽体在加工后应进行热处理。图 7.7 给出了线圈磁屏蔽时的磁通分布。在磁屏蔽时磁通要进入磁屏蔽体内部，因此在设计磁屏蔽罩时应注意它的开口和接缝不要横过磁力线方向，以免增加磁阻使屏蔽性能变坏。

　　4）驱动屏蔽

　　（1）驱动屏蔽原理。驱动屏蔽就是用被屏蔽导体的电位通过 1：1 电压跟随器来驱动屏蔽导体的电位，其原理如图 7.8 所示。若 1：1 电压跟随器是理想的，即在工作中导体 B 与屏蔽层 C 之间的绝缘电阻为无穷大，并且二者等电位，则在 B 导体之外与屏蔽内侧之间的空间无电力线，各点等电位。这说明，噪声源导体 A 的电场影响不到导体 B。这时，尽管导体 B 与屏蔽 C 之间有寄生电容存在，但是因为导体 B 与屏蔽 C 等电位，故此寄生电容不起寄生耦合作用。因此驱动屏蔽能有效地抑制通过寄生电容的耦合干扰。应指出的是，在驱动屏蔽中所应用的 1：1 电压跟随器不仅要求其输出电压与输入电压的幅值相同，而且要求两者之间的相移为零。另一方面，此电压跟随器的输入阻抗与 Z_i 相并联，为减小其并联作用，则要求电压跟随器的输入阻抗应足够高。实际上这些要求只能在一定程度上得到满足。驱动屏蔽属于有源屏蔽，只有当线性集成电路出现以后驱动屏蔽才有实用价值，并且在工程中获得了愈来愈广泛的应用。

　　（2）驱动屏蔽利用集成运算放大器的同相输入端与反相输入端在工作时近于等电位，可实现对屏蔽层的等电位驱动。

7.4.2　接地技术

　　接地起源于强电技术。对于强电，由于电压高、功率大，容易危及人身安全。为此，有必要将电网的零线和各种电气设备的外壳通过接地导线与大地连接，使之与大地

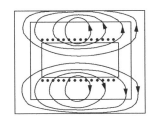

图 7.7   磁屏蔽

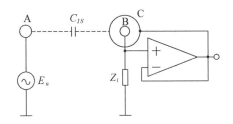

图 7.8   驱动屏蔽

等电位,以保障人身和设备的安全。强电技术的接地概念是指与大地相短接,着眼于安全;电子测量仪表外壳或导线屏蔽层等接大地是着眼于静电屏蔽的需要,即通过接大地给高频干扰电压形成低阻通路,以防止其对电子装置的干扰。由于习惯的原因,在电子技术中把电信号的基准电位点也称之为"地"。因此在电子测量仪表中的所谓接地就是指接电信号系统的基准电位。电子装置中的"地"是输入与输出信号的公共零电位,它本身可能与大地相隔离。例如飞机和人造卫星上的电子装置就是把机身、壳体看做基准零电位,与它相接,保持和它同电位就叫接地。因此,电子技术中的接地概念是着眼于构成基准电位和干扰的抑制。良好的接地可以起到如下效果:

(1)由于仪器仪表外壳与大地之间存在着电位差,这个电位差就是外壳对地电位。良好的接地可以减少由于电位差引起的干扰电流。当测试线连接错误或测试线接地不可靠,都会产生外壳对地电位。

(2)混入电源和输入输出信号线的干扰,可通过接地线引入大地,从而减少干扰的影响。例如电容性耦合干扰、地电流干扰、电磁感应等。

(3)良好的接地可以防止由漏电流产生的感应电压。对于电炉温度测量时引入的干扰和仪表内部由电流变压器产生的漏电流干扰,都可以通过接地来克服。

(4)正确的接地能延长仪器仪表的使用寿命。

7.4.2.1 电气设备与电子装置中的多种地线

1)保安地线

为了安全起见,作为三相四线制电源电网的零线、电气设备的机壳、底盘以及避雷针等都需要接大地。为了保证用电的安全性,应采用具有保安接地线的单相三线制配电方式。图 7.9 表示 220 V 三线制交流配电原理图。火线上装有熔断丝,保安地线应与设备外壳相连,当电流超过容限时熔断丝切断电源。但不管漏电流大小或熔断丝是否熔断,用电设备外壳始终保持地电位,从而保障了人身安全。

2)信号地线

电子装置中的地线除特别说明接大地的以外,一般都是指作为电信号基准电位的信号地线。电子装置的接地是涉及抑制干扰和保证电路工作性能稳定可靠的关键问题。信号地线既是各级电路中静动态电流的通道,又是各级电路通过某些共同的接地阻抗而相互耦合,从而引起内部干扰的薄弱环节。所以沿用电气工作上以通路为要求的习惯的接地方法,对于电子电路来说是行不通的。信号地线可分为以下两种:

(1)模拟信号地线。它是模拟信号的零信号电位公共线。因为模拟信号一般较弱,

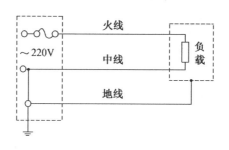

图 7.9　单相三线制配电原理图

因此对模拟信号地线要求较高。

（2）数字信号地线。它是数字信号的零电平公共线。由于数字信号一般较强，故对数字信号的地线要求可低些。但由于数字信号处于脉冲工作状态，动态脉冲电流在杂散的接地阻抗上产生的干扰电压，即使尚未达到足以影响数字电路正常工作的程度，但对于微弱的模拟信号来说往往已成为严重的干扰源。为了避免模拟信号地线与数字信号地线之间的相互干扰，二者应分别设置。

3）信号源地线

传感器可看做是测量装置的信号源。通常传感器被安装在生产现场，而显示、记录等测量装置则被安装在离现场有一定距离的控制室内，在接地要求上二者不同。信号源地线是传感器本身的零信号电位基准公共线。

4）负载地线

负载的电流一般较前级信号电流大得多，负载地线上的电流在地线中产生的干扰作用也大，因此负载地线和测量放大器的信号地线也有不同的要求。有时二者在电气上是相互绝缘的，它们之间通过磁耦合或光耦合传输信号。

在电子装置中上述 4 种地线一般应分别设置。在电位需要连通时可选择合适的位置作一点相连，以消除各地线之间的相互干扰。

7.4.2.2　电路一点接地准则

为了使屏蔽在防护电测装置不受外界电场的电容性或电阻性漏电影响时充分发挥作用，应将屏蔽接大地。通常把大地看做等电位体，但是由于各种原因，实际上大地各处的电位是不相同的。如果一个测量系统在两点接地，则由于这两点间的地电位差而引起干扰。对于某一电子装置中的接地母线或电子线路的接地走线来说，由于各种接地电流的流通，也会使同一接地系统上各点电位不同，这样就又给电路引进了内部干扰。这时采用一点接地就可以有效地削弱这些干扰。因此，对一个测量电路只能一点接地。

（1）单级电路一点接地。如图 7.10（a）所示，单级选频放大器的原理电路上有 7 个线端需要接地。如果只从原理图的要求进行接线，则这 7 个线端可以任意地接在接地母线上的不同位置。这样，不同点间的电位差就有可能成为这级电路的干扰信号。因此，应采用如图 7.11（b）所示的一点接地方式。

（2）多级电路一点接地。图 7.11（a）所示的多级电路利用一段公用地线后再在一点接地。它虽然避免了多点接地可能产生的干扰，但是在这段公用地线上却存在着 A、B、C 三点不同的对地电位差，其中

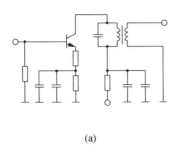 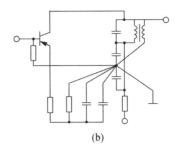

(a)　　　　　　　　　　　　　(b)

图 7.10　单级电路一点接地

（a）选频放大器；（b）接地方式

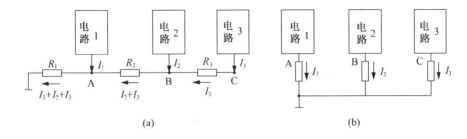

(a)　　　　　　　　　　　　　(b)

图 7.11　多级电路一点接地

（a）共线接地；（b）一点接地

$$U_A = (I_1 + I_2 + I_3)R_1$$
$$U_B = (I_1 + I_2 + I_3)R_1 + (I_2 + I_3)R_2$$
$$U_C = (I_1 + I_2 + I_3)R_1 + (I_2 + I_3)R_2 + I_3R_3$$

当各级电子相差不大时，这种接地方式还勉强可以使用。如果各电路的电子相差很大时就不能使用，因为高电平电路将会产生较大的电流并干扰到低电平电路。此种接地方式的优点是布线简便，因此常应用在级数不多、各级电平相差不大以及抗干扰能力较强的数字电路方面。在使用这种接地方式时还应注意把低电平的电路放在距接地点最近的地方，因为该点最接近于地电位。

图 7.11（b）采取了一点接地方式。此方式对低频电路是最适用的，因为各电路之间的电流不致形成耦合。这时 A、B、C 三点对地电位分别为 $U_A = I_1R_1$、$U_B = I_2R_2$、$U_C = I_3R_3$，它们只与本电路的地电流和地线阻抗有关。但是，这种方式需要连很多根地线，布线不方便，在高频时反而会引起地线之间的互感耦合干扰，因此只在频率为 1 MHz 以下时才予以采用。当频率高于 10 MHz 时应采用多点接地方式。在 1 MHz 以下至 10 MHz 之间，如用一点接地时，其地线长度不得超过波长的 1/20（例如 10 MHz 时不得超过 1.5 m），否则也应多点接地。

（3）测量系统一点接地。图 7.12 所示为两点接地测量系统。图中 U_S、R_S 为信号源电压及其内阻；U_G、R_G 为两接地点之间的地电位差及其他电阻；R_{L1}、R_{L2} 为信号传输线等效电阻；R_i 为放大器的输入电阻。若 R_G、R_{L2} 均远小于 $(R_S + R_i + R_{L1})$，则放大

器输入端的噪声电压

$$U_N = \frac{R_i}{R_i + R_{L1} + R_s} \cdot \frac{R_{L2}}{R_{L2} + R_G} U_G \tag{7.10}$$

设 $U_G = 100\ \text{mV}$，$R_G = 0.1\ \Omega$，$R_s = 1\ \text{k}\Omega$，$R_{L1} = R_{L2} = 1.0\ \Omega$，$R_i = 10\ \text{k}\Omega$，代入式 (7.10) 后可得出 $U_N = 82.6\ \text{mV}$。即 100 mV 地电位差几乎全部加到放大器输入端。

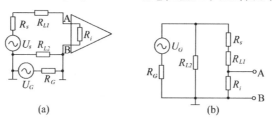

(a)　　　　　　　　　　(b)

图 7.12　两点接地测量系统

（a）示意图；（b）等效电路

为了解决上述问题，可采用一点接地，即保持信号源与地隔离。

信号电路一点接地是消除因公共阻抗耦合干扰的一种有效方法。在一点接地的情况下，虽然避免了干扰电流在信号电路中流动，但还存在着绝缘电阻、寄生电容等组成的漏电通路，所以干扰不可能全部被抑制。

图 7.13 是一个两点接地测量系统，它分别在信号源和测量装置处接地。由于两点接地，地电位差产生较大的干扰电流流经信号零线造成严重干扰。

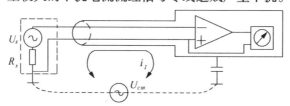

图 7.13　地电位差对两点接地

图 7.14 是将两点接地改为一点接地后的测量系统。此时地电位差造成的干扰电流很小，主要是存在漏电流，但该电流流经屏蔽层，不流经电路的信号零线。

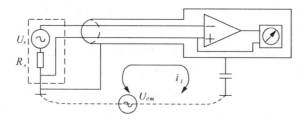

图 7.14　采用一点接地减小地电位差干扰

7.4.2.3　电子设备地线系统

通常在电子设备中有三种性质的地线，即信号地线、金属件地线和噪声地线。这三种地线应分开设置，并通过一点接地。图 7.15 说明了这三种地线的接地方式。使用这种接地方式，对各种电子设备来说可解决大部分接地问题。

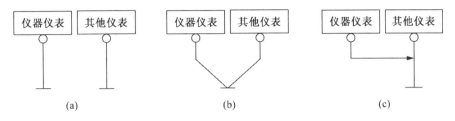

图 7.15 接地的三种方法

（a）专用接地；（b）共用接地；（c）共通接地

7.4.2.4 接地方法

仪器仪表在使用过程中，主要有两类接地措施：一类是工作接地，另一类是保护接地。工作接地是为保证设备达到正常工作要求而进行的接地；保护接地是为保障人身安全、防止间接触电而将设备的外露可导电部分进行接地。

1）接地方法

实际使用中有三种接地方法，如图 7.15 所示。

（1）专用接地。即各仪器仪表分别接地，这种接地方式最好。

（2）共用接地。即由使用单位打 1 根导电杆到土地深层，各仪器仪表的接地点都接在同一根导电杆上。根据接地点的多少，可埋置多根导电杆。

（3）共通接地。即其中一台仪表接地，而其他仪器仪表的接地线连到上述仪表的接地线上。这种方法一般不允许使用，特别应避免与电动机、变压器等动力设备的共通接地。这是因为如果在其中的一根接地线上产生斜坡干扰，此干扰不能直接导入大地，而会影响到其他地线，进而对其他仪器仪表产生干扰。

2）接地时应注意的问题

（1）采用图 7.15（a）或图 7.15（b）所示的方式时，接地电阻应小于 100 Ω。

（2）接地线应尽量粗，一般用大于 8 mm^2 的线接地。

（3）地线应尽量地避开强电回路和主回路的电线；当不能避开时，应垂直相交，且尽量缩短平行走线长度。

（4）保证正确接地。例如，对信号线（或补偿导线）屏蔽层的接地点应正确处理。不正确的接地如图 7.16 所示。

其一为屏蔽层两端接地，如图 7.16（a）所示，这时屏蔽层中将有电流流过，并在屏蔽层上形成电位差，它会通过屏蔽层与信号线的分布电容而耦合到信号线中去，从而造成干扰。其二为屏蔽层在仪表输入处接地，如图 7.16（b）所示，这种接法有两个缺点：①会使干扰电流流过信号线；②分布电容 C_1、C_2 对仪表输入端起分路作用，使输入端对地阻抗降低，从而削弱了抗干扰能力。

正确的接地方法如图 7.17 所示。

在实际应用中，特别是为了消除外壳电位的干扰，以提高仪器仪表的稳定性和可

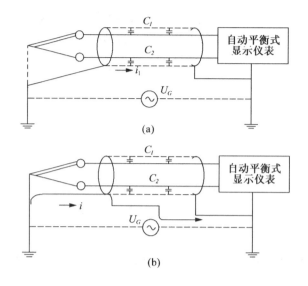

图7.16 不正确接地

（a）屏蔽层两端接地；（b）屏蔽层在仪表输入侧接地

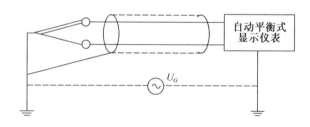

图7.17 正确接地

靠性，应先将各种仪表和被测线路的各个接地端可靠地联接起来，使测控系统有一个共同的参考零电位（最好接入大地），并确保接地良好，然后再接入输出线。

7.4.3 浮置技术

浮置又称浮空、浮接，它是指测量仪表的输入信号放大器的公共线（即模拟信号地）不接机壳或大地。对于被浮置的测量系统，测量电路与机壳或大地之间无直接联系。

图7.18所示的温度测量系统，其前置放大器通过三个变压器与外界联系。B_1是输出变压器，B_2是反馈变压器，B_3是电源变压器。前置放大器的两个输入端子均不接外壳和屏蔽层，也不接大地。它的两层屏蔽之间也互相绝缘，外层屏蔽接大地，内层屏蔽延伸到信号源处接地。从图中可明显看出，采用浮置后地电位差所造成的干扰电流大大减小，并属于容性漏电流。

屏蔽接地的目的是将干扰电流从信号电路引开，即不让干扰电流流经信号线，而让干扰电流流经屏蔽层到大地。浮置与屏蔽接地相反，是阻断干扰电流的通路。测量系统被浮置后，明显地加大了系统信号放大器的公共线与大地或外壳之间的阻抗，因此浮

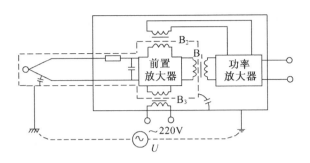

图 7.18　浮置的温度测量系统

置可以大大减小共模干扰电流。但是浮置不是绝对的，不可能做到"完全浮空"。其原因是信号放大器公共线与地（或外壳）之间虽然电阻值很大（为绝缘电阻级），可以大大减小电阻性漏电流干扰，但是其间仍存在着寄生电容，即电容性漏电流干扰仍然存在。

　　测量系统被浮置后，因共模干扰电流大大减小，所以其共模干扰抑制能力大大提高。

7.4.4　平衡电路

　　平衡电路又称对称电路。它是指双线电路中的两根导线与连接到这两根导线的所有电路对地或对其他导线电路结构对称，对应阻抗相等。例如，电桥电路和差分放大器等电路就属于平衡电路。采用平衡电路可以使对称电路结构所检拾的噪声相等，并可以在负载上自行抵消。图 7.19 所示电路是最简单的平衡电路。U_{N1}、U_{N2} 为噪声电压源；U_{S1} 为 U_{S2} 为信号源；两噪声源所产生的噪声电流为 I_{N1}、I_{N2}。由电路原理图可求出在负载上产生的总电压。

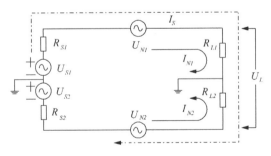

图 7.19　最简单的平衡电路

$$U_L = I_{N1}R_{L1} - I_{N2}R_{L2} + I_S(R_{L1} + R_{L2}) \tag{7.12}$$

式中：前两项表示噪声电压，第三项表示信号电压。若电路对称，则 $I_{N1} = I_{N2}$、$R_{L1} = R_{L2}$，所以负载上噪声电压可互相抵消。但实际上电路很难做到参数完全对称，此时抑制噪声的能力决定于电路参数的对称性。

　　在一个不平衡系统中，电路的信号传输部分可用两个变压器而得到平衡，其原理如

图 7.20 所示。因为长导线最易检拾噪声，所以这种方法对于信号传输电路在噪声抑制上是很有用的。同时，变压器还能断开地环路，因此能消除负载与信号源之间由于地电位所造成的噪声干扰。

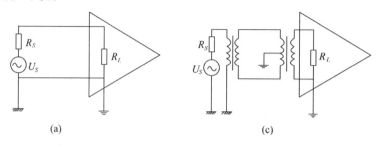

图 7.20　用两个变压器使传输线平衡

（a）不平衡系统　　　（b）平衡传输系统

7.4.5　滤波器

滤波器是一种只允许某一频带信号通过或只阻止某一频带信号通过的电路，是抑制噪声干扰的最有效手段之一，特别是对抑制经导线传导耦合到电路中的噪声干扰效果最佳，它是一种被广泛采用的技术手段。下面介绍在仪表中广泛使用的各种滤波器。

7.4.5.1　交流电源进线对称滤波器

任何使用交流电源的电子测量仪表，噪声经电源线传导耦合到测量电路中去对仪表工作造成干扰是最明显的事实。为此，在交流电源进线端子间加装滤波器十分必要。图 7.21 所示的三种高频干扰电压对称滤波器对于抑制中波段的高频噪声干扰是很有效的。图 7.22 是低频干扰电压抑制电路，此电路对抑制因电源波形失真而含有较多高次谐波的干扰很有效。

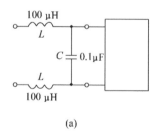 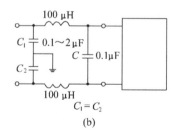 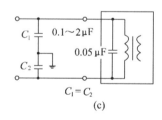

图 7.21　三种高频干扰电压对称滤波器

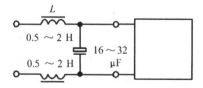

图 7.22　低频干扰电压滤波电路

7.4.5.2 直流电源输出滤波器

任何直流供电的仪表,其直流电源往往是被几个电路公用。因此,为了减弱经公用电源内阻在各电路之间形成的噪声耦合,对直流电源输出还需加装滤波器。图7.23是滤除高、低频成分干扰的滤波器。

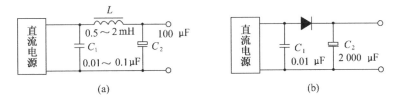

图7.23 高、低频干扰电压滤波器

7.4.5.3 退耦滤波器

当一个直流电源对几个电路同时供电时,为了避免通过电源内阻造成几个电路之间互相干扰,应在每个电路的直流电源进线与地线之间加装退耦滤波器,图7.24是 $R-C$ 和 $L-C$ 退耦滤波器的应用方法示意图。应注意, $L-C$ 滤波器有一个谐振频率,其值为

$$f_r = \frac{1}{2\pi \sqrt{LC}} \tag{7.13}$$

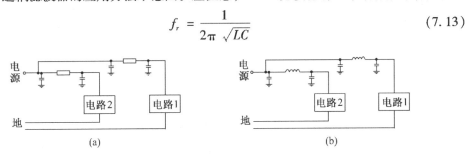

图7.24 电源退耦滤波器

应将这个谐振频率取在电路的通频带之外。在谐振时,增益与阻尼系数 ζ 成反比。 $L-C$ 滤波器的阻尼系数为

$$\zeta = \frac{R}{2}\sqrt{\frac{C}{L}} \tag{7.14}$$

式中:R——电感线圈的等效电阻。为了将谐振时增益限制在2 dB以下,应取 $\zeta > 0.5$。

对于一台多级放大器,各放大级之间会通过电源的内阻抗产生耦合干扰。因此多级放大器的级间及供电必须进行退耦滤波。图7.25是一个三级阻容耦合放大器,在供电和级间接有 $R-C$ 退耦滤波器。由于电解电容在高频时呈现电感特性,所以退耦电容常由一个电解电容与一个高频电容并联组成。

7.4.6 光耦合器

使用光耦合器切断地环路电流干扰十分有效,其原理如图7.26所示。由于两个电路之间采用光束耦合,所以能把两个电路的地电位隔离开,两电路的地电位即使不同也不会造成干扰。光耦合对数字电路很适用,但在模拟电路中需应用光反馈技术,以解决

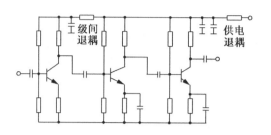

图 7.25　三级放大器退耦滤波

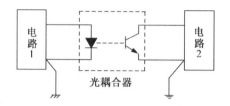

图 7.26　用于断开地环路的光耦合器

光耦合器特性的线性度较差的问题。由于二极管—三极管型光耦合器的频率响应范围不够宽，因此在传输频率较高的脉冲信号时往往选用传输频率响应范围很宽的二极管—二极管型光耦合器。

7.4.7　脉冲电路噪声抑制技术

7.4.7.1　积分电路

为了抑制脉冲噪声干扰，在脉冲电路中使用积分电路是有效的。当脉冲电路以脉冲前沿的相位作为信息传输时，通常用微分电路取出前沿相位。但是，如果有噪声脉冲存在，其宽度即使很小也会出现在输入端。如果使用积分电路，则脉冲宽度大的噪声信号输出也大，而脉冲宽度小的噪声脉冲输出也小，所以能将噪声脉冲干扰滤除掉。

7.4.7.2　脉冲干扰隔离门

可以利用硅二极管的正向压降对幅度较小的干扰脉冲加以阻挡，而让幅度较大的脉冲信号顺利通过。图 7.27 给出了脉冲隔离门的原理电路。图中二极管应选用开关管。

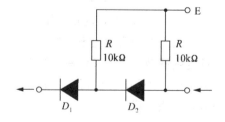

图 7.27　脉冲隔离门

7.4.7.3　削波器

当噪声电压低于脉冲的波峰值时，亦可使用图 7.28 所示的削波器。该削波器只让高于电压 E 的脉冲信号通过，而低于电压 E 的干扰脉冲则被削掉。

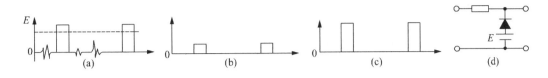

图 7.28　削波器

7.4.8　电源干扰抑制技术

电源抗干扰主要是防止电网上的各种干扰经电源进入计算机监控系统。图 7.29 所示为一实用抗干扰电源电路框图,主要采取了双电源供电、双隔离、双屏蔽、双滤波、双稳压等措施。

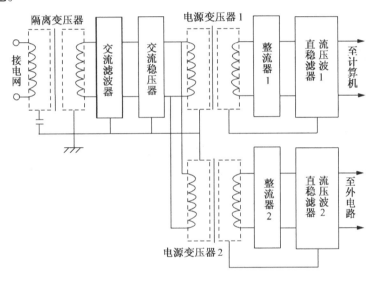

图 7.29　计算机监控系统抗电源干扰电路框图

7.4.8.1　双电源供电

计算机采用单独电源供电是提高其抗干扰性能的最有效方法之一。可在系统中设计两个独立的稳压电源,分别向计算机和外部电路供电,且所有与计算机相连的外部器件皆经过光电耦合,计算机全浮空,与外界没有任何电的直接联系,这样便可有效地抵抗经由“路”的干扰。

7.4.8.2　隔　离

由隔离变压器和两个电源变压器构成双隔离系统。它能更好地发挥隔离变压器的抗干扰性能,保证送入直流稳压电源的电压尽可能不含干扰信号。

7.4.8.3　双屏蔽

电源电路设计为两级屏蔽系统,隔离变压器和电源变压器都设计为双屏蔽变压器,即原、副边分别全屏蔽。这样,一方面可以减少原、副边之间的干扰,同时还能减小变压器对其他器件的电压磁干扰。

7.4.8.4 双滤波

为电源设计交流滤波和直流滤波的两级滤波器，就可构成双滤波系统。交流滤波器设在尽可能靠近干扰源的地方，即设在电源入口处，它对微秒、毫秒级的干扰有很强的抑制作用。

7.4.8.5 双稳压

由交流稳压器和直流稳压器构成双稳压系统。一般工业现场电网电压波动较大，交流稳压是必需的。经验证明，磁饱和式稳压器效果很好。

7.4.8.6 采用UPS电源

UPS电源是一种新型电源，具有极强的抗电网干扰能力。

7.4.8.7 稳压块法

若系统由多块电路板组成，可在每块板上装一片或多片"稳压块"，以形成独立供电，能有效地防止板间干扰。

7.4.9 传输线干扰抑制技术

7.4.9.1 采用电流传输

采用电流传输，能增强信号能量。

7.4.9.2 采用光电隔离器

光电隔离器抗干扰能力强，不受周围电磁干扰的影响；单向传输，寄生反馈小，传输频带宽；抗震动，耐冲击；共模抑制比大，相应速度可达几万赫兹到几十兆赫兹；可用于不同电位的隔离。

7.4.9.3 采用双绞线

当双绞线两条平行走线的间距与绞线到外部元件或导线的距离小到可忽略时，两条线就可以抵消外来的干扰。若平行走线的两对双绞线一起通过接插件时，将产生10%~15%的噪声，特别是几对双绞线同时工作时，更易产生噪声。当使用长距离平行的两对绞线作引线时，由于间距不均匀，传输线的均匀性变坏，如果隔一段距离两对双绞线位置交叉一次，可以起到抑制噪声的作用。

如果双绞线的一条线接地，这时只对反相序分量有抗干扰作用，对同相序分量却是一个噪声源。因此一般要避免单线接地，万不得已时要尽量降低端部阻抗，减少端部的非对称性以减少噪声。对于传输时间与波形上升时间大致相同的电缆，如采用单线接地方式，同时工作的10~20对绞线对另一对绞线的噪声影响几乎与信号同等大小。

7.4.9.4 采用阻抗匹配方法

（1）终端并联阻抗匹配如图7.30所示。图中 $R_Z = \dfrac{R_1 R_2}{R_1 + R_2}$，为双绞线特性阻抗。这种阻抗匹配方式对高电平抗干扰能力差。

（2）始端串联阻抗匹配如图7.31所示。在始端串入电阻，增加了终端电平，因而降低了对低电平的抗干扰能力。

（3）终端并联隔直流阻抗匹配如图7.32所示。将电容串入并联匹配线路中，既可隔直流又不影响阻抗匹配，但要使 $C > 10T / (R_1 + R) = 10T / (R_1 + R_2)$。其中 T 为传输

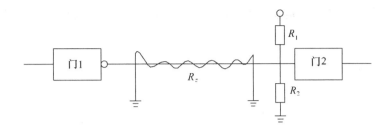

图 7.30 终端并联阻抗匹配

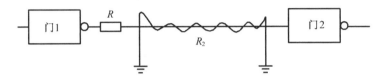

图 7.31 始端串联阻抗匹配

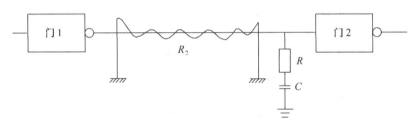

图 7.32 终端并联隔直流阻抗匹配

脉冲宽度，R_1 为始端阻件低电平输出阻抗（20 Ω 左右），R 为匹配电阻，R_2 为传输线特性阻抗。

（4）变压器耦合不共地线路传输如图 7.33 所示。这种线路可通过改变单稳参数得到宽度不同的传输脉冲，适合于 CPU 和内存、外存、A/D 和 D/A 等进行单向信息传输。使用时，一般采用抗干扰能力强的负脉冲传输。

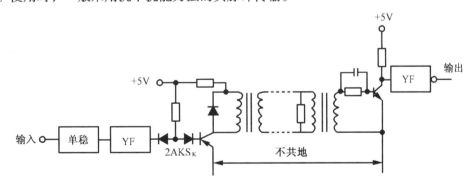

图 7.33 变压器耦合不共地传输

7.4.9.5 传输线要合理走线

传输线的走线要尽可能地远离其他电器线路，尤其不能靠近强电线路或与之平行。

通常使信号线与功率线分开走线，电力电缆则须单独走线。信号线应尽量靠近地线或用地线包围。

7.4.10　软件干扰抑制技术

7.4.10.1　数字滤波

（1）限幅滤波。限幅滤波的基本思想是通过比较相邻（n 和 $n-1$ 时刻）的两个采样值 y_n 和 y_{n-1}，如果它们的差值过大（超出了参数可能的最大范围），可认为发生了随机干扰，并视后一次采样值为非法值，予以剔除。其算法为

$$\Delta y_n = \mid y_n - y_{n-1} \mid \begin{cases} \leq a & (y_n = y_n) \\ > a & y_n = y_{n-1} \end{cases} \tag{7.15}$$

式中：a——两次采样值之差的最大可能变化范围，其值的选择应根据实际情况确定。

（2）中值滤波。中值滤波能有效地克服因偶然因素引起的波动，或采样器不稳定引起误码等造成的脉冲干扰，适用于变化缓慢的参数测量。其算法为：对某一被测量连续采样 n 次（一般 n 取奇数），然后把 n 次采样值按大小排序，取中间值为本次测量值。

（3）算术平均滤波。算术平均滤波适用于对一般随机干扰信号进行滤波。n 值较大时，平滑度高，灵敏度低；反之则平滑度低，而灵敏度高。n 值大小应视具体情况而定，通常取 n 次测量值的算术平均值作为最终测量值。

（4）RC 滤波。RC 滤波适用于要求滤波时间常数较大的场合，它对周期性干扰具有良好的抑制作用。其算法为

$$\overline{y_n} = (1 - a)y_n + a\,\overline{y_{n-1}} \tag{7.16}$$

$$a = \frac{T_f}{T + T_f}$$

式中：y_n——未经滤波的第 n 次采样值；

$\overline{y_{n-1}}$——经过滤波后的第 n 次采样值；

T——采样周期；

T_f——滤波时间常数。

（5）复合滤波。实际应用中所面临的干扰往往不是单一的，因此常把上述两种以上的方法结合起来使用，形成复合滤波。

7.4.10.2　利用监控程序对局部故障进行处理

为了提高测控系统的抗干扰能力，可以利用监控程序对系统的一些关键环节，如 I/O 通道、各级目标程序、机器运行状态等进行实时监控。这样，对于一些偶然因素造成的干扰可以及时发现处理，以避免出现停机等故障。对程序和重要的参数进行备份，这样当内存中的程序和重要参数由于严重干扰而遭受破坏时，程序可以自动进行判断，并调入备份，以恢复被破坏的程序，从而保证系统正常运行。

8　测试技术在工程领域中的应用

8.1　空气压缩机组测试与控制

空气压缩机是一种重要的动力设备。为了保证空气压缩机安全、高效、可靠地工作，必须对其运行状态进行测试与控制。

8.1.1　系统配置

监控系统主要由硬件和软件两部分组成，其基本结构如图 8.1 所示。

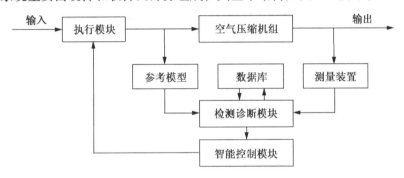

图 8.1　空气压缩机监控方案

8.1.1.1　硬件部分

硬件部分主要包括信号测试传感器、二次仪表、接口板、计算机、控制器硬件等，其组成原理如图 8.2 所示。

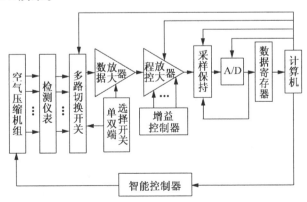

图 8.2　系统硬件结构图

传感器测试的信号通过多路切换开关并经放大后，送入 A/D 转换器，将模拟信号转换成数字信号。转换结束后，12 位数码自动锁存到数据寄存器中，经计算机采样、处理，分离出故障信号，并进行显示、记录和报警。对于可控故障，信号经 D/A 转换后送入智能控制器，并通过执行机构自动对故障进行隔离、补偿和消除。

8.1.1.2 软件部分

该系统软件采用模块结构，主要包括数据采集、图形显示、信号处理、故障测试与诊断及智能控制等模块。采集、显示和处理软件采用 Turbo - C 语言编写，测试、诊断与控制软件采用 Turbo - Prolog 语言编写。

测试诊断模块用于空气压缩机故障信息的获取、处理、识别和预测，其结果以文件形式存于数据库，并按设定的时标对无用的历史数据不断地进行刷新。智能控制模块由若干不同功能的子块组成，借助于硬件机构的支持，对故障自动进行补偿、抑制、削弱和消除。

8.1.2 故障测试与诊断

故障测试与诊断是实现故障控制的基础。为了实现故障容错，必须适时准确地测试出故障信息。故障测试与诊断通常包括以下几个方面的内容：寻找故障源，确定故障的位置、大小、类型及原因，评价故障的影响程度，预测故障的发展趋势，对测试诊断结果做出处理和决策。

空气压缩机在运行过程中，由于设备的复杂性，给故障测试与诊断带来了一定的困难。为了适时准确地测试设备的故障信息，必须选择合适的测试诊断方法。

目前用于设备故障测试与诊断的方法很多，可以概括为两类：基于数学模型的故障测试与诊断和不依赖于数学模型的故障测试与诊断。如果故障能用某几个参数的显著变化来表示，那么可以用参数估计法进行故障测试与诊断。

设 $u(k) \in R'$ 为一组参数向量，$u_0(k) \in R'$ 为 $u(k)$ 的标准值，如果

$$u(k) = u_0(k) \ (\text{是}) \quad (k = 0,1,2,\cdots,k) \tag{8.1}$$

则表示设备处于正常状态。如果

$$\Delta u(k) = u(k) - u_0(k) > 0 \tag{8.2}$$

说明设备发生了故障。根据 $\Delta u(k)$ 的显著变化程度就可以确定出故障的大小及发展趋势；$\Delta u(k)$ 中非零分量的位置就代表了故障原因和部位。

参数估计法由于能实时跟踪参数的变化，并具有直观、简单等优点，因此在故障测试与诊断中被得到了广泛的应用。

8.1.3 故障决策与控制

故障测试可以提供设备的故障信息；故障诊断能够确定故障的部位、类型、程度及发展趋势；故障决策与控制能够根据不同的故障源和故障特征做出处理方案，并采取相应的容错控制措施，对故障进行补偿、抑制、削弱和消除。对于空气压缩机组，为了实现故障容错，可以采用如下两种方式。

8.1.3.1 综合冗余法

冗余就是指多余资源。综合冗余法就是将多种冗余资源综合运用以实现故障容错。

对于计算机监测设备，可供利用的冗余资源有硬件、软件、时间和信息。

硬件冗余的基本思想是对设备容易损坏的关键部件采用多重储备方式，当某一部件发生故障时，立即用备用部件代替故障部件，以保证设备继续安全正常运转；软件冗余又分解析冗余、功能冗余和参数冗余三种，它是利用设备中不同部件在功能上的冗余性，通过估计以实现故障容错；时间冗余是通过消耗时间资源来达到故障容错，如指令复执、程序卷回、降低设备的运行速度等都可以抑制和削弱故障的影响；信息冗余是依靠增加信息的多余度来提高监测设备的可靠性。在进行故障容错系统设计时，以上几种资源可以综合运用，以提高设备的故障容错能力。

8.1.3.2   故障补偿法

故障补偿分为软补偿和硬补偿两种。对于软性故障可以通过调整系统的某些性能参数或设计故障补偿器来实现故障容错。图 8.3 所示为观测器加状态反馈组成的动态故障补偿结构图。

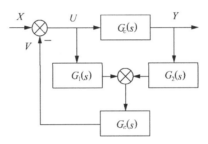

图 8.3   动态故障补偿结构图

图 8.3 中，$G(s)$ 为监测对象的传递矩阵，$G_1(s)G_c(s)$、$G_2(s)G_c(s)$ 为补偿器矩阵。空气压缩机在运行过程中如果发生了故障，就会使系统的输出 $Y(t)$ 偏离设定值 $Y_0(t)$，这时通过调整 $G_1(s)G_c(s)$、$G_2(s)G_c(s)$ 阵的有关参数，使 $Y(t)$ 尽可能地接近 $Y_0(t)$，就可以实现故障补偿。

对于硬性故障，如转子不平衡、轴承发热等，可以借助于部分硬件支持，通过设计相应的故障补偿器就可以实现故障智能控制。

8.1.4   应用效果及其分析

空气压缩机在运行中的常见故障有零部件的过热、过压、磨损、疲劳、断裂等。燃烧爆炸虽不常见，但其后果却十分严重和危险。在工作过程中，为了保证空气压缩机安全正常运转，可以通过监测温度、压力、振动、噪声等参数对空气压缩机的运行故障进行测试、诊断、预测和控制。图 8.4 为某型空气压缩机组故障测试与控制框图。

空气压缩机运行之前首先要进行静态监测，当一切处于良好状态后，空气压缩机启动运行。当空气压缩机处于正常工作状态时，动态监测模块自动跟踪设备的运行状态，并进行巡回监测和故障预测。如果发生异常情况，系统自动转入诊断模块，通过推理和表决，对故障进行识别、分类和估计。容错模块按照诊断模块提供的故障信息，针对不同的故障源和故障特征，对故障进行补偿、削弱和消除。整个过程都在计算机控制下自动进行，并对监测参数的变化过程采用多窗口图形显示和解释，为用户提供了一个

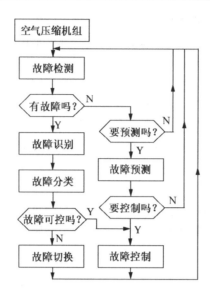

图 8.4　空气压缩机组故障监控框图

良好的监视环境。该系统经在某单位空气压缩机组上运行，效果良好，并取得了显著的经济效益。

8.2　发动机滑油系统测试与控制

PW4056 发动机是用于 Boeing747 – 400 和 Boeing767 – 300 飞机的一种大推力、高涵道比的先进发动机。在工作过程中，发动机滑油系统的工作状况不仅影响发动机的工作性能和寿命，而且由于滑油系统故障导致飞行事故也屡见不鲜。为了保证发动机安全、可靠地工作，以 PW4056 型发动机为例，介绍对滑油系统故障进行智能监控的原理和方法。

8.2.1　滑油系统故障分析

PW4056 发动机滑油系统主要由压力系统 PS（Pressure System）、回油系统 SOS（Scaveng Oil System）和通气系统 BS（Breather System）组成。PS 用于将适当压力的滑油提供给发动机主轴、传动装置、齿轮啮合处等，并使其表面形成连续的油膜；SOS 用来将润滑后的滑油送回滑油箱，并和 PS 一起构成滑油循环路径，实现润滑和冷却不间断；BS 用来保证发动机内部所有的滑油腔与大气相通，以维持滑油腔内的适当压力，防止产生空穴，排除滑油中的蒸气，降低滑油黏度。滑油系统的常见故障如下：

（1）滑油消耗量过大。滑油消耗量过大是指发动机滑油消耗量超过规定值。主要是由于涨圈、篦齿在工作过程中磨损使挡油能力降低，螺栓、管路接头松动渗油，转子不平衡引起的封严失效等造成。

（2）滑油压力不正常。滑油压力不正常主要表现为压力偏高、偏低和压力脉动。引起滑油压力不正常的因素有活门卡死、油滤堵塞、滑油泄露、管路破裂、释压活门或滑油泵出现故障等。

（3）滑油温度过高。滑油温度过高，会使滑油黏度降低，润滑效果变差，最终导致齿轮和轴承磨损加快，滑油泵效率降低，滑油喷嘴和散热器管路局部堵塞。引起滑油温度过高的主要原因是空气/滑油热交换器的冷却表面过脏，使之热效率降低。

（4）滑油量增多。滑油量增多主要是由于燃油/滑油冷却器内燃油管道磨损，使燃油进入滑油系统。滑油量增多会使冷却效果变差。

8.2.2 滑油系统状态信息的来源

发动机在工作过程中，外来固体微粒（浮尘、碳粒、纤维、金属磨粒等）的研磨或有害气体和液体的腐蚀都可使零件表面出现溃疡、应力集中、工作间隙超差、活动件受到阻滞等，最终影响发动机的工作性能，甚至造成严重故障。这些有害微粒在发展过程中，流动的滑油就不断地将它们从零件受害部位带走，也就是说活动的滑油是受害零件的载体。这样，通过对受害载体的监测，就可及时了解零件缺陷的发展情况，并对发动机的运行状态进行监测、诊断和预报。

8.2.3 滑油系统监控方案设计及其实现

监控系统的主要功能如下：

（1）利用滑油压力、温度、消耗量等监测参数，监视滑油系统的工作状况，以保证发动机正常润滑。

（2）通过分析润滑油中屑末的含量、成分、形状、尺寸等，监视发动机润滑零部件的磨损状况和故障特征。

（3）对滑油系统的工况进行趋势分析和状态监控。

为了实现上述功能，监控系统主要由数据管理 DM、屑末分析 DA、滑油监控 OM 三个模块组成。DM 模块用来对不同的发动机进行开户、建档、追加数据，并对监测数据和监测结果进行管理；DA 模块通过提取屑末含量、成分、形状、尺寸、产生的速率等，建立磨损故障模式，并利用知识库中的知识和通过逻辑推理，判断故障原因和故障部位，诊断数据库（包含 PW4000 发动机滑油系统）中不同磨粒的特征和判别标准；OM 模块包括滑油压力监视 OPM、滑油温度监视 OTM、滑油消耗量监视 OCM 三个子块。OPM 子块通过实时监测发动机滑油压力的变化来判断滑油系统的故障。如滑油压力升高，可能是油滤或滑油喷嘴堵塞、或释压活门故障；若滑油压力降低，可能是管路破裂、滑油泄漏、调压活门工作不正常等。OTM 子块根据监视滑油温度的变化，判断空气/滑油热交换器冷却表面是否发生堵塞，齿轮或轴承是否严重磨损等。OCM 模块通过记录分析飞机飞行过程中的滑油消耗量和滑油消耗速率，从而得到滑油泄漏或燃油污染的有关信息。单位时间内滑油消耗速率可用下式计算：

$$V = (Q_{t1} - Q_{t2})/\Delta t \tag{8.3}$$

式中：V——单位时间内滑油消耗速率；

Q_{t1}——飞行过程中 t_1 时刻的滑油量；

Q_{t2}——飞行过程中 t_2 时刻的滑油量；

Δt——飞行时间，$\Delta t = t_2 - t_1$。

滑油系统状态监控主要根据 DA 和 OM 两个模块提供的状态信息，由计算机发出指令，通过改变有关参数或采取相应动作，对滑油系统进行实时监控。

发动机在工作过程中，压力、温度、流量传感器将滑油系统的监测数据传递给 OM 模块，并在 CRT 上以图形方式对其变化过程进行实时显示。每个窗口分别设置了正常、异常和严重故障三个警戒线。

当发动机滑油系统在正常范围内工作时，CRT 显示"运行正常"状态信息，并对其变化情况实时状态预测；当发现异常情况时，红色信号灯亮，CRT 上实时显示出故障原因、部位和排除方法，并以声音方式提示操作人员立即采取相应的措施。

8.2.4 运行结果及其分析

该软件采用 Microsoftvisual C++ 6.0 编写，诊断知识库构建采用了 Microsoft Access97，在 Celeron400、64M、Win98 环境机上运行通过。

系统运行前，首先输入发动机编号，然后采用屑末分析和状态监控两种模式对滑油系统进行监测、监控和趋势分析。在屑末分析模式下，用户只要输入磨粒的成分、形状、尺寸、颜色四个参数，计算机就会很快判断出磨损原因、部位和严重程度，并提醒人们采取相应的维护措施。

在状态监控模式下，滑油压力、温度和流量等监测参数通过相应的传感器送入计算机，OM 模块在 CRT 上实时显示出监测参数的变化情况，并对滑油系统进行实时状态监控。

8.3 车辆尾气测试与控制

近年来，汽车排放尾气对环境的影响日趋严重，如何有效地对车辆尾气进行监控，引起了人们的广泛关注。下面对利用 PC 机在 Windows/NT 平台上如何构建虚拟尾气监控系统进行具体介绍。

8.3.1 硬件配置

基于虚拟仪器的车辆尾气监控系统硬件结构如图 8.5 所示。

系统硬件主要包括 PC 计算机（分析计算、测控指令、数据处理、信息输入输出等）、信号采集板（含有 A/D、D/A、定时/计数、数字量输入/输出、程控增益、滤波、光电隔离、噪声抑制等多项功能）、传感器和执行器（各种物理信号与电信号间的转换）、调理模块（信号进行调理，以满足传感器、执行器和信号采集板输入输出的需要）。信号采集板与计算机可通过 ISA、PCI 总线、EPP 并行口、PCMCLA 等接口进行连接。

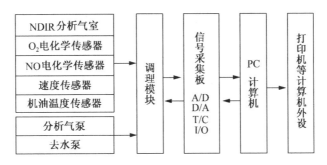

图8.5   基于虚拟仪器的车辆尾气监控系统硬件组成图

8.3.2   软件设计

虚拟测控系统中计算机屏幕的软件界面是用户对该系统进行控制和获取信息的通道，它的可视性、方便性对虚拟仪器来说十分关键。基于微软视窗操作系统（Windows 98/NT）的可视化开发语言很多（如 Visual C++、Visual Basic、Java、Dephi 等），其中 VB 以其简单方便的编程环境、快速创建用户界面，成为开发虚拟仪器的主要开发语言。VB 具有不支持面向硬件的直接编程和编码运行速度慢的缺点，可通过借助于 VC++ 开发相应的动态链接库来弥补。

8.3.2.1   用 VB 或 VC++ 开发 Active X 控件

Active X 技术是微软公司 1996 年提出的基于 COM（组件对象模型）建立起来的技术，是一种编码和 API 协议，已成为微软应用及工具软件的一个重要组成部分。Active X 控件（AC）是该技术的一个基本且重要的内容。它将多个控件通过编码组合来完成特定的功能，应用程序可通过特征和方法、事件、储存等性能机制对它进行处理。AC 以其模块化的形式和灵活的优势，对于应用程序中的特定功能仅需插入 AC 控件，而无需重写程序代码。AC 的优势还在于它的动态可交流性，用户在使用过程中可以通过改变特性值使之成为自己所需。AC 可由多种语言编写而成，能被多种编程语言调用。VB 提供了开发 AC 的可视化集成编程环境。

对于一般的仪器仪表，测量分析结果一般采用数字式、指针式、柱条式或波形等方式显示；对各种控制信号、开关信号、仪器状态、故障指示、出错信息等大多以指示灯形式显示。对于上述显示方式，VB 也提供了一些基本控件，但总的来说都比较简单，提供的属性和事件也远远不能满足开发虚拟测控仪器的需要。因为信号量一般都具有名称、单位、量程、信号安全范围、过载指示、显示方式等属性，要找一个能反映这么多信息的现成控件几乎是不可能的。利用 Active X 组件技术，就可设计所需的属性和事件控件。图 8.6 是运用 Active X 技术在 VB5.0 集成环境下开发的可用于对变量的数字式、指针式或柱条式显示的 Active X 控件。数字式显示比较精确，但对变量的波动不太直观；指针式、柱条式显示对变量的变化反映比较直观，但会增加读数误差。显示方式和界面可通过属性控制，也可通过事件驱动。同时还开发了开关控制状态指示、定时计数等多个测控系统常用控件。

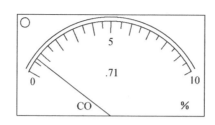

图 8.6　Active X 技术开发的控件

在 VB5.0 编程环境下设计 Active X 控件就像设计 VB 窗体那样容易，用户可以使用所熟悉的 VB 图形命令设计控件，或者使用已有的控件来创建一个控件组。由于 Active X 控件可以在运行中调试，因此可以直接从调试窗体的代码跟踪到 Active X 控件工程的代码中，通过为控件增加属性、命名常数以及事件，以提供 Active X 控件的接口。下面是为 Active X 控件定义属性 S – name 和事件 Mmove 的程序：

```
Public Property Get S – name （ ）
S – name = L – name. Caption
End Property
Public Property Let S – name （By Val New Caption As String）
L – name. Caption （ ）  = New Caption
Property Changed "S – name"
End Property
Public Event Mmove （Button As Integer， Shift As Integer， X As Single， Y As Single）
Private Sub User Control – Mouse Move （Button As Integer， Shift As Integer， X As Single， Y As Single）
Raise Event Mmove （Button， Shift， X， Y）
End Sub
```

8.3.2.2　开发虚拟测控系统的动态链接库

由于 VB 不支持对硬件的直接编程且代码运行速度较慢，因此采用 VC++编制相应的动态链接库来完成对硬件的控制（如信号采样频率、程控放大、滤波截止频率的设定、采样保持及数据的读取等）。VC++支持行间汇编，可用于对信号采集和处理速度要求苛刻的场合；也可用于开发基于数字 PID、神经网络等控制模块；还可用来编制常用算法（如快速傅氏变换、数字滤波等）信号分析动态链接库。

8.3.2.3　开发专家库及在线帮助系统

专家库根据不同的应用领域其内容也不同。专家库可用于信号识别、系统仿真、仪器状态判别、系统故障诊断等。知识库包括仪器相应的知识、理论、方法、背景资料等。如车用五气分析仪除了可进行气体体积分数测量外，还可根据相应的知识计算发动机的空燃比，判断车辆尾气催化转换器中各有害气体的转化效率；还能提供车辆尾气排放、催化转化器效率等的测量方法，国内、国外汽车尾气测量方法及限值标准，根据测量气体体积分数得到发动机空燃比的理论模型等。在线帮助系统可使用户在使用过程中获得系统软硬件操作等方面的信息。

8.3.3 功能及其实现

运用虚拟仪器技术开发车用尾气监控系统，可实现预热、测量、标定、发动机分析、催化转换器性能评价、系统状态分析、出错处理等功能。图 8.7 为该系统的用户界面（可根据用户的喜好定置）。系统工作过程如下：打开仪器和计算机，运行测控软件，按预热按钮仪器进入预热状态（使传感器、电路、气路趋向稳定），进行气路 HC 残余检查（HC 体积分数需小于 20×10^{-6}），进入待测状态。第一次按测量按钮，先测

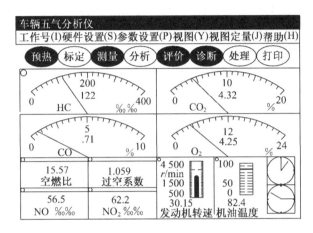

图 8.7 五气分析仪用户界面

试气体回路是否泄漏，若无则进入测量状态，将取气管插入车辆排尾气管；第二次按测量按钮，抽气泵工作，将车辆排气吸入仪器回路，为使废气稳定流经仪器整个气路，该过程须延迟 10 s 以上，仪器显示测量结果；第三次按测量按钮，仪器进入待测状态，排气去湿泵开始工作，仪器开始测量分析 CO、CO_2、HC、O_2、NO 的体积分数（r_{CO}、r_{CO_2}、r_{HC}、r_{O_2}、r_{NO}）。发动机转速和机油温度由相应的传感器直接测量。通过测量发动机转速，可以识别发动机运转工况是否稳定；通过测量机油温度，可以判别发动机是否完全预热而处于正常工况。同时通过测量各气体体积分数，还可获得过量空气系数 λ（对尾气催化转化装置各有害气体转换效率有很大影响，一般应保持在 0.97 ~ 1.03）、空燃比 AFR、CO 相对体积分数 r_{CO}（用于判别仪器的气体回路是否有泄漏）、NO_2 换算体积分数（考虑 NO_2 气体影响）等重要参数，其计算公式如下：

$$\lambda = \frac{r_{CO_2} + r_{CO}/2 + r_{O_2} + \left| \dfrac{1.51}{3.5 + r_{CO}/r_{CO_2}} - 0.008\,8 \right| (r_{CO} + r_{CO_2})}{1.422\,7(r_{CO_2} + r_{CO} + 6r_{HC})} \qquad (8.4)$$

$$AFR = 14.7\lambda \qquad (8.5)$$

$$r_{CO_2} = \frac{15r_{CO}\%}{r_{CO}\% + r_{CO_2}\%} \qquad (8.6)$$

$$r_{NO_2} = 1.1r_{NO} \qquad (8.7)$$

为了控制车辆的尾气排放，三元催化转换装置被得到广泛的运用。用该仪器通过测量催化转换装置前后各气体的体积分数，以获得各气体的转换效率，并获得发动机过量空气系数。另外，系统还具有故障诊断功能，包括 HC 残留、气路泄漏、电路系统自检、测量值是否越界、气路压力过高等。

利用虚拟技术还相继开发了信号分析系统、机械动态分析系统、车用催化转换器性能的发动机台架测控系统等。虚拟测控仪器技术具有以下特点：

（1）用 VB 或 VC^{++} 开发构建虚拟测控系统所需的 Active X 控件（OCX）、动态链接库（DDI）模块，使测控系统的开发模块化，使用户界面形象化、直观化。

（2）PC 机及外围设备、传感器执行器、信号处理板及信号调理模块等电子产品性能越来越高，价格越来越廉，它们为虚拟测控系统提供了硬件基础；便携机、掌上计算机的普及，也使移动虚拟测控系统（如汽车在线测试设备）的开发成为可能。

（3）利用基于 PC 机和微软面向驱动软件设计的虚拟仪器技术，可方便地开发工程测控系统，在测控领域将得到广泛运用。

8.4 噪声测试与控制

噪声现已成为污染社会的公害。它是一种极强大的机械能，并以波的形式向四周传播。噪音进入人的耳朵，将会摧残人的身心健康。

为了治理噪声，各国科学家都相继研究高科技防噪技术。英国科学家率先在声学研究中取得了突破性的进展。他们根据两个频率和强度相同而方向相反的声波相遇会相互抵消的原理，研究出"以噪音控制噪音"的新技术，即主动噪音控制（ANC）新技术。

这种新技术利用计算机和传感器能将模拟声转化为数字信号并加以分析，从而产生一种"镜像声"来消除噪声。目前，英、美、日、法等国在各种豪华的小轿车里安装这种 ANC 系统，已取得良好效果。美国还用此来消除工业空调器、抽风机、核磁共振成像系统、大功率冰箱等的噪声。

各国科学家在对噪声"治标"的同时，还积极探索"治本"的高新技术，即在噪声产生前就将它消灭。为此，英国科学家研制出一种被称为"哑巴金属"的铜锰合金，它不仅具有极高的吸收振动能量的特性，而且还能"吃掉"振动产生的噪声。此外，还推出压电陶瓷制动器来减少振动以消除噪声，并把它应用于飞机发动机和潜艇上。日本则用一种能消除振动减少噪声的铅铜合金材料制造鼓风机等，以消除噪声。

此外，科学家们还在积极探索如何化噪声之害为利，利用噪声造福人类。日本研制出用现代科技将噪声变成乐音，它能使家中各种流水，如洗手、淘米等水的噪声变成悦耳的室内音乐，使家庭充满流水声、虫鸣声、雨声等大自然诱人的音响。在日本横滨马路大桥上装有一个特殊"传感器"，能把行人和车辆过桥的振动噪声变成动人心弦的乐声。俄罗斯设计出一种噪音诊病仪，用以探测人体的病症。随着现代科学技术的发展，对噪声进行测试、控制和利用将变为现实。

8.5 电动机转速测试与控制

电动机在工程中被得到了广泛的应用。在工程使用中可通过控制电机轴的转速以实现速度和位置控制。本节以直流电动机为监控对象，介绍利用计算机对电机转速进行测试与控制的原理和方法。

8.5.1 测控原理和方法

直流电动机的转速通常可表示为

$$N = \frac{K[V - (Ir + e)]}{\Phi} \tag{8.8}$$

式中：N——电机转速，r/min；

K——电机常数；

V——电枢电压，V；

I——电枢电流，A；

r——电枢电阻，Ω；

e——电刷上压降，V；

Φ——励磁磁通，Wb。

为了对转速进行控制，可以采用改变磁场或电枢电压的方法来实现。图 8.8 是利用可控硅调节他励电机电枢电压对直流电动机转速进行控制的原理图。

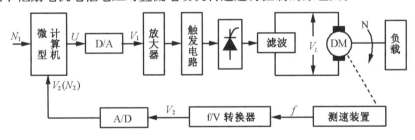

图 8.8 转速控制原理图

在直流电动机运转之前，首先从键盘上输入给定转速 N_1，经软件将其转换为数字电压信号，该数字信号经 D/A 转换器变成模拟信号，然后经放大器放大输出电压 V_1。V_1 使单结晶体管触发电路产生触发脉冲，从而使可控硅整流电路导通，信号经滤波后，输出的电压 V_L 加在他励电机电枢的两端，使电动机按给定的转速运行。由于存在各种干扰和误差，电动机的实际转速并不完全等于给定转速，为此需加一反馈回路，由测速装置将所测得的转速信号经 A/D 转换器后送入计算机与给定的转速信号进行比较，若 $N_1 = N_L$，则表示电机转速稳定到给定转速；否则将得到偏差信号，经软件处理后，再由计算机输出，并重新加到电机电枢的两端以改变电机转速，直到电动机的实际转速与给定转速的偏差值保持在允许范围内。

如果从键盘上输入的转速增加，则 D/A 转换器输出的电压 V_1 也增加，可控硅导通角增大，从而引起输出电压 V_L 升高，使电机转速增大；反之亦然。转速测试与控制系统的结构如图8.9所示。

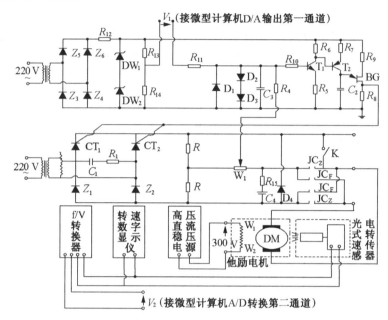

图8.9 转速测试与控制系统结构图

8.5.2 测控软件设计

直流电动机转速测试与控制软件，除相关子程序外，主要包括以下两个程序。

8.5.2.1 寻找参数关系程序 DEC-1

在对直流电动机的转速进行控制前，必须先寻找下面几个关系式：

（1）计算机输出电压 V_1 与电机转速 N 的关系：$V_1 = f_1(N)$。

（2）电机转速 N 与计算机采集反馈电压 V_2 的关系：$V_2 = f_2(N)$。

（3）计算机输出电压 V_1 与采集反馈电压 V_2 的关系：$V_1 = f_3(V_2)$。

上述三个关系式可用程序 DEC-1 寻找。程序 DEC-1 的流程图如图8.10所示。

8.5.2.2 电机转速测控程序 DEC-2

有了 $V_1 = f_1(N)$、$V_2 = f_2(N)$、$V_1 = f_3(V_2)$ 关系后，就可设计转速测量与控制程序了。该程序的流程图如图8.11所示。

程序 DEC-2 的主要功能有：

（1）方向选择。用指令 F（FORWARD）或 B（BACKWARD）来决定电动机的正转或反转。

（2）运行方式选择。主要设有启动（START）、加速（ACCELERATION）、减速（DECELERATION）、停位（STOP）等四种状态。

（3）转速增量控制。当转速增量小于 500 r/min 时，电机可以直接起跳到给定值进行运转；否则，电机便自动进行分级变速，才能达到给定值。稳定到给定转速后，屏幕

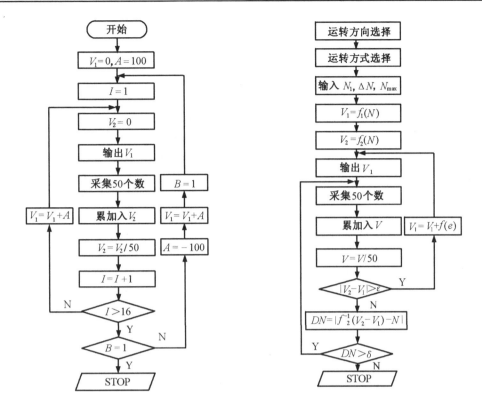

图 8.10 DEC－1 程序框图   图 8.11 DEC－2 程序框图

上将显示"INPUT THE MOTOR'S SPEED WANTED",以示等待。

(4)上限转速限制。当键盘输入的转速超过电动机预定转速时,电动机便自动稳定到最大转速,以免过载。

(5)显示和打印。在电机运行的整个过程中,计算机能自动对电机的希望转速 N_1、偏差转速 ΔN、运行时间 T 等参数在 CRT 上进行显示,或用打印机进行打印。

8.5.3 结果与分析

运行结果表明,该系统不但能对数据进行快速采集和对信号进行自动处理,而且控制精度和动态稳定特性都达到了设计要求。同时,在过渡过程中由于能进行转向控制,从而实现了正向加速和反向制动,有效地改善了系统的动态品质,缩短了调节时间,提高了控制精度。

参 考 文 献

[1]　雷霖. 微机自动检测［M］. 成都：电子科技大学出版社，1999.

[2]　王煜东. 微机检测与转换技术［M］. 成都：电子科技大学出版社，1992.

[3]　腾召胜. 智能检测系统与数据融合［M］. 北京：机械工业出版社，2000.

[4]　王家桢. 传感器与变送器［M］. 北京：清华大学出版社，1997.

[5]　刘同明. 数据融合技术及其应用［M］. 北京：国防工业出版社，1997.

[6]　王耀男. 智能控制系统［M］. 长沙：湖南大学出版社，1996.

[7]　陈润泰. 检测技术与智能仪表［M］. 南京：中南大学出版社，1995.

[8]　黄贤武. 传感器原理与应用［M］. 成都：电子科技大学出版社，1995.

[9]　邓善熙. 在线检测技术［M］. 北京：机械工业出版社，1996.

[10]　周炎勋. 计算机自动测量与控制系统［M］. 北京：国防工业出版社，1992.

[11]　胡瑞雯. 智能检测与控制系统［M］. 西安：西安交通大学出版社，1991.

[12]　林东. 计算机控制技术［M］. 哈尔滨：哈尔滨工业大学出版社，1995.

[13]　杨乐平. LabVIEW 程序设计与应用［M］. 北京：电子工业出版社，2001.

[14]　刘君华. 虚拟仪器编程语言 LabWindows/CVI 教程［M］. 北京：电子工业出版社，2001.

[15]　何希才. 传感器及其应用［M］. 北京：国防工业出版社，2001.

[16]　刘迎春. 现代新型传感器原理及应用［M］. 北京：国防工业出版社，2000.

[17]　王绍纯. 自动检测技术［M］. 北京：冶金工业出版社，1995.

[18]　杨大能. 智能材料与智能系统［M］. 天津：天津大学出版社，2000.

[19]　陶宝棋. 智能材料结构［M］. 北京：国防工业出版社，1996.

[20]　陶永华. 新型 PID 控制及其应用［M］. 北京：机械工业出版社，1998.

[21]　李华. MCS – 51 系单列片机实用接口技术［M］. 北京：北京航空航天大学出版社，1993.

[22]　陈宝江. MCS 单片机应用系统实用指南［M］. 北京：机械工业出版社，1997.

[23]　陈光东. 单片微型计算机原理与接口技术［M］. 武汉：华中理工大学出版社，1999.

[24]　杨松林. 工程模糊论方法及其应用［M］. 北京：国防工业出版社，1996.

[25]　于海生. 微型计算机控制技术［M］. 北京：清华大学出版社，2000.

[26]　赵茂泰. 智能仪器原理及应用［M］. 北京：电子工业出版社，1997.

[27]　徐爱钧. 智能化测量控制仪表原理与设计［M］. 北京：北京航空航天大学出版社，1995.

[28]　郭成生，古天祥. 电子仪器原理［M］. 北京：国防工业出版社，1993.

[29]　蒋焕文，孙续. 电子测量（2 版）［M］. 北京：中国计量出版社，1993.

[30]　任庆，范懋本. 电子测量原理［M］. 成都：电子科技大学出版社，1989.

[31]　张世箕，杨安禄，陈长龄. 自动测试系统［M］. 成都：电子科技大学出版社，1994.

[32]　顾亚平. 自动测试软件［M］. 北京：国防工业出版社，1989.

[33]　孙续. 自动测试系统与可程控仪器［M］. 北京：电子工业出版社，1990.

[34]　田书林，顾亚平. GPIB – VXI 转换器的硬件设计［J］. 仪器仪表学报，1989，20（5）：56 ~ 58.

[35]　李为民. 一种门阵列用测试设计自动化系统［J］. 空军导弹学院学报，1993，(3)：65.